The Genesis Machine《ジェネシス・マシン》

合成生物学が開く人類第2の創世記

エイミー・ウェブ、
アンドリュー・ヘッセル 著
関谷冬華 訳

日経ナショナル ジオグラフィック

ジェネシス・マシン

カイヤ、賢者と光に捧げる。
そして、私が再び動き出せるようにしてくれたスティーブにも。

——エイミー

ハニ、ロー、ダックス、そして人生の教訓に捧げる。

——アンドリュー

目次

はじめに　生命は運で決まるのか？

エイミー――最初にお腹に鋭い痛みを感じたとき、私は大事なクライアントとの会議中だった。国際的なＩＴ企業の重役たちが居並ぶ中で、その企業の長期戦略について話し合っているときに、再び痛みが私を襲った。私は同僚にその場を任せ、急いでトイレに駆け込んだ。履いていた黒いタイツにはべっとりとした血が染み込み、内ももにも黒っぽい血がこびりついていた。息が止まった。体が空気を取り入れることを拒否していた。私は便器にもたれかかるようにしゃがみこみ、誰にも聞かれないように、声を殺して泣いた。

そのとき、私は妊娠8週目だった。翌週の妊婦検診では超音波検査を受けることになっていた。名前もすでに考え始めていた。男の子だったらゼブ、女の子だったらサシャ。足や床についた血をふき取りながら、私は答えを探し求めた。だが、どれほど答えを探し続けても、怒りと自責の念がこみあげてくるばかりだった。私のせいだ。私が何かよくないことをしたせいに違いない。

3度目にに痛みを感じたとき、私はこれから何が起こるかを悟っていた。また出血が始まり、恥ずかしさとくやしさを抱えながらドラッグストアに行って特大のパッドを買い、ひどいうつと、不眠症と、いつまでも続く答えのない問いに悩まされるのだ。私たち夫婦はマンハッタンとボルチモアで最高の不妊治療専門医のところに行ってあらゆる検査を受けた。血液検査を受け、ホルモン量をチェックし、私の体内に十分な数の卵子があるかどうか、妊娠の妨げになるような良性の腫瘍や嚢腫がないかどうかも調べた。ハイテク医療も答えを教えてはくれなかった。

私たちは挑戦を続け、私は再び妊娠した。妊娠5カ月に入り、ようやく安定期までたどりついた私たちは喜びをかみしめた。妊婦検診を受けるために夫婦で産婦人科を訪れたとき、私は妊娠18週目に入っていて、お腹のふくらみも目立ち始めていた。検診台に横になると、技師が私のお腹のあたりに冷たいゼリーをたっぷりのせ、超音波プローブで塗り広げていった。彼女はキーボードのいくつかのキーを叩いて、ほとんどの部分が真っ黒な粗い画像を拡大した。彼女はわびの言葉を口にし、古い機械についてぶつぶつ何かをつぶやいていたが、検査室を出て、別の機械を抱え、私の担当医と一緒に戻ってきた。彼女は再び私のお腹に冷たいゼリーをのせて、またプローブで塗り広げ、キーボードを操作して画面を拡大し、担当医をちらりと見てから、気が進まない様子で私の方に向き直った。

彼女がどんな風に言ったのか、正確なところは忘れてしまったが、担当医が私の手をとったことと、夫が泣いている声が聞こえたことは覚えている。私は胎児組織を取り出す手術を受けるために入院した。私たち夫婦は、どちらにも医学的な問題はないと言われた。私たちはともに30代前半で、健康体だった。妊娠することはできるかもしれない。問題は、私の体が妊娠を継続できないことにあるようだった。

女性の6人に1人が生涯のうちに流産を経験するが、原因は1つではない。流産で最も多い理由が染色体異常だ。染色体に異常があると、胚の細胞分裂がうまくいかなくなる。両親の健康状態や年齢は関係ない。私のせいではないと言われた。ただ、体が言うことを聞いてくれないというだけの話だ。[1]

◆

アンドリュー――10歳のときから、私は子供を持たないと決めていた。私はモントリオール郊外のへんぴな農場で育った。両親は喧嘩が絶えず、怒りの矛先は私や2人の兄弟にも向けられた。私たち兄弟は年子で生まれた。弟は私の1つ下で、姉は私の1つ上だった。両親から離婚すると聞かされたときも、私は冷静だった。ただ、母はこれから修道女になって幸せに生きていくのだろうと考えたことを覚えている。実際には母は修道女にはならず、シングルマザーの看護師として働き始めた。

昼間に私たちが学校に行っている間、夜勤の母は眠っていた。だから、私たち兄弟はみんな独立心が強く、いろんなことを自分でできるようになった。私はしょっちゅう図書館に逃げ込んだ。第二の家のようなこの場所で、私は本の山に囲まれて過ごした。私は両腕いっぱいに本を抱えて家に帰ると、午後10時に仕事に出かけていく母親を見送り、姉と弟の様子を見守りながら本を読みふけった。明け方に母親が帰宅するまでずっと読み続けていることもめずらしくなかった。昔ながらの核家族の物語は、自分には関係のない、どこか遠い世界の話のように思えた。工学の確かな論理や生物学の神秘、SFの世界の方がずっと面白かった。姉や弟がベッドにもぐりこんでからも、私は眠らずに本を読み続け、巨大生物やとても小さな生き物はどこで誕生して、どうやって進化したのか、これからどうなっていくのかに思いを巡らせることもあった。

18歳になった頃、私は遺伝学や細胞生物学、微生物学といった、生命の基本を研究する学問を学びたいと思うようになっていたが、やはり自分の子供を持つつもりはなかった。私はソフトウェアやデータベースを自分で作り、遺伝子配列やコンピューターコードについて考え、人生をかけるべき研究を目の前にしていた。セックスには魅力を感じたが、子供に興味はなかった。男性側からできる唯一の避妊方法は道具が頼りで、医学的な方法とは言えず、とても信用できたものではなかった。確実な避妊法はパイプカットだと考えた私は、かかりつけの医師に手術を受けたいと相談した。最初のうち、担当医は反対した。私は18歳でまだ大人とは言えなかったし、そんな大事な決断をするには早すぎると思われたのだろう。パイプカットは元に戻すこともできると私は反論した。望めば精子を保管しておいてもらうこともできたが、私はそうしなかった。私の決意が固いことを知った担当医は、根負けして泌尿器科医への紹介状を書いてくれた。最終的に手術を受けるまでには、それから6年の年月が流れた。ほとんどの専門医は、私の決断を若気の至りだと考えた。私は、ただ責任のある行動をしようとしているだけだと主張した。とはいえ、いったんパイプカット手術を受けた私に、将来、子供を作る能力を取り戻せる保証はないことも確かだった。

30年後、私はある会議で美しい女性にめぐりあった。彼女は私が細胞についての話を聞かせると目を輝かせ、ソフトウェアとしてのＤＮＡの出来の悪さを延々と批判し続ける私の話にいつまでも耳を傾けてくれた。ある朝、マンハッタンにある彼女のアパートで彼女の隣に寝そべっていた私は、これまでに経験したことのない恐ろしい感覚に襲われた。私は子供が欲しいと感じていた。彼女と一緒に家庭を築きたかった。しかし、私はすでに四十代の後半にさしかかっていた。医学的にも生物学的にも厳しい現実が待ち受けていることはわかっていた。

子作りをすると決めたとき、私たちは希望を持ちつつも、現実を忘れていなかった。再建手術の当日、手術室に運ばれながら私はじっと天井を見つめていた。リズミカルに通り過ぎていく照明を見ていると、過去との境界があいまいになる。光が目に飛び込んでくるたびに、遠い昔に医師から聞いた警告がよみがえり、人生の筋書きが突然こんな風に変わることもあるのだということに私は思いをはせた。精子を体外に放出する役割を持つ、精巣と尿管をつなぐ管を縛るやり方なら元に戻すのは簡単だったが、過去に私の手術を担当した外科医は精管を完全に切断したうえ、切断部を焼いて体内に精子が漏れ出さないようにしていた。それらを再びつなぎ合わせるには、全身麻酔で難しい顕微鏡手術を行わねばならなかった。

私たちは挑戦と失敗を繰り返し、妊娠するまでには18カ月の時間がかかった。何が悪かったのかはわかっている。物事を変えるために私がどれほどちっぽけなことしかできないのかも。手術は成功したが、私の体の一部はあまりに長くそのはたらきを止められていた。私の体のどこにも悪いところはなかった。ただ、体が言うことを聞いてくれないというだけの話だ。

今この瞬間も、現実をつかさどるルールは書き換えられている。私たちが経験したような子供を授かるための苦労は、数十年後にはほとんどなくなっているかもしれない。最近になって、生命がどのようにして誕生し、どうすればそれを再現できるのかを明らかにできる可能性を秘めた科学分野が登場した。研究の目的は、薬を使わずに病気を治せるようにするためだったり、動物を殺さずに肉を手に入れるためだったり、自然に任せてうまくいかなかったときの家族計画に手を加えるためだったりと、さまざまだ。だが、合成生物学と呼ばれるこの分野が目指すのはただ1つ、細胞の中に立ち入って、新たな、できれば今以上に優れた内容に、遺伝子配列を書き換えることだ。

◆

20世紀の生物学は、組織、細胞、タンパク質などをバラバラにして、それぞれの仕組みを調べることが中心だった。21世紀に入るとそれまでとは毛色の違う生物学者たちが現れ、生命の基本構成要素から新たな物質を組み立てるという挑戦を始めた。合成生物学というこの誕生したばかりの新分野では、すでに多数の成果が生まれている。工学の世界では生物学のための新たなコンピューターシステムが開発され、コンピューターのコードを生物に変換できる機能を備えたプリンターを販売するスタートアップ企業も現れた。ネットワークアーキテクチャの設計でDNAがハードドライブとして使われることもある。ナノサイズの人間の臓器をドミノのような形をした半透明のチップに埋め込む生体外ヒトモデル、ボディ・オン・チップも開発された。生物学者、工学者、コンピューター科学者をはじめとするさまざまな人々が力を合わせて作り上げようとしているのは、人間、研究所、コンピューターシステム、政府機関、それに企業で構成される、生命の新たな解釈と生命の新たな形を生み出す複雑な仕組み——ジェネシスマシンだ。

ジェネシスマシンは、すでに進行しつつある人類の大いなる転換を推し進める原動力となる。生命が運に左右されるものではなくなり、デザインと選択の産物に変わるまでに時間はかからないだろう。ジェネシスマシンは、私たちが子供を作る方法、家族の定義、病気を突き止める方法や加齢の治療、住む場所、食べるものを変えていく。危機的な気候変動への対処、ひいては人間の種としての長期的な生き残りにとってもジェネシスマシンは重要な役割を果たすはずだ。

◆

ジェネシスマシンにはさまざまなバイオテクノロジーが取り入れられている。どれもが生命を編集し、デザインし直すために生みだされた技術ばかりだ。広い意味では合成生物学に属する、生物学の一連の新しい技術は、ＤＮＡ配列を読み取ったり、編集するだけでなく、私たちがそれを書くことも可能にする。つまり、私たちが生きている生物の構造を小さなコンピューターのようにプログラムするようになる日は近づいている。

このような技術を使ったDNA配列の編集は、2010年代の初めにすでに実現している。それがCRISPR－Cas9（クリスパー・キャスナイン）だ。[2] 生物学的過程を利用して遺伝情報の切り貼りをするため、科学者たちはこの技術を「分子のハサミ」と呼ぶ。CRISPRは、失明した人々が視力を取り戻す助けとなるなど画期的な医学利用が進められ、ニュースで取り上げられることも多い。科学者たちはCRISPRの分子のハサミを使ってDNA分子を切断し、再びつなぎ合わせてコラージュのようにDNA配列の文字を並び変える。問題は、研究者たちが自分の操作している分子にどのような変化がもたらされるかを直接確認できないことだ。配列を1カ所変えるだけでも実験室での操作が必要になるうえ、そのたびにいちいち実験で検証しなければならない。実に回りくどいやり方だし、手間も時間もかかる。

合成生物学は、遺伝子操作の過程をデジタル化する。DNA配列を、DNA版テキストエディターのようなソフトウエアに読み込ませることで、文書の編集ソフトのように簡単に遺伝子を編集できる。DNAをこころゆくまで書き込んだり、編集したら、3Dプリンターのようなものを使って新しいDNA分子を一からプリントする。デジタル遺伝子配列をDNA分子配列に変換するDNA合成技術は、飛躍的に向上している。現代の技術は、細胞の新たな代謝経路を作り上げたり、細胞のゲノムを完全に再現する数千組の塩基対を持ったDNA鎖をプリントアウトできるところまで来ている。今や、私たちはコンピューターのプログラムと同じように、生体系をプログラムできるようになったのだ。

このような科学イノベーションは、近年の合成生物学産業の急速な成長を後押ししてきた。彼らが目指すのは、バイオ材料、燃料、特殊化学品、医薬品、ワクチン、それにミクロなロボットのようなはたらきをする組み換え細胞などの有意義な応用の実現だ。また、この分野が人工知能の進歩から受ける恩恵は大きい。ＡＩが優秀であるほど、生物学的な用途の検証と実現の幅が広がる。ソフトウェア設計ツールがパワーアップし、ＤＮＡのプリントとアセンブリの技術が進化すれば、開発者はもっと複雑なものをどんどん生み出せるようになるだろう。重要な例を１つ紹介しよう。遠からず、私たちはどんなウイルスのゲノムでもゼロから書けるようになろうとしている。これは恐ろしい話のように聞こえるかもしれない。現に新型コロナウイルスによる全世界の死者は、本書の執筆時点で４２０万人を超えている。[3]

新型コロナウイルスのようなウイルス（過去にはＳＡＲＳ、Ｈ１Ｎ１、エボラ、ＨＩＶなど）を食い止めるのがむずかしいのは、これらのウイルスが小さいながらも強力な遺伝子配列を持ち、対抗するすべを持たない宿主の体で増えることができるからだ。ウイルスはコンピューターに差し込むＵＳＢメモリースティックのようなものだと考えるとわかりやすいかもしれない。ＵＳＢと同じように、ウイルスは細胞にくっつき、未知のコードを読み込ませる。だが、ウイルスの世界的な流行に見舞われているこの時期にはおかしなことに聞こえるかもしれないが、ウイルスはよりよい未来を築くための人類の希望にもなりうる。

合成生物学のアプリストアができて、新しい能力をダウンロードし、細胞や微生物、植物や動物にその力を持たせることができるようになったとしたらどうだろうか。２０１９年にイギリスの研究チームが何もないところから大腸菌のゲノムを合成し、プログラムすることに成功した。[4]次なる段階は、植物や動物、人間など、多数の細胞を備え、恐ろしいほどの数のゲノムを持つ生物の合成だ。いつの日にか、私たちは人間のあらゆる遺伝病を治療できるような技術基盤を手に入れるだろう。その過程で、世界規模で人類が直面している数十億人の衣食住と介護の問題を解決できるような、今の時点では思いもよらない組み換え植物や動物のカンブリア爆発（訳注：古生代カンブリア紀に起きた生物の爆発的な進化）に火がつくことになるはずだ。

生命はプログラムできるものになりつつあり、合成生物学は人間が今よりも優れた存在になる可能性をはっきりと約束している。本書の目的は、見えかけてきた問題と可能性について読者の皆さんがじっくり考えるお手伝いをすることだ。今後10年以内に、私たちはいくつもの重大な決断を迫られることになる。病気と闘うために新しいウイルスをプログラムするのかどうか、遺伝子のプライバシーをどのように定めるのか、生物の「所有」者は誰になるのか、組み換え細胞からどのように企業が収益を得る仕組みを作るか、合成生物をいかにして研究所内から出さないようにするかといったことを決めていかなければならない。もし自分の体をプログラムし直せるとしたら、あなたはどんな選択をするだろうか？いつか生まれる我が子の遺伝子を編集するかどうか、あるいはどのように編集するかに、あなたは頭を悩ませるだろうか。気候変動を防げるなら、遺伝子組み換え生物を食べてもかまわないと思えるだろうか。私たちは種を繁栄させるために自然資源や化学過程をうまく利用してきた。今や、人間は地球上のあらゆる生物の基本設計の上に新たなコードを書き込むチャンスを手にしている。合成生物学が約束するのは、人間がこれまで手にしたことがない、強力でありながら持続可能な製造プラットフォームが築く未来だ。私たちは、新たなる素晴らしい産業革命を目の前にしている。

現在、私たちが人工知能について交わしている会話、すなわち見当違いの不安や楽観、市場での可能性をめぐる理性を欠いた騒ぎ、見て見ぬふりをする政治家たちの発言などは、まもなく始まるであろう合成生物学についての会話をそっくり映し出している。新型コロナウイルスの登場により、この分野への投資は増え、そのおかげでmRNAワクチンや自宅で診断ができる検査キット、抗ウイルス薬などの開発が飛躍的に進んだ。今こそ、みんなで話し合うべきときだ。何といっても、議論を先送りするだけの時間の余裕はない。

本書が約束することは単純明快だ。今の合成生物学についての考えと戦略を発展させることができれば、私たちは気候変動や世界的な食糧不安、人間の長寿化によってもたらされる差し迫った長期的な問題の解決に近づける。今なら、私たちは次なるウイルスの流行に備えて、自分たちのウイルスを作り出し、戦いに送り込むための準備ができる。ここで行動をためらっていたら、合成生物学の未来は知的財産権や国家安全保障をめぐる争い、長引く訴訟、貿易戦争などによって決められてしまうかもしれない。遺伝学の進歩は、人間を助けるものであり、取り返しがつかないほど傷つけるものであってはならない。

私たちの未来を決めるコードは、今も書き込まれ続けている。そのコードを認識し、意味を解き明かすことが、人間の新たな物語の始まりになる。

本書は生命についての本だ。生命がどのように誕生したのか、どのようなコード（配列）で記述されているのかを説明し、遺伝子が決める運命を近いうちに私たちがコントロールできるようにしてくれるであろうツールについても紹介している。また、本書では、科学に加えて倫理、道徳、宗教の観点に沿って、新たな世代のために定義された生命について決定する権利についても扱っている。強力なシステムが登場したときに、生命をプログラムし、新たな生物を生み出し、すでに絶滅した過去の生物をよみがえらせる権限を私たちは誰にゆだねるのか。これらの問いに答えを出そうとするなら、人類は経済や地理・政治、社会的な対立の解決を迫られることになる。

- 生命を操作できる立場にある人々は、食料供給、医薬品、生存に必要な原材料を管理する権限も手にする。
- 少なくともある程度までは、私たちの未来の健康や成功は、遺伝子配列とその配列を組み換えるプロセスの法的な権利に投資し、その権利を管理する会社によって決まる。
- ゲノム編集とDNA合成は合成生物学の要となる技術であり、これらのツールのグローバル市場は急速に活気づいている。ただし、これらのツールや遺伝子の生データを誰でも扱えるようにするのか、あるいは専用データベースで保管し、ライセンス方式でアクセスを提供するのかについては賛否が分かれる。
- ベンチャーキャピタルからの支援を受けるスタートアップ企業は、基礎研究だけでは借入金を返せないため、ある程度の期間内に売れそうな製品を開発しなければならないというプレッシャーがかかっていることが多い。一方で個人から出資を受ける企業は自由にイノベーションを進める余地があり、公的支援を受けるバイオテクノロジー研究は過去の慣習にとらわれて進行が遅い傾向がある。

■ 宇宙開発競争や効果のあるワクチンの開発のように明確な目標がないと、政府から補助が出ないといった状況や、保守主義は、スピードを鈍らせ、イノベーション、前傾アプローチの勢いを削ぐ要因になる。

■ 政策を決定し、規制を作って適用し、法律を定める立場にある人々が私たちの未来に与える影響は計り知れない。現時点では、どのような状況であれば人間が人や動物や植物に手を加えることが認められるのかについての意見はまとまっていない。

■ 地球規模で私たちにメリットをもたらすような決定をどのように下すかについても、やはり意見はまとまっていない。米国では、これまで存在したことがない、まったく新しい生命体の開発がすでに進められており、コンピューターコードから生きた組織が作られているケースもある。

■ 中国の習近平《しゅうきんぺい》国家主席は、中国が生命の書き換えに特に力を入れて「精力的に科学技術の開発を進め、世界の主要な科学の中心地、イノベーションの高みとなるべく努力をしなければならない」と宣言した。[5] 中国の戦略的ロードマップにはゲノム情報が保存される総合データベースと、組み換え生体システムの商品化に向けた果敢なスケジュールが組み込まれている。中国の首脳陣は中国の立場を「世界の工場」から、バイオテクノロジーや人工知能をはじめとする「近代産業のグローバルリーダー」へと引き上げることを目指している。[6]

■米国と中国は自国の経済発展のために互いの経済に依存する、持ちつ持たれつの関係にあるが、技術、科学、経済で超大国となろうとする中国の姿勢は、長きにわたって両国間に緊張をもたらしてきた。現在の地政学的な緊張は、過去の対立関係をそのまま反映しているわけではないため、拘束力のある協調的な計画がどうしても必要になる。

■生命を編集し、記述できるようになることによる、社会的な影響は大きい。世間の信頼とバイオテクノロジーの進歩のスピードのバランスを考慮する必要がある。プライバシーの問題と、膨大な遺伝子配列のデータによってもたらされる進歩を、天秤にかけながら考えなければならない。

■私たちは技術の公平性を保ち、誰もが利用できるようにする方法を考えなければならないが、格差は避けられないだろう。すべての人が科学を信頼しているわけではないし、最新のツールを使えない人もいる。そのような理由から、遺伝子格差への対応などの困難な社会的問題に対する備えも必要だ。このような格差は、遺伝子配列を組み換えて特殊能力や特権を手に入れた人々と、遺伝子に手を加えたことのない人々の間でも生じるだろう。

本書では、あなたとあなたの人生、それに生涯のうちにあなたが下さなければならない決断についても書いている。圧倒的な変化は目前に迫っている。今のうちに情報を集めて心を決め、積極的に自らの未来に立ち向かわなければならない。いずれ、自分のゲノムを解読するどうか、解読したデータをどのように扱うかなど、結果を伴う選択をしなければならないときがくる。あるいは、これから子供を作りたいと思っているなら、自分の卵子を凍結保存するかどうか、体外受精などの生殖補助医療を希望するかどうか、一番優秀な受精卵を選ぶ遺伝子スクリーニングを受けるかどうかも決める必要がある。これらは私たちにもなじみ深い決断だ。私たちが本書を執筆するに至った理由もここにある。

いつの日にかジェネシスマシンが築くであろう未来を知るためには、過去を振り返ることが重要だ。本書のパート1では、合成生物学の起源と、研究者たちが生命の暗号を解き明かしてきた過程、そしてやがてはその暗号に手を加えるようになった歴史をひも解いていく。人間がそのような行為に手を出した目的は、コンピューターから合成生物を誕生させることだ。パート2では、ジェネシスマシンが生み出す魔法のような薬や食品、コーティング、繊維、はてはビールやワインまで、企業が作り出そうとするさまざまな製品を含めた新たなバイオ経済について紹介し、海洋プラスチックの拡散、異常気象の増加、新たな世界的流行を引き起こす可能性がある危険なウイルスの出現といった現在進行形の問題を解決するバイオテクノロジー・ソリューションの可能性について明らかにする。また、サイバーバイオハッキングや、遺伝子を組み換える経済的な余裕がある層と、生殖に技術の力を借りる余裕すらない層を分断する遺伝子格差など、合成生物学が抱えるリスクについても考える。パート3では、ジェネシスマシンがどのように未来を変えるのかについて自由に想像力をはばたかせたシナリオを見ながら、さまざまな未来の可能性を探っていく。最後のパート4では、ジェネシスマシンが最善の未来を生み出すために私たちが必要だと思うことを提言していく。

まずは、ビルという名前の若い男性の話から始めよう。

パート

1

起源

第1章

問題のある遺伝子はお断り　ジェネシスマシンの誕生

長かった日が短くなり、涼しい夜がマサチューセッツ州ダックスベリーに秋の訪れを告げていた。ボストンのすぐ南に位置するその素敵な海辺の街に住むビル・マクベインは写真、数学、ジャーナリズムなど幅広い分野に興味を持ち、才気にあふれていたが、それ以外の点では目立たない生徒だった。８年生に進級した最初の日、ビルは友人たちと同じように誰の目にもはっきりわかるほど成長し、夏の間に４インチ（約10センチメートル）も身長が伸びた。しかし、他の生徒たちと違って、体重の方は落ちていた。男友達は思春期にさしかかって筋肉がつき、がっしりとした体つきに変わり始めていたが、ビルはやせっぽっちのままだった。ひじもひざもあばらも骨が浮き出ていた。

ビルは毎晩早い時間からベッドにもぐりこみ、毎朝疲れがまったくとれないまま目を覚ました。やがて彼は大量の水を飲むようになった。だが、飲んでも飲んでも、のどの渇きは消えなかった。それが１９９９年のことだ。当時はアウトドア用のナルゲンのプラスチック製透明ボトルがファッションアイテムとして学校で大人気だった。しかし、ビルにとってナルゲンのボトルはなくてはならない存在だった。彼は休み時間のたびにボトルに水をいっぱいに入れて、ひっきりなしにがぶがぶ飲み続けた。数学好きのビルは、あるときボトルの横に目盛りがついていることに気が付き、１

日にどのくらいの量の水を自分が飲んでいるのかを頭の中で計算してみた。彼は1日に大体4ガロン（約15リットル）、日によっては5ガロン（約19リットル）の水を飲んでいた。

2月のある日の午後、家族の友人が家に遊びに来ていたときもビルは何度もがぶがぶ水を飲んだ。看護師だった彼女はすぐに様子がおかしいことに気がつき、すぐにそっとトイレに立って自分の予感が当たっていたことを知った。トイレの便座はさわるとべたついていて、彼女ががみこんでにおいをかぐと、病気特有の甘い香りがした。彼女はビルの両親に翌朝ビルをクリニックに連れて行って、血液検査を受けさせるように勧めた。

クリニックに向かう途中で、一家は簡単な朝食をとるために寄り道をした。ビルはシナモンシュガーベーグルを注文し、大量のレッドゲータレードでベーグルを流し込んだ。空腹時血糖値検査の前にぴったりの食事とは言えなかったが、それよりましなものは思いつかなかった。クリニックに着くと、医師はビルの指に小さな針を刺し、指をぎゅっと押してメーターの先についた試験紙の上に血が落ちるようにした。数秒のうちにメーターがビービー鳴り出し、画面に「High」の文字が点滅した。ビルの血糖値は500mg／dlを超えていた。膵臓《すいぞう》に問題がなければ、空腹時血糖値は70～99mg／dlの範囲におさまるのが普通だ。これは、血液中の糖の量が10分の1リットルあたり100ミリグラム未満であることを意味する。健康な人の体内では、糖がたちどころに分解されてエネルギーに代わるため、血液中に大量の糖が残ることはない。体が健康でも、食後すぐに血糖値を検査すれば、食べ物を消化している間の数時間は数値が高くなることはある。それでも、140mg／dLを超えることはない。

医師はビルの血液をさらに採取して、詳しく分析するため検査室に回した。出てきた結果に医師は言葉を失った。医師はビルと両親が待つ診察室に戻り、椅子に腰を下ろした。彼は書類の束に目を落とし、ビルと両親の方を見て、再び書類の束に視線を戻した。ビルの血糖値は1380mg／dlという信じられない高さだった。ナトリウム、マグネシウム、亜鉛の濃度も正常範囲を大きく外れ、血液のpHまで変わっていた。いつ糖尿病性昏睡を起こしてもおかしくないほどの状態で、死の危険もあった。

ビルと両親はその場で1型糖尿病とその治療法についての知識を叩き込まれた。健康な膵臓は常にゆっくりとインスリンを分泌している。インスリンは細胞が糖をエネルギーに変えるために必要なホルモンだ。何かを食べると、摂取した糖の代謝を促すために大量のインスリンが一気に分泌される。だが、ビルの膵臓は突然、インスリンを作るのをやめた。1型糖尿病は思春期に発症することが多く、彼には倦怠感、強いのどの渇き、べたべたした甘いにおいの尿、頻繁にトイレに通うなど糖尿病に典型的なすべての症状が現れていた。常にのどが渇き、水が飲みたくなるのは、エネルギーに変えることができず、血液中にたまった糖を大量の水で流し出そうとする体の必死の抵抗だったのだ。それでも、最終的に彼の病は命にかかわる段階にまで到達していた。彼の体は生きるために脂肪をエネルギー源として使い始め、その過程でケトン体と呼ばれる化学物質が放出された。ケトン体は酸性度が高く、血液中に蓄積すると、体に害をおよぼす。ケトン体の濃度が高くなりすぎると、糖尿病性ケトアシドーシス（糖尿病性昏睡）を起こしかねない。昏睡を起こして治療しないまま放置すれば、死ぬまでに時間はかからない。

ビルの両親は自分たちが何かしたせいではないかと不安になって、ビルの病気の原因は何かと尋ねた。今朝は急いでいたのでベーグルとゲータレードで朝食をすませたが、普段はそんなことはなく、家族みんなで健康的な食事をとり、運動もたっぷりしていると両親は医師に話した。「悪い遺伝子のせい」だと医師は彼らに告げた。体がインスリンに対して抵抗性を示すようになる人々がいる理由、あるいはビルのように思春期に膵臓が突然きちんと機能しなくなる人々がいる理由は正確にはわかっていないと医師は説明した。しかし、希望はある。体がやってくれるはずだった仕事を治療で引き受けてやればいいのだ。ビルは、ヒューマリンRとヒューマリンNPH（中間型プロタミン・ハーゲンドーン）という名前の薬を自分で注射しなければならなくなった。合成ヒトインスリンのヒューマリンRは食事の前後に短時間インスリンの濃度を高めるために使われ、ヒューマリンNPHは一晩中少量のインスリンがゆっくり出続けるように設計されている。[1]

――インスリンの発見

1型糖尿病に関連する臨床症状――頻尿、錯乱、いらいら、集中力不足、場合によっては死――の最も古い記録は、3000年ほど前のエジプトにさかのぼる。そのころのエジプトでは、頻尿の治療として「鳥用の池の水を計量グラスいっぱい、エルダーベリー、アシットと呼ばれる植物の繊維、搾りたての牛乳、大量のビール、きゅうりの花、緑のナツメヤシ」を飲むことが勧められていた。当時のエジプトの医師たちは、現在では糖尿病の症状と言われる不調が食べ物に関係しているのではないかと疑っていた。だが、それから1500年が経って、ギリシャの有名な医師、カッパドキアのアレタイオスが「肉と四肢が尿に溶け出す」病気について書き、「サイフォン」という意味のギリシャ語にちなんで糖尿病（diabetes）と名づけた。同じ頃、中国と南アジアの医師たちも似たような発見をしていた。[2]

1674年、オックスフォード大学のトーマス・ウィリス医師は独自の研究を始めた。かなり気持ちの悪い話だが、彼は糖尿病の症状がある患者の尿を小さなグラスに集め——食事中の方はこの先を飛ばしていただいた方がいいかもしれない——においをかいで、一口ずつ飲んでいた。ビルの血液に1デシリットルあたり何ミリグラムの糖が含まれるかを表示する電子モニターのように、ウィリスはおしっこが甘くなっていないかどうかを自分の舌で確かめた。[3]

しかし、糖尿病の本当の原因がはっきりとわかったのは、さらに何世紀も先のことだ。1900年代の初めには「断食療法」を勧める医師もいた。患者があらゆる糖類の摂取を断てば、糖尿病は勝手に治るのではないかと考えたのだ。当然ながら、断食療法は問題を悪化させた。患者たちは病気がよくなるよりも、空腹で体調を崩すことの方が多かった。

やがて、1921年に大きな転機が訪れた。[4]その時点では立証されていなかったものの、医学界では膵臓からの分泌物が血糖値の調節に関係しているのではないかと長らく考えられていた。カナダの医師、フレデリック・バンティングと学生のチャールズ・ベストは、誰もその物質の抽出に成功していないのは、消化酵素がその分泌物を分解しているためではないかと考えた。彼らは膵管を縛り、酵素を出す細胞のはたらきを止めてから、残った分泌物を分析しようとしたが、残念ながら外科の経験のない2人が実験用のイヌでその方法を試した結果は悲惨で、ほとんどのイヌは死んでしまった。[5]そこで彼らは非合法なルートから野良犬を買いつけ、練習を始めた。そしてついにはイヌを殺すことなく、膵臓を摘出することに成功した。彼らは取り出した膵臓を冷凍し、すりつぶしてペースト状にし、膵臓を取り出したイヌにそのペーストを漉した液体を注射してみた。30秒おきに血液のサンプルを採取し、血糖値が変化するかどうかをチェックした結果、おどろいたことに、膵臓を失ったイヌの血糖値は正常な値に戻りつつあった。彼らが目にしたのは、のちにインスリンという名前で呼ばれるようになる物質がもたらす、はっきりした変化だった。[6]

この治療薬がイヌに効果を発揮するなら、人間にも効果があるのではないか？　その可能性はある。しかし、人間の死体から健康な膵臓を手に入れること――言うまでもないが、治療の需要に応えるため継続的に何千人分もの膵臓を手に入れること――はどう考えても簡単ではない。そこで、バンティングとベストは、次はウシに矛先を向けた。彼らは地元の食肉加工工場に膵臓を注文し、業務用の肉挽き機にかけた。ぶかぶかの手袋をはめて巨大な機械のてっぺんのじょうごに次から次へと膵臓を突っ込むと、細かくつぶされた組織が下の方の出口から容器に押し出されてきた。

こうして彼らはインスリンを抽出し、精製し、ビルのような思春期の少年に注射した。少年は14歳で若年性糖尿病を患っており、治療をしなければ死を待つばかりの状態だった。しかしインスリンを投与した結果、少年の状態は劇的に改善した。研究チームは度量の大きさを見せ、将来への期待を込めて製薬会社に無料で彼らの研究成果の利用を認めるライセンスを提供した。こうして、インスリンの商業生産が一気に勢いづいた。世界中の多くの人々の人生を変えた功績を認められて、バンティングとベストらの研究チームは１９２３年にノーベル賞を受賞した。[7]だが、その後も糖尿病患者の数は増え続ける一方で、採れるウシの膵臓の数は限られていた。

――バイオテクノロジーの誕生

ウシインスリンを注射する方法は効果があったが、本質的な問題、つまりビルの担当医が言った「悪い遺伝子」の問題の解決にはならなかったし、2型糖尿病の増加に歯止めをかけることもできなかった。2型糖尿病の原因には、肥満や運動不足、甘いものの食べ過ぎといった環境要因、それに病気にかかりやすい体質が挙げられる。だから不思議なことに、一見健康そうな人々にも、ビルの体に現れたような異変が見られることがある。問題がどこにあるのかを説明しようとする理論はいくつも存在する。例えば、通常は害をもたらすウイルスや細菌と戦う体の免疫系に狂いが生じ、インスリンを作る細胞を誤って攻撃し始めるのかもしれない。糖尿病の原因ウイルスが存在するという説もあるし、それ以外の形で気づかれないように体を攻撃するウイルスの副次的効果の可能性も指摘されている。過去100年間の標準治療は、患者の食事内容と、エネルギー消費量を正確に調べることだった。片っ端から調べ上げて計算するやり方もあるが、最近ではデジタル式の血糖値計が活躍している。インスリンや飲み薬などで血糖値が正常範囲に保たれるように調節する方法もある。

インスリンを手に入れるためにウシの膵臓をすりつぶして押し出していたやり方から、今では大人になったビルが使っているハイテクポンプと合成ヒトインスリンにたどりつくまでには、どのような道のりがあったのか?バンティングとベストがウシのインスリンの効果を証明してからまもなく、製薬会社のイーライリリー社がインスリンの製造に乗り出した。しかし、加工には時間も費用もかかり、1923年には供給網が不測の事態に見舞われて供給が滞った。インスリンの順番待ちリストはどんどん長くなる一方で、酪農家がウシを育てるのが間に合わないほどだった。[8] 研究者たちはウシ以外からインスリンを手に入れる方法を模索し、ブタの膵臓からインスリンを取り出すやり方を見つけたが、患者数に見合った量のインスリン供給にはこちらも追いつかなかった。わずか1ポンド（約450グラム）のインスリンを作るためには、8000ポンドの膵臓（およそ2万3500匹分）が必要だが、この量でバイアル瓶のインスリン約40万本分、1カ月間で治療できる患者の人数は10万人にしかならない。需要の高さを考えれば、決して多いとは言えなかった。[9] 1958年にはおよそ160万人がインスリンを必要としていた。1978年には、その数は米国だけで500万人を突破した。[10] つまり、イーライリリー社は米国人に十分なインスリンを供給するためだけでも年間5600万匹のウシやブタから膵臓を集めてこなければならなくなった。彼らは急いで代わりになるものを探した。

イーライリリー社の創業者の孫で、祖父の名前を受け継いだイーライリリー・ジュニアは1977年に亡くなる直前に膵臓の問題を解決するための戦略を打ち出した。[11] ウシやブタが使えるなら、他にも使える動物がたくさんいるのではないかと踏んだのだ。彼はハーバード大学やカリフォルニア大学サンフランシスコ校をはじめとするいくつかの大学と契約を結び、他の動物から作る新たなインスリンの試作品の開発を依頼した。

これらの研究機関はラットのインスリン遺伝子の研究を始めた。リリー・ジュニアはインスリンの供給の問題を最初に解決し、生産をスピードアップさせることができた研究機関と好条件で契約を結ぶことを約束した。[12]

だが、別の研究グループが、臓器を必要としない、まったく別の方向から未来を目指すアイデアに向けて動き出した。糖尿病を治療するすべがなく、糖尿病の診断を受ける患者の数が今度も増え続けるのであれば、イーライリリーのみならず、他のすべての大手製薬会社も、いずれ別の供給網の問題に直面することになる。彼らは、長い目で見れば実際のところ糖尿病の問題は2つあり、どちらも解決できるはずだと考えていた。第一の問題、供給の問題は、家畜を育ててその膵臓からインスリンを抽出するのではなく、微生物の細胞を操作し、ヒトインスリンを作らせることで解決できる可能性がある。第二の問題は、まだ先の話になるが、「悪い遺伝子」が正しく機能するように、遺伝子をプログラムし直す。遺伝子組み換え技術を利用していたのはハーバード大学、カリフォルニア大学サンフランシスコ校、スタートアップ企業のジェネンテックだったが、ジェネンテックはヒトインスリンの遺伝子を大腸菌に組み込み、ヒトインスリンを作らせる方法からスタートしたところが他の研究グループと違っていた。

ジェネンテックは事業を始めてまだ1年ほどだったが、同社のチームはDNA組み換えと呼ばれる、賛否がわかれる新技術を研究していた。実績のある生物医学者がそろった有名な大学や製薬会社は、すでに一般的になったやり方をブラッシュアップする道を選んだが、ジェネンテックは分子レベルで手を加え、2組の異なるDNAのらせん構造を「組み換え」ることにした。[13] DNAことデオキシリボ核酸は、生命の遺伝的形態を子孫に伝える遺伝物質であり、DNA組み換え技術は、例えばヒトと微生物のように別の種のＤＮＡをつなぎ合わせ、私たちが持つ遺伝子コードをコピーしたり、合成したり、改良できる可能性がある。[14]

１９７７年までにジェネンテックはいくらかの成功を収めていたが、科学界ではまともに受け止められていなかった。それにはいくつかの理由がある。まず、「合成」は遺伝物質の「クローン作製」に近く、その先には遺伝子操作などのリスクを招く可能性があった。物議をかもしたもう１つの技術、体外受精の進歩から、将来的には人間が子供の髪や目の色、筋肉などの特徴をデザインするデザイナーベビーの誕生を危惧する声も上がった。あてもなく予想された暗い未来が独り歩きし、変化への抵抗感は強かった。[15]そのために、正統派から大きく外れるジェネンテックのＤＮＡ組み換え技術には厳しい監視の目が必要だと周囲は考えた。さらにやっかいなことに、ジェネンテックのバイオテクノロジー研究のための資金は政府からではなく、ベンチャーキャピタルから出ていたため、それも危険要素とみなされた。スタートアップベンチャーキャピタル企業のクライナー・パーキンス・コーフィールド・アンド・バイヤーズ社はジェネンテックの創設資金に１００万ドル（インフレの影響を考えて現在の価値に換算するとおよそ４６０万ドル）を投資したと言われている。[16,17]彼らはこの分野における経験がなく、それまでは主に半導体に関心を持っていた。彼らはジェネンテックの未来のビジョンに賭けた。そして、ジェネンテックは、政府と違って投資に見返りを求める資金提供者の協力を得るリスクをとった。

事業を始めたばかりのジェネンテックに金銭的な余裕はなかった。スティーブ・ジョブズとスティーブ・ウォズニアックがガレージでコンピューターを組み立てていたのとちょうど同じ頃、ジェネンテックの科学者チームはさえない工業地帯が広がるサウスサンフランシスコの航空貨物の倉庫の中に生化学研究所を構えた。ジェネンテックは独自のDNA組み換え技術で早い時期から一定の成功を収めていた。同社の研究所は、内分泌系の調節を助けるために膵臓から分泌されるホルモンのソマトスタチンの合成に成功していたのだ。イーライリリーが出したインスリンの宿題の話がうわさになると、ジェネンテックは、方向性はとんでもなく違っているが、自分たちのやり方が供給の問題の解決につながるかもしれないと考えた。

ジェネンテックのDNA組み換えアプローチは従来の考え方とはまったく違っていたため、共同研究を申し入れたり、自分たちでその研究に取り組んでみようとする大学や研究機関は多くなかった。ジェネンテックが競争で互角に渡り合うには、インスリン生産のためにDNA組み換え技術の限界を突破しようという意思を持った科学者たちをもっと集めてくる必要があった。うまくいけばとてつもない見返りが手に入るが、これは銀メダルや銅メダルが用意されているような勝負ではない。イーライリリーが興味を持っていたのは、安全で大量生産が可能な製品をどこのチームが実現させるかという点だけだった。ジェネンテックが最初にそれを実現させて契約を勝ち取ることができなければ、懸命の作業はすべて徒労に終わる。

ジェネンテックがソマトスタチンを発見したときに初めて開発した遺伝子を接合する技術を発展させるための実験には24時間ぶっ通しの作業が必要だった。ジェネンテックは大学院を出たばかりの若い科学者たちを雇ってチームを増員した。ジェネンテックは普通の研究グループとは違い、有機化学者（スタンフォード研究所でDNAのクローン作製を研究していたデニス・クレイドとデイビッド・ゴーデル）、生化学者（ヌクレオチドの改良を専門にしていたロバート・クレア）、遺伝学者（微生物で初めて人工遺伝子を発現させたアーサー・リグス）、分子・細胞生物学者（ＤＮＡ組み換え技術の開発に助力した板倉啓壱）などの幅広い分野の専門家を集めた。[18、19]

しかし、インスリンを合成しようとするジェネンテックの前には壁が立ちはだかった。ソマトスタチンは14個のアミノ酸で構成されるが、インスリン分子はＡ鎖とＢ鎖の2本の鎖が化学的に結合し、アミノ酸の数は51個にのぼる。それぞれの鎖を作るには、ＤＮＡ配列の断片を正しくつなぎ合わせて、2種類の異なる菌株に移植し、細菌の細胞機構を乗っ取って鎖を合成させるという作業が必要になる。ここまででやっと半分だ。ジェネンテックのチームにとってインスリン合成のカギとなったのは、生体細胞のほとんどの反応を促進し、ほぼすべての細胞過程を制御するタンパク質だった。

だが、インスリンを作るためにきっちりと正しい順序で51個のアミノ酸（タンパク質を構成する分子）を並べることができたとしても、製品化するには再現性が必要だ。[20] そのためには、ＤＮＡ配列の正しい断片を化学的に結合させたものを細菌に移植し、微生物の細胞機構を利用して合成インスリンを作らせなければならないが、もちろん簡単にはいかない。すべてがうまく運んだとしても、さらにインスリンの鎖を精製し、それらを組み換えて、人間の膵臓が作り出すインスリンとまったく同じ分子が作られるようにしなければならない。

これは資金力のない、ちっぽけな研究者たちが仕掛けた細胞レベルの壮大な構想だった。彼らが思い描く未来のアイデアを不思議がる人々もいたし、危険視する人々もいた。作業は大変で、勝負は厳しかった。ジェネンテックのチームはストレスに苦しみ、容赦なく時間に追われながら、自宅でもひっそりと作業を進め、研究所での限られた時間を活用し、ハーバード大学やカリフォルニア大学の立派なホールからはほど遠い古ぼけた倉庫で課題に挑み続けた。まずはタンパク質の設計図となるDNAの配列を正確に再現した遺伝子を合成しなければならない。次に、設計図を読み込んで目的のタンパク質——この場合はインスリンを作る微生物——の正しい場所に遺伝子を潜り込ませる必要がある。

チームは苦労を重ねながら化学物質を混ぜ合わせ、配列を何度も並び替えながら正しいDNA鎖の配列を探した。また、微生物を研究して、大腸菌のどこに合成遺伝子をつなぎ合わせれば必要とするタンパク質が作られるのかも調べ出さなければならない。この状況は料理対決番組に似ていた。ボウルいっぱいの食材と、やはりボウルいっぱいの調理器具、それにオーブンを与えられて、12層のチョコレートケーキを焼くというお題を出されたようなものだ。制限時間は恐ろしく短く、くたびれた古いキッチンで何の説明もないまま料理を完成させなければならない。

しかし、1978年8月21日の早朝——ライバルたちよりもかなり早く、誰もが（チームのメンバーも含めて）驚いたことに——彼らはオーブンから完璧なケーキを取り出すことができた。[21] ジェネンテックは何とか目的通りのDNA配列を作り上げ、微生物に命令してヒトインスリンを作らせることに成功した。これがバイオテクノロジーの誕生であり、合成生物学という名前の新たな分野が産声を上げた瞬間だった。

イーライリリーは、世界初のバイオテクノロジー製品となったヒトインスリン製剤、「ヒューマリン」の開発と販売に関するジェネンテックとの20年契約にサインした。契約総額は数百万ドルにのぼった。ヒューマリンは1982年に米食品医薬品局（FDA）の承認を受けた。[22]

——生命の工場

ジェネンテックの驚くべき功績によって、人間の社会は今までとは違った方向に進み始めた。人間は初めて細胞や分子を操作して、体が自然に行っている活動を書き換える生物学的過程を発明したのだ。健康な人間の体内の細胞は、自動化・コンピューター化されて最高の効率で稼働する未来的な工場のようなものだ。すべてが連携した最先端のロボットのネットワークを思い浮かべてほしい。必要な数だけほしいものを何でも作れる3Dプリンター、最高の生産性を発揮できるように最適化された流通システム、すべてが連続的に実行される億単位のコードで書かれたオペレーティングシステム――人類の歴史の中で、これほど進歩し、洗練されたマシンや工場が作られたことはなかった。人間の体は、自由に動き回れる超巨大複合工場であるとも言える。40兆個近くの未来的な細胞工場を備え、そのすべてが連動しているおかげで、人間は生きていくことができる。[23]

これらの細胞工場は、それぞれ主に3つの要素で構成されている。設計図と、それらの設計図を送る通信システム、それに指定された製品を作る製造ラインだ。あらゆる生命を形作る、想像を超えて広大な遺伝子の生態系は、DNA、RNA、そしてタンパク質というたった3種類の分子が主役となって構成している。

生物の授業に必ず出てくるのが、ねじれたはしごのようなDNAの二重らせんだ。A（アデニン）、

T（チミン）、G（グアニン）、C（シトシン）の4つの文字で表されるヌクレオチドが、糖（デオキシリボース）とリン（酸）の主鎖に科学的に結合することで、このきわめて特徴的な構造が形成される。これらのヌクレオチドが対になると、かっちりとはまって結合するが、強く引っ張られると結合は比較的簡単に外れ、DNAの二重らせん構造はファスナーを開けるときのように2本に分かれる。DNAの結合が外れると、細胞はほどけたDNA鎖を鋳型にして新たに鎖を作り、元の鎖と新しい鎖を結合させてDNAの正確なコピーを作る。DNA鎖の4種類のヌクレオチドの順序には、細胞が生きていくために必要とするあらゆる情報が刻み込まれている。DNAには遺伝子の設計図が保存されているが、（ウィルスなどの）微生物も細胞内に自分の設計図であるDNAを持ち歩いている。DNA分子は何よりも重要な分子であると言っても過言ではないだろう（もちろん水やカフェインを何よりも崇める人々もいるが）。

DNAは細胞内に遺伝子の設計図を保存するが、細胞工場にDNAの指示を伝えるには、リボ核酸ことRNAが必要だ。RNAはリボソームと呼ばれる細胞内の複合体の中でアミノ酸配列に変換（翻訳）される。RNAがリボソームの中に入ると、魔法のようなことが起こる。メッセンジャーRNA（mRNA）がリボソームにくっつき、「スタート」ボタンとなる3文字の配列、コドンを探す。リボソームは「ストップ」ボタンにたどり着くまで、3文字ごとにmRNAの配列を読み込んで、細胞工場の製品、タンパク質を作り続ける。

タンパク質はアミノ酸の鎖で、細胞の主な材料であり、ほとんどの仕事をこなし、さまざまな機能を持った数多くの種類が存在する。例えば、コラーゲンなどの構造タンパク質には腱や軟骨を維持するはたらきがあるし、輸送タンパク質であるヘモグロビンは赤血球に含まれ、酸素を運ぶ役割をする。抗体はY字型のタンパク質で、特殊な認識能力を持っている。抗体が未知の微生物に出会うと、その微生物にくっつき、互いに協力して破壊し、他の細胞への感染を防ごうとする。感染症から回復すると、抗体を産生する少数の免疫細胞が記憶細胞として体内にとどまり、次に同じ感染症の原因菌に出会ったときはすぐに戦闘態勢に入ることができる。ワクチンは、同じ反応を体内で起こせるように設計されている。アミノ酸は500種類以上存在するが、生体系でよく見られるのはわずかに20種類ほどだ。[24]

細胞が未来の工場だとすれば、ゲノムは遺伝子のオンとオフを切り替える未来のオペレーティングシステムだ。2種類の生物が特定の性質に関連する同じ遺伝子を持っていたとしても、遺伝子のスイッチが入っていなければその性質が表に出ることはない。遺伝子のオンオフの切り替えや、どの程度切り替えるかの制御は、複雑に調節されている。ここには、プロモーターやエンハンサーなどさまざまなタンパク質転写因子を含む、タンパク質以外のコード配列も含まれる。これらの因子はリアルタイムで測定することが難しいため、なかなか研究が進まなかった。しかし、自然界では、軟骨魚類の一種である小型ガンギエイの仲間が、気候変動に伴う冬期の海水温の上昇に合わせて遺伝子を自動的に切り替え、体の構造を変化させるといった驚くような例もみられる。[25]

論理や構造が独立している昔ながらの工場や従来のコンピューターとは違って、生命のオペレーティングシステムには完全な相互運用性が必要とされる。私たちは全体が一体となって機能するその仕組みを知り始めたばかりだ。例えば、新しいパソコンには最新版のウインドウズがインストールされているが、ゲームや業務用ソフトウェアは別途購入してマシンに読み込ませる必要がある。マシンと情報が完全に一体化している生物の世界はその限りではない。

今日の電子コンピューターは、高級計算機の域を出ない。エネルギー消費が多く、壊れやすく、自己修復や自己複製もできない。プリンターに接続しなければ形のあるものは作り出せない。一方、細胞は、コンピューターがこうなりたいと夢見るような（コンピューターが夢を見るとすればの話だが）コンピューターだ。自己複製と自己修復ができて、エネルギー源をほとんど選ばない。

ジェネンテックの草分け的な研究が重要な意味を持ち、合成生物学が生命の認識の見直しを迫る理由は、まさにそこにある。私たちが生物学の言語をマスターし、操れるようになれば、細胞の内部で起こっていることにも手を出せるようになる。私たちはコードを読み込んで編集する――インスリンを作らせたり、ちょっとした修復をさせたりする――だけでなく、新たな設計図を書き込んで届け、生物由来の新たな産物を作らせることもできるようになるはずだ。合成生物学で最初に生み出されたのはヒューマリンだが、この分野は誕生したばかりにもかかわらず成長を続けている。合成生物学の境界線を引くために研究者たちは苦労している。しかし、化学、生物学、コンピューター科学、工学、設計が1つの目的を目指して集まる場所はここしかない。その目的とは、細胞工場と生命のオペレーティングシステムを利用できるようになり、新たな、願わくはさらに優れた生物学的コードを書き込むことだ。

合成生物学は、コンピューター科学、特に機械学習を利用し、大量のデータから意義のあるパターンを見つけ出す人工知能と重なる部分がある。機械学習は、ユーチューブやスポティファイの

「おすすめ」のような普段使うサービスや、ＡｌｅｘａやＳｉｒｉのような音声アシスタントとのやりとりで活用されている。生物学では、研究者たちがパターンから無数のちょっとした可能性を探るときに機械学習が活躍する。いくつもの変数がからむ実験をするには、測定、材料、入力に体系的な微調整が必要になることが多く、しかも工程の最後にまともな結果が得られない可能性もある。もつれた問題を解きほぐすＡＩシステムの研究と構築を行うグーグルのディープマインド部門は、アミノ酸の長い鎖の複雑に折りたたまれたパターンのテストとモデリングの方法を開発し、科学者たちを長く悩ませてきた問題の解決に取り組んでいる。ディープマインドシステムが開発したアルファフォールドは、人間と20種類のモデル生物の35万通り以上のタンパク質の構造を予想するために使用された。２０２２年までに、このシステムが予想する構造の数は1億３０００万を超えると期待されている。[26] 実現すれば、ジェネンテックが試行錯誤しながらヒューマリンを作ったときよりもはるかにスピーディに病気を治療する薬を開発できるようになるはずだ。[27] この技術と、他の合成生物学のアプローチは、より優れた可能性をより多く探り当て、新薬を市場に出すためのコストを下げられる可能性がある。

ジェネンテックの研究者たちは、大量のデータや機械学習や人間の天才を超える思考のために開発された、ディープニューラル・ネットワークを扱う人工知能とコンピューターの時代が到来する前に、ヒトインスリンを合成した。今なら、タンパク質や代謝の膨大なデータベースと、計算問題の解を求めて繰り返し繰り返し数十億通りのシミュレーションを実行する性能を備えたコンピューターがある。もし同じ研究グループがインスリンの問題の解決に今取り組んだとしたら、何カ月もぶっ通しで研究所の試験管やシャーレの前で過ごす必要はなかっただろう。研究にＡＩ搭載プラットフォームを使えば、数時間のうちに3文字のコードのあらゆる組み合わせを試して、理想的な組み合わせを設計することができたはずだ。

40兆個のミクロな工場は設計図の通りに作業を進め、判断を下し、複製を作り、互いにやりとりをし、許可や指示を受けなくても一日中ずっと自発的に動き続ける。今後10年以内に、合成生物学は究極のスーパーコンピューター、細胞をプログラムする力を人間に与えてくれるはずだ。

――悪い遺伝子を書き換える

ビルが1型糖尿病を患う原因となったような悪い遺伝子を持って生まれるのは、ひたすらに運が悪かったからだと私たちは思い込む。しかし、そこを疑ってかかったらどうなるだろうか？ビルは幸運だった。彼の両親はビルに優れた医療を受けさせる方法を心得ており、さらに重要なことにその医療を受けさせる余裕があった。彼の病気は家族で取り組むプロジェクトになった。学校が夏休みに入ると、両親はビルを糖尿病キャンプに送り込んだ。糖尿病の子供たちが参加するそのサマーキャンプには医師もいて、糖尿病の管理のやり方を学ぶことができる。だが時代が変わっても、ビルのように特別なキャンプに参加し、我が子の健康に気を配る両親に恵まれた子供であっても、糖尿病には不安がつきまとう。

新型コロナウイルス感染症が世界的に流行する中で、数百万人の米国人が職を失い、健康保険を使えなくなっている。糖尿病患者による新たな裏ネットワークもフェイスブックに登場した。保険の加入者がインスリンを余分に処方してもらい、経済的な余裕はないがインスリンがなければ命にかかわりかねない患者に提供しているのだ。[28,29] といっても、薬を違法に売買することが彼らの目的ではなく、これは命を救うための活動だ。新型コロナウイルスの流行前でも、米国では糖尿病患者の25パーセントが経済的な理由からインスリンの購入を制限せざるをえない状況にあった。[30] そして、このような人々は糖尿病の有病率や貧困率が高いラテン系、先住民族、黒人に特に多かった。新型コロナウイルスの流行によって国外への移動に制限がかかる前は、米国の糖尿病患者は米国の数分の一でインスリンが手に入るメキシコやカナダに渡ってインスリンを買っていた。[31]

推定で米国人の10パーセントが毎日必要としているインスリンだが、製造している企業はサノフィ、ノボノルディスク、イーライリリーの3社しかなく、価格は高騰している。[32,33] 2012年から2016年にかけて1カ月あたりのインスリン代は234ドルから450ドルに値上がりし、現在では1瓶のインスリンが250ドルすることもある。[34] 患者によっては、1カ月に6瓶のインスリンを必要とする。つまり、しっかりした保障のある健康保険に加入していない米国人はインスリンの量を減らさざるをえない。そうしなければ、家族の生活費や家賃を払えない事態になりかねないからだ。製薬会社は、価格の上昇はイノベーションにかかる費用を反映していると主張する。ジェネンテックやバンティングとベストの例を見ればわかるように、より効果的な製法や試験、技術を開発するには時間も金もかかる。上場企業であるインスリンのメーカーは、研究開発にかけた投資分を回収しなければならない。

ここに歴史の皮肉がある。バンティングやベストらのチームが1923年に初めてインスリンを発見し、抽出に成功したとき、彼らにはその発明を金もうけに使う気はさらさらなかった。この命を救う薬を必要とする人が誰でも手に入れられるように、彼らは特許を1ドルでトロント大学に譲った。「インスリンの価格の問題の解決策を考えるときには（中略）インスリンはみんなのものだと考えていた（バンティングとベストの）思いを忘れないことが大切だ。100年近くが経った今、価格の高騰のせいでインスリンを手に入れられない米国人が大勢いる」とニューイングランド・ジャーナル・オブ・メディシン誌の編集委員会は書いている[35]。

現在、インスリンは合成技術を使って工場で製造されているが、その製造過程は体内で起こっていることの再現に過ぎない。合成生物学が進歩するにつれて、私たちはただのものまねでは満足できなくなるだろう。インスリンを作り出す細胞株は、もっと正確に、無駄のないやり方でインスリンを作れるように改良されるかもしれない。最も期待されている開発中の技術は、必要なときにだけインスリンを作れるような遺伝子組み換え細胞だ。そこには深い意味がある。もし、将来的に高価なインスリンを買わずにすむようになるとしたらどうだろう？もし、インスリンポンプやインスリン注射を繰り返し使わなくても、血糖値に反応してインスリンを作り出す合成細胞を1回服用するだけですむようになったとしたら、どうだろうか？

まるで夢物語のように聞こえるかもしれないが、そんな未来はあなたが思っているよりも間近に迫っている。2010年に世界最高峰のバイオテクノロジー研究者の1人であるジョン・クレイグ・ベンターの研究チームは、自然界にすでに存在する細菌のDNAをコピーし、そこに手を加えて、細菌のDNAを丸ごと合成することに成功した。新たなゲノムには、プロジェクトにかかわった46人の研究者の名前と、J・ロバート・オッペンハイマーの言葉、ジェイムズ・ジョイスの詩、謎解きのような秘密のメッセージが書き込まれた。細菌が増殖を始めると、新たな遺伝暗号――詩や言葉やメッセージも次の世代に受け継がれた。こうして、プログラムで決められた通りに動く新たな生物を人工的に生み出し、増殖させられることが初めて証明された[36]。

これは単にヒトインスリンを合成するというだけの話にはとどまらない。コンピューターが作り出したゲノムを利用し、意図を持ってデザインされた生命の進化が実現したのだ。私たちは2019年にその力の片りんを目にしている。ベンターの共同研究者が遺伝暗号の書き込みが可能であることを示し、ビルのような人々を遺伝子の力で治せる未来を垣間見せてくれた[37]。つまり、細胞のプログラムを書き換えて、糖尿病患者の体内に自前の薬局を作ることができるようになるかもしれないのだ。

可能性が広がると、深刻な問題も見えてくる。研究者たちが「生きる、間違える、倒れる、勝利する、生命から別の生命を生み出すことを目的とする」とこっそり書き込んだ新たな細菌株を作り出すことに成功したら、この生物はどんな能力や性質を持つようになるのだろう[38]？　もし、将来的にあらゆる生命をプログラムできるようになったとしたら、優れた知識と能力を持ち合わせた人間が計り知れない力を手に入れることになるのではないだろうか。彼らは自らの手で生命を作り出し、すでに存在する生物がほとんどどんなことでも――善悪に関係なく――できるように操作するかもしれない。

そんなわけで、インスリンのようにたった1種類の細胞やタンパク質相手ではなく、ヒトゲノム全体が関わった次なる競争は、世紀の大勝負となった。結果としてそこからは予想を裏切る勝者が誕生し、私たちが共有する遺伝暗号を書き換える権限を手にするのは誰になるのか、という不安を生み出した。

第2章

スタートラインに向かう競争

人間が生命の暗号を解読することができたら、それを組み立て直して修復できるのではないか。あるいはさまざまな目的に合うように設計し直せるのではないか。そうした仮説を前進させるためのツールを研究者たちは必要としていた。インスリンが発見され、人工的に合成できるようになると、人間は地図やツールや、最終的にはコンピューターシステムまでも作り上げ、成功をおさめたが、その過程で新たに多くの問題を抱え込むことになった。科学そのものが持つ政治的・組織的構造に立ち向かうことは、新しい発見をするよりもさらに大変だった。それは熾烈な勝負から始まった。対立の構図は、かたや新たな番人、新たな科学、民間の資金の連合軍、対するは保守的なやり方を好み、政府から資金提供を受ける伝統主義者たちだ。

勝負の形が見えかけてきたのは、科学者たちが遺伝子配列を解読する前に避けては通れない重要な問題の答えを探し始めたときだった。ＤＮＡのらせん構造に遺伝子はどれくらいぎっしり詰め込まれているのだろうか、というのがその問題だった。

１９８０年代の初めに、米エネルギー省と科学技術政策局はユタ州で開催された遺伝子とエネルギーをテーマにした学会に出資した。会議のテーマは、世にも恐ろしい出来事とその余波の流れを汲んでいた。1945年に広島と長崎に原子爆弾を落とした米国政府は、戦後も原爆の生存者の研究を（被験者の意思に関係なく）続けた。放射能の影響の研究が進み、米議会はエネルギー省の前身である原子力委員会とエネルギー研究開発委員会を非難した。[1]数十年の時間をかけて、原爆に使用された化学物質と放出された放射線の影響が分析され、ゲノム構造や結果として生じた変異の研究が行われた。

1984年に科学者たちがユタ州に集まったときも、研究はまだ続いていた。[2]参加者の中には、生物学者のデイビッド・ボットスタイン（MIT）、生化学者のロナルド・デイビス（スタンフォード大学）、遺伝学者のマーク・スコルニックとレイ・ホワイト（ユタ大学）などの重鎮たちの姿もあった。[3]だが、遺伝学者のジョージ・チャーチ（ハーバード大学）が原子力のもたらした結果と人間の進化について口を開くと、話の流れは思いがけない方向に向かった。彼は完成度の高い遺伝子マップの必要性を声高に訴え、それが新たな議論の糸口となった。理論的には、DNAを切断し、組み替えるときに、それらが分離する頻度がわかれば、そこから2種類の遺伝子の関連度を予測することは可能なはずだ。それなら、人間の遺伝子の関連度を地図のような形で表すこともできるのではないかと研究者たちは考えた。今すぐに人間のゲノム地図を作ることは技術的に無理だが、いずれは実現できるようになる可能性がある。

チャーチとその場にいたメンバーがその可能性について考えるほど、ゲノム計画は理にかなっているように思われた。しかし、そのためにかかる手間は膨大なものになる。チャーチは計画の実現性を探るために動き始めた。それをきっかけにいくつもの会議が開かれ、最終的にヒトゲノムのすべての配列を解読するという構想が生まれた。[4] だが、ほどなくしていくつもの政府機関が首を突っ込んできて、研究の範囲や資金、主導権などをめぐって口出しを始めた。すべてのヒトゲノムを地図にまとめるという（かつてない）試みを実現させるには、ユタ州の会議の資金を出したエネルギー省ではなく、国立衛生研究所（NIH）にかじ取りを任せなければならないという声も上がった。[5] 米国科学アカデミーもここに加わり、議員に助言をする特別委員会を立ち上げた。1987年、議会はNIHの管轄となる新組織が必要だと判断し、ヒトゲノム計画（Human Genome Project：HGP）という名前が決まった。DNAの二重らせん構造を発見した功績でノーベル賞を受賞し、当時NIHに所属していたジェームズ・ワトソンは、1988年に議会に出席し、分子の世界に分け入ってゲノムの暗号を解読することは極めて重要であり、数十年の時間と数十億ドルの資金が必要となるにしても、成し遂げなければならないと主張した。[6]

「ヒトゲノムに関連する研究および技術活動の連携」について記載された基本合意書に、NIHとエネルギー省が署名し、NIHに新設されたヒトゲノム研究局のトップにワトソンが就任して、プロジェクトの監督に当たることになった。[7] 当初の計画では、5年ごとの資金の提供を合計3回受けて、15年後の2005年にヒトゲノムの解読を終えることが目指された。NIHが資金の大部分を負担し、エネルギー省は脇役に回った。[8]

その頃、NIHには仕事は速いが上層部とのいさかいを起こすのも速い有望な若い1人の科学者がいた。ジョン・クレイグ・ベンターだ。これは、彼が事前の許可も取らずに細胞の中で勝手に詩を公開してジョイスを怒らせるずっと前の話になる。

ベンターはカリフォルニア州のミルブレーで育った。サンフランシスコ国際空港のすぐ西側にある、労働者の多い街だ。[9] 小さい頃から、彼は危ないことが大好きな性格だった。滑走路を走る飛行機と自転車で競争したがり、止めに入った空港の警備員の制止も聞かず、しまいには怒鳴りつけられるはめになった。彼の家族がつつましく暮らす家は線路のそばにあった。彼はときどき線路に入り込んで、列車が突っ込んでくるぎりぎりまで待ってから、さっと線路わきにジャンプしてよけるという遊びをしていた。高校に入ると、ベンターは職業訓練と生物学の授業で頭角を現した。せっせと機械いじりを続け、卒業するまでに2艇のスピードボートを作った。また、彼は海で過ごすのも好きで、いい波が来そうなときはサーフィンを楽しんでいたが、天候に恵まれる日は多くはなかった。[10]

1964年、ベンターは徴兵を避けるため海軍に入隊し、主に医師の手伝いをする衛生下士官としてサンディエゴの海軍病院に着任した。そこでは、午前中は脊椎穿刺や肝生検をやり、午後にはラホヤの砂浜に向かってサーフィンをする日々を送った。やがてベンターは1968年のテト攻勢を受けてベトナムに派遣され、ダナンの海軍病院で血なまぐさい任務にあたることになった。従軍中はずっと上官からの罵声が絶えなかった。本国に帰ってきた彼は、カリフォルニア大学サンディエゴ校に入り、マンハッタン計画にもかかわった有名な生化学者のネイサン・カプランの下で学び、博士号を取得した。[11]

ベンターがNIHで働き始めた1984年には、ほとんどの研究者が1つの遺伝子のすべての配列を読み取るためにかなり手間のかかる方法を使っていた。彼らの仕事ぶりを眺めながら、ベンターは学生時代に作業台で悪戦苦闘していたときのことや、ベトナムでひどい傷を負った患者を治療したときのことを思い返していた。これらの経験を通して、彼は情報が足りない中でも問題を解決する術を学んだ。そうするうちに彼は、遺伝子配列をいったんばらばらに分離してから組み立て直していけば、もっと速く作業が進むのではないかと思いついた。つまり、すべての配列を読み込む代わりに、遺伝子の一部を解読し、ジグソーパズルを組み立てるように組み立て直して再現するのだ。

ちょっと常識では考えられないやり方だが、ベンターはまず、発現配列タグ（Expressed Sequence Tag：EST）の分離に取りかかった。ESTは逆転写酵素を使って変換するとDNAに戻るmRNA配列だ。[12] これらの短いDNA断片は、どんな遺伝子が存在するのか、ゲノムのどこに位置するのか、特定の細胞や組織でスイッチが入るかどうかを教えてくれる。ベンターは未知のヒトゲノムの断片の特定にESTを使うことにした。ESTがジグソーパズルのピースだとするなら、専用の特注コンピューターを使ってピースを探して組み合わせ、全体像に近づけられるはずだと考えたのだ。

このアイデアにNIHの他の研究者たちはいい顔をしなかった。彼らはこの方法がずさんすぎると思っていたし、彼らが好む、以前から行われてきた綿密な作業の対極にベンターのやり方はあった。そんな周囲の様子をベンターは意に介さなかった。1991年までに彼は誰よりも多い約350個のヒトゲノムから新たに部分的な配列を特定した。この時点では、ヒトゲノムの知識の限界点と言ってもよかった。[13] 説明しておくと、ヒトゲノムには最低でも64億文字の遺伝子配列が含まれている。これは長編小説『白鯨』の文字数の4000倍に相当する。[14] だが、350個は手始めに過ぎず、ベンターが考案した新手法は従来のやり方よりももっと手軽に、もっと強力に、もっと速く作業を進められることが証明された。当然ながら、不安を感じた研究者たちもいた。ベンターが査読雑誌に研究論文を送る準備をしていると、何人かの同僚から論文を送るのをやめるように懇願された。彼らはゲノム解読の評判が落ちて資金難に陥ることを恐れていた。ベンターはそのまま準備を進めて論文を雑誌に送った。超高性能コンピューターとシークエンサー（ゲノム配列の解読装置）があれば、自分の方法はデータの処理量を大幅に増やし、作業を高速化できるはずだと彼は踏んでいた。自分の技術を紹介した論文が発表されれば、支持が集まるだろうとも考えていた。[15]

ジェームズ・ワトソンは下っ端の若造の積極性をよしとしなかった。[16] ヒトゲノム計画は恐ろしく複雑なプロジェクトであり、専門が異なる大勢の研究者がチームを組むことでよい結果が出せるだろうと彼は考えていた。ワトソンはDNAの解読に向けて全米中でさまざまな学術機関を組織した。このとてつもなく大変な仕事に、彼は何と30億ドル（現在の価値に換算しておよそ60億ドル）の予算を組み、複数の米政府機関や、ロンドンを拠点として医学研究を支援する世界最大級の慈善団体であるウェルカム・トラストから厚遇を受けた。[17,18] ワトソンらは当初の5カ年計画を作成し、プロジェクトの目標を定めた。まず、DNAを染色体ごとに分離してヒトゲノムの配列を決定し、断片のクローンを作成してクローンライブラリを作るために必要な技術の改良と開発を進める。さらに遺伝子技術や物理的技術を用いてこれらのクローンを並べ替え、端が重複する組み合わせを探す。1990年代半ば頃には、これらのクローンの塩基配列を解読する作業が始まり、コンピューターで配列を解析して、遺伝子を特定し、最終的にはハンチントン病や脆弱X症候群をはじめとする、治療ができない遺伝疾患に関連する遺伝子を突き止められるはずだった。その過程で、特にＤＮＡの配列決定に関する手法の自動化と高速化を進める努力をすることになっていた。

ワトソンは筋金入りの保守派だった。しきたりにこだわり、新たなやり方を取り入れようとせず、ベンターの勢いに不安を抱いていた。しかし、ワトソンの偏狭さは科学的発見に限ったことではなかった。ワトソンとフランシス・クリックがＤＮＡの二重らせん構造を発見して有名になる前に、キングス・カレッジ・ロンドン大学の才能あふれる若手科学者、ロザリンド・フランクリンがＸ線結晶構造解析と呼ばれる技術を使ってＤＮＡ分子の構造を詳しく調べた。[19]細胞形質転換に何らかの役割を果たしていることが知られていたＤＮＡに、どのように遺伝情報が書き込まれているのかを彼女は調べようとしていた。結晶化した分子にＸ線を照射すると、特徴的なパターンが現れた。しかし、この時点ではまだ彼女にも確信はなかった。そんなときに、古株の研究者モーリス・ウィルキンスが彼女の研究を知って、フランクリンに無断でワトソンにＸ線写真を見せた。その後はご存知のように、ワトソンとクリックがＤＮＡ分子の構造が2本のヌクレオチド鎖が二重らせんを形成しているという説を提唱した。ワトソンは発見に関するフランクリンの功績を認めようとしなかったばかりか、のちの著書『二重らせん』の中では彼女を性差別的に扱っている。ワトソンはフランクリンを「ロージー」——彼女が実際にそんな名前で呼ばれたことはなかった——と呼んで子ども扱いし、彼女の科学的功績はそっちのけで、容姿ばかりに言及した。

最初のうち、モーリスはロージーが騒ぎ立てることはないだろうとたかをくくっていたのではないかと私は思う。しかし、彼女は簡単には引き下がらなかったようだ。彼女は好き好んで女らしさを前に出そうとはしなかった。顔立ちははっきりしているし、美人と言えなくもない。服装に多少なりとも関心を持てばかなり見栄えがしたかもしれない。しかし、彼女は身なりに構おうとはしなかった。ストレートの黒髪に映えそうな口紅すら使ったことがなく、31歳当時の彼女の身なりはまさにイギリスの青踏派（訳注：イギリスで当時の因習に反し、自分の頭で物事を考えようとしていた女性の集まりがそのように呼ばれていた）そのものだった。つまらない男と結婚せずにすむような専門的職業につきたいという希望を持った利口な娘に、彼女の母親がひどく心を痛めていたであろうことは想像に難くない。[20]

ワトソンは、女性や有色人種、ＬＧＢＴＱのコミュニティに関して確固たる意見を持っていて、当然のように科学や研究の世界に彼らの居場所などないと考えていた。１９９７年に彼はロンドンのサンデー・テレグラフ紙の取材で、もし「ゲイの遺伝子」が発見されたとしたら、そのような遺伝子を持つ子供を妊娠している女性は中絶を認められるべきだと語っている。[21]カリフォルニア大学バークレー校で行った特別講義でも、ワトソンは太った人間を自分は雇わないと発言し、肌の色の濃さと性的な能力の間には遺伝子的に関係があるという間違った情報を話した。[22]２００３年のＢＢＣのドキュメンタリーでは、遺伝子研究が役に立つ用途の1つとして、美しくない女性という悲劇をなくすことができるのではないかと言った。「みんなは人間の力で女の子たち全員をかわいくするなんてとんでもないと言う。私は素晴らしいと思うがね[23]」。２００７年には、ロンドン・タイムズ紙にアフリカ人は「血統」のせいでヨーロッパ人ほど頭がよくないとも語っている。「あらゆる（イギリスの）社会政策は、知性が人種を問わず平等であるという事実を前提にしている。ところが、あらゆる検査はそれが事実ではないことを示している」[24]。同じ年のエスクァイア誌のインタビューでも、彼はユダヤ人に対する固定観念を支持している。「なぜすべての人がアシュケナジム（訳注：東欧系のユダヤ人）のような知性を持ち合わせていないのか？」と彼は問いかけ、知性を備えた裕福な人々は——ユダヤ人ではなくても——もっと子供を持てるように金を与えられるべきだとほのめかす[25]。ワトソンは2019年のPBSのドキュメンタリーでさらに辛辣な言葉を放っている。「黒人と白人ではIQテストの平均値に差があるが、その差は遺伝的なものだろう」[26]。

ワトソンがなぜベンターを脅威だと感じていたのかはすぐにわかる。ベンターは人生のほとんどを長髪で過ごし、女性擁護派で、頭がよければどんな相手でも歓迎した。ベンターにとって重要だったのは、科学だけだった。

ベンターは感情をすぐに表に出し、そのせいでNIHの内部でも軋轢を生んだ。自分のやり方なら作業はより短時間で進むようになり、しかも費用ははるかに安くなると彼は信じていた。それを実現できる理由の1つは、NIHが誇るしっかりした構造とアプローチにあることもわかっていたはずだが、ベンターはワトソンを責任者として無能だと非難した。ワトソンが作り上げた官僚主義的な体制をベンターはやり玉に挙げ、「無意味でうっとおしく、腹立たしいほどに科学をないがしろにしている」と言った[27]。だが、ベンターには丁寧に話をしながら人を説得する気はなかったし、そのような能力も持ち合わせていなかった。大きな組織の中で成功するかどうかは人間的な魅力と交渉能力が決め手になることも多いが、挑戦的でぞんざいな彼のふるまいは人を遠ざけた。実際のところ、彼は嫌われ者だった。彼は「私はヒトゲノムの分析によそ者を加えることにまったく興味がなさそうな連中とのもめごとに、時間とエネルギーと精神を無駄に消耗させられている」とも語っていた。[28]

それでも、ＮＩＨはベンターが特定した遺伝子断片の特許を出願することを決めた。これは重要な進展だった。特許の許諾を決めるのは特許の持ち主だからだ。ベンターは生体物質そのものでは特許をとろうとはしなかった。米国特許商標庁はそのような特許を認めていなかったからだ。その代わりに、彼は読み取った遺伝子配列の特許を出願した。ベンターの行動にワトソンは激昂し、ＮＩＨの所長だったバーナディーン・ヒーリーを相手にわめき散らして、ＮＩＨが特許出願に関わる費用を出さないように要求した。（ヒーリーはこの要求をのんだ）。[29] しかし、騒動はＮＩＨの内部だけではおさまらず、議会にまで飛び火した。１９９１年、ベンターとワトソンは上院公聴会に呼ばれることになった。会場となった部屋に人の姿はほとんどなかった。米国は湾岸戦争から総勢54万人の全部隊の引き上げを開始したばかりで、ロサンゼルスでは4人の警官がロドニー・キングに繰り返し暴行を加える様子が撮影されていた。つまり、多くの人々にとっては意味さえわからないようなつまらない問題をめぐって議論する余裕は当時の議会にはなかった。[30、31] 数人の上院議員が姿を見せたが、誰もゲノム学をよく理解していなかった。彼らはプロジェクトと特許についての初歩的な質問をし、知識のなさを露呈した。やがて、業を煮やしたワトソンがベンターをサルに例えて、彼がやっていることに対する懸念を必死で訴え始めた。「そんなものは科学ではない！」とワトソンは声を荒げた。[32]

10月に、特許庁はＮＩＨの特許出願を却下した。[33]

ベンターはワトソンとＮＩＨに対する不満を募らせ、以前にＤＮＡ配列決定のためにＮＩＨから受け取っていた補助金をＥＳＴの配列決定に使いたいと考えるようになった。彼は許可を求めた――おそらくは多少なりとも官僚主義について学ぶところがあったのだろう――が、ヒトゲノム計画は彼の希望を却下し、彼の参加も拒否した。すっかり嫌気がさしたベンターは補助金を突き返し、ワトソンを厳しく批判する手紙を本人に宛てて送った。直後にベンターはＮＩＨを去ることになったが、ベンチャー投資家のウォレス・スタインバーグがベンターのＥＳＴ法を使った会社を作ることを提案してきた。

この申し出は事業の運営に頭を悩ませることなく、基礎研究だけに集中したいと思っていたベンターの思惑とも合致し、両者の間で合意が成立した。ベンターは、ゲノム研究者で細菌ゲノム学の専門家でもあった妻のクレア・フレイザーとともにゲノム研究所で研究をするようになった。スタインバーグは営利企業のヒューマン・ゲノム・サイエンス社を設立した。両者は協力関係を結び、ゲノム研究所でのベンターの研究成果をヒューマン・ゲノム・サイエンス社が商業化することになった。ベンターへの対応のまずさと特許の件での失敗が尾を引いて、１９９２年にワトソンはヒトゲノム計画の責任者を辞任した。[34]辞任に追い込まれたことにひどく立腹していたワトソンは、表舞台からは身を引いたが、舞台裏では密かにヒトゲノム計画に口を出し、プロジェクトを操り続けていた。

1994年、ヒトゲノム計画はミバエ、酵母、線虫、それに大腸菌のゲノムをマッピング（解読ではない）できる技術と工程を確立した。しかし、進展は遅かった。[35] その頃、ベンターと、当時ジョンズ・ホプキンズ大学医学部に在籍していたハミルトン・O・スミスは、ショットガン法と呼ばれる賛否の分かれる新たな技術を使って計画のさらなるスピードアップを図っていた。従来のゲノムマッピングでは、各染色体を分離し、規則的な間隔で切断して短いDNA断片を作り、それを順序通りに並べ、ようやくシークエンサーにかけて文字を「解読」するという気の遠くなるような作業が必要になる。この工程は秩序正しく、理にかなっているが、時間はかかる。例えるなら、すぐ目の前しか見えないような激しい猛吹雪の中で長い高速道路を走り続けることに似ているかもしれない。[36]

一方、スミスとベンターのショットガン法では、ゲノムDNAのコピーをいくつも作って切断し、断片を細菌プラスミドに組み込んで増やす。プラスミドには数百文字分のDNAが含まれるので、その配列を読み込むわけだ。さらにソフトウェアに断片の情報を読み込ませ、配列が重なり合う部分を探す。このようなやり方で、ゲノム全体の配列を復元することができる。クローン化したプラスミドを並び替えるといった時間のかかる作業はいらない。

だからといって話は簡単ではない。ショットガン法による配列決定は過去にも小規模なプロジェクトで行われたことがあるが、ヒトゲノムのような複雑で大規模なものを相手にするのは初めてだ。重なり合う部分を作るためDNAはランダムに細かく切断しなければならず、膨大な数の断片の配列を読み取っては復元することになる。それには専用のソフトウェアとコンピューターハードウェアが必要だ。しかし、これはよく考えられたアプローチだった。そして、科学界をおじけづかせた。スミスとベンターは、ショットガン法を使って子供たちに髄膜炎を起こさせるインフルエンザ菌のゲノム解読を行うためにNIHに補助金を申請し、プロジェクトをたった1年で終わらせると言った[37]。この菌の遺伝子配列は180万文字ほどだ。計算すると、毎日休みなくおよそ5000文字分の断片の配列を正確に読み取り、一致させる作業が必要になる[38]。NIHの調査委員会は申請内容をあまり評価せず、2人が使おうとしていた技術に注文をつけた。ショットガン法でゲノムの配列を読み取るのは無理だし、リスクも大きい。スミスとベンターはこの決定に不服を申し立てた。だが、ベンターは申し立てが処理される間のごたごたが終わるのを待っている暇はないと考えて、どんどん作業を進めた。

1年後の1995年5月、ベンターとスミスはワシントンDCで開催される米国微生物学会（ASM）の年次総会で夜の基調演説を行った[39]。サルモネラ・ティフィリウム（ネズミチフス菌）のハイブリッドマップ（一部が遺伝子マップで一部が物理マップ）を研究していた本書の共著者、アンドリュー・ヘッセルは、同僚のケン・サンダーソン、ケン・ラッドと一緒にこのときの講演を聞いていた。ベンターとスミスがインフルエンザ菌の全ゲノムの解読を終えたと述べ、コンピューターが作成したマップを使って非常に詳しくゲノム構成を紹介しながら、1つひとつの手順について説明している間、数千人の科学者が居並ぶ会場は水を打ったように静まり返っていたことをアンドリューは覚えている。独立した生物の全ゲノムが解読されたのは、これが初めてだった。その後、スティーブ・ジョブズが「One more thing（そしてもう1つ）」という有名な口ぐせとともに驚くべき商品を世に送り出し始める4年前に、ベンターとスミスは2番目の細菌、マイコプラズマ・ジェニタリウムの全遺伝子マップを手に基調講演を終えていた。

アンドリューはこの発表が非常に重要な意味を持つことを知っていた。彼は、最初にゲノム解読が行われるとすれば、広く研究され、遺伝子マップも存在する大腸菌だろうと考えていた。遅れてやってきたベンターとスミスは、あっという間に微生物学の世界全体を追い越していった。それからすぐにアンドリューは学問の世界を離れて、ベンター並みのゲノム解読をさらに大きな規模で実行に移せる技術力と経済力を持ち合わせたバイオ医薬品メーカーのアムジェンに入社した。

2つの細菌のゲノム情報は、ベンターとスミスが予定していた通りに、権威ある一流雑誌のサイエンス誌で2カ月ほど後に詳しく公開された。[40,41] 少々皮肉なことに、おそらくは悦に入っていたであろうベンターのもとに不服申立委員会から正式な却下通知が届いたのは、記事の掲載とほぼ同じ頃だった。通知は、ショットガン法は妥当なやり方ではないとスミスとベンターに告げていた。

その頃、医師で遺伝学者としても名高いフランシス・コリンズがワトソンの後任としてヒトゲノム計画の新たな責任者となっていた。しかし、ワトソンはしぶとく裏から首を突っ込んできては、頻繁にコリンズに自分の意見を聞かせた。ゲノム研究所の研究者たちはすでに別のプロジェクトに移っていたが、ベンターはまだゲノムを完全に解読するためのもっといい方法が他にあるはずだと考え、いらだちを募らせていた。彼は核心を突いていた。今のままのスピードでは2005年の期限までに遺伝子のごく一部しか解読が終わらないことが内部監査で明らかになっていた。ワトソンがこだわった複雑な組織構造には、補助金を受け取った多数のさまざまなグループがあふれていたが、そのすべてが機能していたわけではなかった。膨れ上がった組織は勢いを失い、ヒトゲノム計画そのものまでダメにしてしまいかねなかった。

スピードの必要性

パーキンエルマーの名前は、エクソンモービルやP&Gと比べればそれほど知られていない。しかし、非常に狭い世界では誰もが知る会社だ。DNAの配列決定に必要な化学物質では市場シェアの約90パーセントをこの会社が占める。1990年代に、同社の一部門であるアプライド・バイオシステムズが極秘の独立型研究開発プロジェクトを進めた。細いキャピラリー（管）にゲルを詰め込む代わりに、大きな断片の平板ゲルを使用することで、高速での連続的なDNA配列決定を可能にする、「ABI Prism 3700」と呼ばれる自動シークエンサーを開発するプロジェクトだった。[42]

アンドリューはアプライド・バイオシステムズで会議が開かれる数カ月前に、この装置の試作品を見かけた。「一塩基合成（SBS）」という新たな概念についての共同研究の話を持ちかけるために、単一分子分析システムの専門家で著名な分析化学者のノーマン・ドヴィッチ博士を訪ねて、カナダのアルバータ州エドモントンに行ったときのことだ。ドヴィッチ博士は丁寧にアンドリューの話に耳を傾けてくれたが、自分は忙しすぎると言った。さらに、博士はすでに新型のシークエンサーの研究を進めていて、喜んでアンドリューに試作品を見せてくれた。試作品には32本のキャピラリーが使われ、それぞれが平板状のシークエンシングゲルを流す「レーン」の役割をしていた（最終版では自動ラボシステムで使用される標準的なマイクロプレートの穴の数と同じ96本のキャピラリーが使われていた）。さらに博士は性能の数値も教えてくれた。すばやくいくつかの計算をしたアンドリューは、２週間ほどあれば１台のマシンで１種類の細菌の配列を読み取れることを知った。[43]

１台のＡＢＩ Ｐｒｉｓｍ ３７００ではヒトゲノムをすっかり解読できるほどの性能はないが、数百台のマシンをそろえて、まとめて稼働させれば従来のやり方よりも短期間でヒトＤＮＡを解読できるのではないかとパーキンエルマー社の重役たちは考えた。解読した遺伝子配列に数カ所の空白部分ができる可能性はあるが、これは１回だけしか解読していないゆえの問題だろう。コンピューターで繰り返し処理することで、抜け落ちた配列や不明瞭な配列をすべてはっきりさせられるに違いない。同社の経理部はその点を心配した。配列決定の作業を繰り返せば、解読は数カ月では終わらず、最終的には何年もかかるかもしれない。同社の化学物質はコンピューターの販売よりもはるかに大きな利益を出していた。

ベンターと彼が考案したショットガン法をよく知るパーキンエルマーの重役たちは、自社のコンピューターと彼の方法を組み合わせればゲノム学に大革命を起こせるかもしれないと考えた。ベンターの側も、このアプローチが解読の工程をスピードアップさせるであろうことをすぐに理解した。そこで、１９９８年、ベンターらはＮＩＨに乗り込み、ベンターの技術と多数のＡＢＩ Ｐｒｉｓｍ ３７００コンピューターを武器にヒトゲノムの塩基配列の解読を目指す企業を作ることを宣言した。[44] 彼らがそんな話をしたのは、官民連携を実現させるためだった。彼らの方法論やコンピューターと、ヒトゲノム計画の研究者たちによる従来に近いやり方の研究の力が合わされば、

2005年というタイムリミットよりも早くゲノムの解読を終えることができるうえ、公的資金の投入も大幅に抑えられる。[45]ベンターはデータの共有を提案し、ヒトゲノムの公開までこぎつけたら、人類の歴史における最も偉大な科学的業績を達成したという栄誉を全員で分かち合おうと言った。誰もあえて口には出さなかったが、もしノーベル賞を受賞するようなことになれば、その栄誉も分け合うことになる。

　コリンズは提案を検討するとベンターに言った。だが、ベンターの申し出には裏があった。彼はすでにニューヨークタイムズ紙と接触し、新しく設立するセレラ社（セレラとはラテン語で「速い」を意味する）がヒトゲノム計画の約束した期限よりも4年早い2001年までにヒトゲノムの解読を終えるという内容の報道発表を流していた。発表では、この計画にセレラがかける予算は国が主導し、公的資金が投入されているヒトゲノム計画の予算の10分の1にも満たない、3億ドル以下であることにも触れられていた。最終的に掲載されたニューヨークタイムズ紙の記事は、実績のある手法と最新鋭のスーパーコンピューターを駆使するベンターのチームは、時間のかかる古臭いやり方にこだわるヒトゲノム計画を超えるかもしれないとほのめかしていた。[46]記事が新聞に載ると、ベンターはヒトゲノム計画の会議に現れて、その場にいた面々に向かってすぐに取り返しがつかないほどの差がつくはずだから、研究をやめるようにと言い放った。

　ベンターの挑発はこれで終わりではなかった。ヒトゲノム計画の会議の後で、計画の進み具合を発表するための記者会見が予定されていた。演壇でコリンズの隣に座ったベンターは、ヒトゲノム計画はもっと簡単な、マウスのゲノム解読に目標を変えた方がいいのではないかと報道陣に語った。

おそらくは自分でも言い過ぎたと思ったのだろうが、ベンターは論調を和らげ、「ヒトゲノムを解釈するためにはマウスの情報は欠かせない」と弁解するように言った。記者会見の終了後に、コリンズやベンターと一緒に壇上に上がらなかったワトソンは怒り心頭で、ロビーで人目もはばからずベンターをヒトラー呼ばわりしていた。[47]後でワトソンはコリンズを公衆の面前で厳しく叱責し、チェンバレンではなくチャーチルのようになって計画を急ぐように言った。[48]

ヒトゲノム計画の他の研究者たちは、ベンターの手法や彼の不遜な言動に腹を立てているばかりではなかった。これほど重大な研究のために金もうけが目的の会社を作るなんて、とんでもない話だと考えていたのだ。彼らには競争で負けるかもしれないという不安もあったが、研究成果が独占され、他の研究者たちが使えなくなることも心配していた。技術的には、セレラは遺伝子配列の情報を誰でも手に入れ、使えるようにすることができるはずだった。だが、しかるべきコンピューターシステムを用意し、ベンターの手法の仕組みをきちんと理解していなければ、公開データベースはまったく役に立たないかもしれない。さらに、ゲノムのどこにどんな意味があるのかという肝心な情報を明らかにする解析結果を知りたければ、料金が発生する。

ロンドンを拠点としてヒトゲノム計画を資金面で支援する大規模団体、ウェルカム・トラストのお偉方にも騒動の話はすべて伝わっていた。同団体が長らく支援してきたヒトゲノム計画を抜けた人間が会社の設立に乗り出し、しかもいきなり横やりを入れてきて、ヒトゲノム計画は大金を無駄にしていると言い出したのだから、彼らが不安になったのも無理はない。相当な額の寄付金が無駄遣いされたのではないか、計画そのものも危機に瀕しているのではないかと心配になったウェルカム・トラストの幹部たちは、米国に飛んできた。コリンズは計画が問題なく進んでおり、ベンターはわがまま放題の大ぼら吹きで、コンピューターとショットガン法を使う彼のやり方などうまくいくわけがないと説明した。そのうえ、コリンズはUSAトゥデイ紙にセレラはヒトゲノムの「要約版あるいは風刺版」を作っていると語った。[49]

競争が始まった。ベンターは、2001年までにヒトゲノムの概要版を、2003年までに完全版を完成させると発言した。そうなれば、ヒトゲノム計画側も解読完了に向けて作業を急ぐしかなかった。ワトソンは、1台30万ドルのABI 3700の購入に向けて資金を獲得するべく、議会への働きかけを始めた。NIHは計画を整理し、ベイラー大学、マサチューセッツ工科大学（MIT）、ワシントン大学の3カ所に作業を集中させることにした。しかしその結果、多くの研究者たちが計画からはじき出されることになった。この時点で10年近くにわたって数百人の研究者たちが計画に関わってきたが、彼らの研究資金も突然大幅に減らされた。どうしてこんなことになったのかははっきりしている。突然現れた新たなライバルに対抗するために、計画は全面的な見直しを迫られた。

――暗号を解読する

競争が続くなか、ヒトゲノム計画とセレラの間で協力を進めるという話もあったが、緊張が高まり、2000年2月に物別れに終わった。両者は報道を通じて応酬しあった。ベンターはヒトゲノム計画がセレラに送った、手法に関する問題について詳しく説明した文書を、ヒトゲノム計画が外部に漏らしたことに腹を立て、報道陣に相手が「程度の低い」やり方でごまかそうとしていると訴えた。一方で、ヒトゲノム計画の首脳陣は、独自の研究結果を公開ゲノムデータと合わせて販売するというセレラの計画を「詐欺同然」と言った。[50]

2000年3月、ベンターは重大発表を行った。ショットガン法とPrismのマシンを使っていたセレラが、ショウジョウバエのゲノムの解読に成功したのだ。[51]この成果によりベンターの主張とセレラの手法の正当性が証明された。今や数百台にまで増えたPrismが機械音を響かせながら順調に遺伝子に書き込まれた暗号を解読していく様子は、ジェームズ・ボンドの映画『007スカイフォール』に出てくる最新式の巨大サーバーファームさながらだった（ただし、このときにはまだ「サーバーファーム」という言葉は生まれていなかった）。さらに、ベンターはセレラがヒトDNAの解読にも取りかかっており、まもなく約12億文字の暗号がつづられたヒトゲノムの概要版が出来上がること、加えて6500種類のヒト遺伝子の特許を仮出願したとも語った。

特許は儲かるビジネスモデルの約束手形のようなもので、特許が取れれば計り知れない利益を手にすることができる。考えようによってはゲームの「モノポリー」に似ているが、進めるマスの数や与えられる特権を決めるのはさいころの目や運ではなく、科学的発見だ。最初に遺伝子にたどりついたチームが、その権利を手にする。特許を取得するのは、モノポリーで家やホテルを建てることに似ている。その遺伝子を誰かが使いたいときは、その遺伝子を使うという特権のために（ライセンス料という形で）お金を払わなければならない。ベンターが進めるゲームを支えていたのは、単純ながらも明確な戦略だった。彼は基本的に特許が取れそうなすべての遺伝子に特許を仮出願した。

どれが役に立つかは後で考えればいい。

健康、医療、ゲノム学の分野で特許は重要な意味を持つ。これらの業界では、治療が困難な病気の新薬のような儲かる商品を作る権利が特許の持ち主に与えられているからだ。セレラが特許を取れば、特許の対象になっている遺伝子をもとに作られたあらゆるものが17年間は同社の所有物になる。だが、いくつもの会社が人間の生命にかかわる重要な構成要素に対するさまざまな権利を所有するようになったとしたら、どうだろうか。セレラがある遺伝子に対する権利を主張し、ヒトゲノム計画も他の遺伝子に同じことをし、さらに別の会社や政府機関が別の遺伝子の権利を主張しだしたら、どうなるだろうか。ヒトゲノムの解読が極めて重要なことは間違いないが、遺伝子マップで領土争いが起きれば、これらの研究成果から必要な情報を取り出す作業の妨げになりかねない。新たな遺伝子治療薬で難しい病気を治すには共同研究が欠かせないが、争いは協力の実現を困難にするだけでなく、不必要に費用をふくれあがらせる。モノポリーでは、赤とオレンジの土地は統計的にみんなが止まる可能性が特に高いマスに配置されている。つまり、多額の家賃収入が見込める土地だ。もしヒトゲノム計画とセレラがモノポリーの盤上で追いかけっこをしながら、できるだけたくさんの赤とオレンジの土地を手に入れようとしていたら、つまり最もよく使われる遺伝子治療薬で一番役に立ちそうな遺伝子を解読して特許をとろうとしたら、困ったことになるかもしれない。

科学界はこのような知的財産の問題に頭を悩ませていた。セレラが首尾よく数千種類のヒト遺伝子の特許を手に入れたとしたら、ベンターが次に何をしでかすかわかったものではない。

その不安のいくつかはすでに的中していた。もしセレラが成功すれば、基礎研究の従来のやり方、たいていは大規模な研究所や政府機関の手の中にあるやり方は必ずしも最善ではなく、小回りのきく少数精鋭のグループの方が効率的だという印象を外の世界に与えかねない。常識にとらわれないベンターの手法は脅威だった。

セレラは新たな実験技術だけではなく、バイオテクノロジーの新たなビジネスモデルの構築にも取り組んでいた。[52] ベンターは生データを公開する一方で、ソフトウェアの販売や処理済みデータの定額利用、さらにはデータを使える状態にする優秀なシーケンシングマシンへのアクセスの有料化を考えていた。セレラ社の企業評価額は一時35億ドルに達していた。ヒトゲノム計画の予算総額を5億ドルばかり上回る数字だ。

何より、ヒトゲノムのように誰もが生まれつき持っているものから利益を出そうという考えに不安を感じる人は多い。ヒトゲノムは誰でも自由に扱える共有財産にするべきではないか？しかも、ここまでの研究費は複数の国の税金で賄われている。それなのに、たった1社が大もうけをするとはどういうことか？

議論が続いていた2000年4月6日、ベンターはセレラ社が必要なDNAの解読を終え、ヒトゲノムの「最初の復元」の段階に進むことを発表した。[53] 大方の予想よりもはるかに早く、数週間後にはゲノムの概要版が出来上がることになった。[54] このゲノムは1人の男性のものだった（この男性が誰だったのかは明かされていないが、ベンター本人のDNAだったのではないかという意見もある。ベンターはその説を肯定も否定もしていない）。一方のヒトゲノム計画は、数人の人間の遺伝物質を使用していた。

セレラがヒトゲノム計画に勝利したことははっきりしたが、すべての研究費が国からの資金でまかなわれていたため、ヒトゲノムの解読をめぐる競争は引き分けということですべての関係者が合意した。セレラとヒトゲノム計画はあらゆる研究から生じた成果、発見、新たに開発された工程、それに解読者の称号を分け合った。だが、まだやっかいな問題が残っている。製薬会社とバイオテクノロジー企業は、最終的に学術機関の研究者から政府機関からスタートアップ企業まで、誰もが配列の情報と特許を利用しなければならなくなることをわかっていた。新薬を開発するために必要なのはゲノムの生データと、それを読み取る能力だ。だが、そこに金銭的負担が生じることは誰も望まなかった。セレラにも2社のやや規模の小さいライバルがいた。ヒューマン・ゲノム・サイエンス社とインサイト社だ。ゲノム解読への挑戦は金銭面の大きなリスクがつきまとう。彼らもかかった分の費用は回収しなければならない。

このように複雑な事態は、この類の研究が行われた結果としてさまざまな形で現れる影響を如実に表していた。遺伝子の情報を制するものが、生物学の未来を制する。ビジネスの他の分野で、研究のパッケージの仕方を決める主導権を握り、そこから利益を得る組織がどこになるかをめぐって争うことはまずないだろう（例えとしては、最近の個人情報の利用と管理をめぐる議論が近いかもしれないが、本書の執筆時点では何らかの対策が取られた様子はない）。だが、バイオテクノロジー、そしてようやく見え始めてきた合成生物学の世界は、これまで地球上で誕生してきたどのようなビジネスとも一線を画する。

――和平交渉

あらゆる問題をめぐる不穏さは、最終的に政府の最上層部も知るところとなっていた。そんななかで和解の機会が訪れた。２０００年6月26日、ベンターとコリンズはうわべは仲がよさそうにホワイトハウスでビル・クリントン大統領と同席していた。イギリスのトニー・ブレア首相――当時の労働党政府はコリンズやウェルカム・トラストからこれらの件への対応をせっつかれていた――も衛星通信を利用してその場に参加した。[55] ワトソンは招かれていなかったが、クリントン大統領は礼儀正しく彼の名前も出した。

2世紀近く前、まさにこの部屋でトーマス・ジェファーソンと信頼のおける側近が素晴らしい地図を広げていた。ジェファーソンが生涯のうちに目にしたいと長らく求め続けていた地図だ。この地図は、その場にいた側近のメリーウェザー・ルイスが、アメリカ大陸の未開の地を探検しながら太平洋まで横断するという危険と隣り合わせの旅の末に作られた。大陸の形が明らかにされ、辺境がかつてなく広げられ、想像力が駆使された地図だ。

そして今、ここイーストルームでそれよりも素晴らしい地図を手にした私たちを世界中が見守っている。私たちは、全ヒトゲノムの初めての調査の完了を祝うためにここにいる。疑いなく、これは人類が作り上げた地図のうちで最も重要で、最も驚くべき地図だ。

若い英国人のクリックと、さらに若くて生意気な米国人のワトソンが最初に私たちの遺伝暗号の見事な構造を発見してからまだ50年も経っていない。ワトソン博士、あなたがネイチャー誌で発見を発表したときの表現は素晴らしく控えめだった。「この構造は生物学的に相当の関心を呼ぶ新たな特徴を備えている」。

改めて感謝を申し上げる。[56]

クリントン大統領は、遺伝子地図の完成をめぐる競争は終わり、ここからは公私の壁を越えて双方の研究チームがすべての人の利益となるような間違いのないゲノムの最終概要版を完成させることを目指して協力していくことになると続けた。その後にはあらゆる遺伝子が特定され、最終的にはそのすべてのデータを利用して新たな治療薬が開発されるだろう。

だが、歴史的発表は警告で締めくくられた。クリントン大統領は、科学だけにこの人類が持つようになった「倫理的かつ道徳的で崇高な力」を任せることはできないと言った。いかなる集団に対しても、遺伝情報が差別や偏見の材料となることがあってはならない。プライバシーを無理やり暴くような使われ方もされてはならない。ブレア首相は「全人類の共通の利益のためにヒトゲノムという共有財産を自由に使えるようにするという義務は、私たち全員が共有している」ことを強調した。[57]

クリントンはベンターとコリンズの2人に祝福の言葉を述べ、握手をしようとしたが、ベンターは最後に言った。「ウイルスや細菌、植物、昆虫、そして今ではヒトも加わった20種類以上の生物種のDNAを解読している間に私たちが発見した最も素晴らしい事実は、遺伝子配列と進化の共通性に私たちも無関係でないとわかったことです。生命の本質にぎりぎりまで迫ると、地球上のあらゆる生物種と人間は多くの遺伝子を共有していること、他の生き物たちと人間はそれほど違っていないことがわかります。大統領の遺伝子配列も90パーセント以上が他の動物たちのタンパク質とまったく同じだと知ったら驚かれるのではないですか[58]」。

ベンターは無神論者だが、まるで神に出会った人のように話し、以前には見られなかった謙虚な姿勢でふるまった。[59]彼には謙虚になる理由がもう1つあった。遺伝子の解読を完了させたことは素晴らしい功績だったが、彼はまだスタートラインにたどり着くまでの競争で勝利しただけだということをわかっていた。合成生物学の未来を決める本当の勝負は始まったばかりだ。

第3章 生命の積み木

細胞は誰もが持つ見事な情報伝達装置だ。見た目は似ても似つかないが、細胞はコンピューターのように情報を保存し、読み出し、処理する。それに、完全に自動化されたハイテク工場のように、部門ごとに分かれて作業を分担しながら進め、目的のものを作り上げることもできる。このような例えは、入れる（場合によっては入れるものをコントロールすることもできる）ときと出てくるときだけが目に見える、ブラックボックスのように生命をとらえている私たちのイメージに反するかもしれない。だが、生命を作り出し、操っている内部の仕組みは不透明だ。もし生命を形作る積み木である細胞を思い通りに動かせたら、その装置を直接意のままに操れるかもしれない。

細胞を命令に従って商品やサービスを生み出す生物版のコンピューターだと考えるなら、DNAのプログラミング言語は（二進法ではないにしても）デジタル言語だと思ってもいいかもしれない。机の上やスマートフォンの内部に収まっているコンピューターは、「1」(true）と「0」(false）の2つの記号を認識する（だから二進法と呼ばれるわけだ）。「1」と「0」は一般的に8個の配列が1セットで1バイトという単位になる。バイトはデジタル情報の基本単位だ。アルファベットの「A」を二進法のコードで表すと「01000001」となる。もし「A」「M」「Y」と入力したければ、「0」と

「1」を正しい順序で3バイト分並べる必要がある。

DNAの言語ではA、C、T、Gの文字が使われるが、DNAでは8文字のバイトの代わりに3文字のコドンが同じ役割を担っている。例えば、アミノ酸の一種であるメチオニンのコードは「ATG」だが、細胞が最初の「ATG」を認識すると、そこからタンパク質を作り始めることがわかる。「ATG」は生物学のプログラムをスタートさせる合図なのだ。

ヒトゲノム計画とクレイグ・ベンターのチームがヒトゲノムの解読を終えた時点で、人間にはおよそ2万個の遺伝子があることがわかった。このことは、人間のソースコードを理解する役に立った。このソースコードは、人間の体の構造や組織や発達・進化にかかわる機能などについての詳しい指示を集めたもので、人間の細胞についての情報を示し、病気の診断や治療、予防のための手がかりとなる。発想をさらに広げてみよう。

細胞にはゲノムの完全なコピーが入っており、1個1個の細胞が自らの未来を決める力を持っている。細胞は同時に筋肉細胞と皮膚細胞に変わることはできない。つまり、選択を迫られることになる。細胞は死ぬまで分裂と分化を繰り返し、世代が入れ替わるにつれてより特化された細胞へと変わっていく。だが、幹細胞と呼ばれる特別な種類の細胞は特定の細胞に分化することなく、分裂と複製を何度も繰り返すことができる。だから、幹細胞は計り知れない価値をもつ再生可能資源となっているのだ。幹細胞は化学療法でダメージを受けた細胞の代わりとなる細胞を作れるため、血液疾患と戦う免疫系を助け、ダメージを受けた組織の再生を促す。

21世紀の初めに、私たちはゲノムマップ——染色体における遺伝子の位置関係についての基本的な情報が書き込まれている地図――を手にし、生命の改良のためにその知識をどのように活用するかについての大胆な仮説を立てた。足りないのは、細胞をプログラミングするためのツールと標準言語だ。生物学とテクノロジーのはざまで最先端の大胆な研究に取り組む科学者たちは、生命とは結局のところそれほど謎に包まれたものではなく、単なる仕組みの問題、まだ解明されていない、難解な工学的問題なのではないかと考えていた。しかし、規格化と共通の言葉と階層化されたシステム（部品、装置、手法）がなければ、研究者たちは発見を共有し、新たに特定された生物学的構造の特許情報を公開し、互いの成果をもとに研究を進めることができない。一般的な材料分野では部品が規格化されているため、ねじのサイズをいちいち確認しなくても、工具店に行ってまとめてボルトを買ってくればそれですむ。ボルト、ねじ、釘などはすべて決まった規格に合わせて作られている。工学の世界では、金属でも高分子化合物でもさまざまな材料に同じことが言える。コンピュータービジネスの世界では、ハードドライブやメモリーなどの主要部品の寸法やレイアウトが規格化されているため、ドライブが故障したらインターネットで注文し、ふたを開けて交換するだけでいい。同じことが生物学の部品でできないことがあるだろうか？

このやり方でどんな魔法がやがて現実のものになるのか、ちょっと考えてみてほしい。規格通りの生物部品を買える専門店や、分子を合成できる特殊プリンターといったものがいずれは華々しく登場するかもしれない。ＤＮＡは書き換えもできるデータ記憶装置、細胞はミクロな工場のようにイメージが変わるのではないか。このような未来が実現する可能性を知る研究者たちの間では、生物学の共通インターフェースを構築できるバイオ技術者の需要が新たに生まれた。自然をコントロールできるような新たなコード、もしかすると人類の未来の進化を指示できるようなプログラムを私たちが書き込めるようになるには、誰かが工具店を作らなければならない。

◆

マービン・ミンスキーは、子供の頃から超がつくほどの夢想家だった。彼は考えることについて考えていた。丸めがねをかけ、父親の書庫で本を読みながら、くしゃくしゃとかき回すせいで、たっぷりした茶色の髪はいつも乱れていた。ニューヨークのブロンクスで近所の子供たちがスティックボールで遊んでいる間に、ミンスキーはフロイト全集を読みふけっていた。彼は人間の脳のレプリカを作ることを思い描いていた。それも、ただ機械的に動く装置ではなく、本物の認識能力を備えたマシンだ。計算能力は人間に匹敵し、創造力と想像力と感性を持ち合わせている。多数のノーベル賞受賞者を輩出した名門のブロンクス科学高等学校から、高名な遺伝学者のジョージ・チャーチも学んだマサチューセッツ州アンドーバーのフィリップスアカデミーに進み、やさしく感じのいい学生に成長した彼は、このアイデアに真剣に取り組み始めた。

ミンスキーは数学を勉強するつもりで1946年にハーバード大学に入学したが、まもなく進むべき道に迷い、さまざまな学問に手を出すようになった。彼は数学と物理学－さらには心理学、言語学、それにアーロン・コープランドやレナード・バーンスタインとも親交のあったアービング・

ファインのもとで作曲まで学んだ。大学生のうちからミンスキーは研究室の運営を任されていた。これだけでも十分にめずらしいことだったが、さらにめずらしいことに、その研究室で取り組んでいた研究は複数の領域にまたがっていた。その1つは生物学で、もう1つは心理学だ。彼は研究時間のほとんどを人間の心の解明にあてた。心はなぜ機能しているのか、思考はどこから出てくるのか、どのようにして体に命令を出しているのか、器官や細胞とどのように情報のやりとりをしているのか、私たちの自由意志は本当にあるのか。自分が何を考えているのかをひたすらに追求するミンスキーのあくなき好奇心は、遺伝学、物理学、そして人間の知性という3つの非常に興味深い問題へと向かって行った。[1、2、3]

1950年代半ばにミンスキーは数学の博士過程を修了したが、脳がどのように機能しているかを根本から解明したいという彼の固い決意は揺らがなかった。1956年に彼は友人のジョン・マッカーシー（数学者）、クロード・シャノン（ベル研究所の数学者兼暗号作成者）、ナサニエル・ロチェスター（IBMのコンピューター科学者）とともに、人間の心を研究し、いつの日にか機械が人間と同じように思考できるようになるのかという問題を探ることを目的とした2カ月間の勉強会の開催を提案した。コンピューター科学、心理学、数学、神経科学、物理学といったさまざまな分野から集まった研究者たちと一緒に、彼らは夏の2カ月間をダートマスで心と機械の関係を探りながら過ごした。最終的に、彼らは新たな研究分野を立てることを提案し、「人工知能」と名づけた。現在で言うAIだ。[4]

人間の思考や、細胞が自律的に機能している理由について調べていたのは、この夏のミンスキーらが初めてではなかった。古代ギリシャのプラトンやソクラテスは「汝自身を知れ」の意味について思いをめぐらせ、思考と自己同一性のリバースエンジニアリング（動きを観察して分析することで仕組みを突き止めたり、再現すること）を試みていた。アリストテレスは三段論法を考え出した人物だが、初めて演繹法をきちんと体系化したのも彼だ。そこからエウクレイデスが2個の数字の最大公約数の求め方を探す方法として、数学アルゴリズムを生み出した。細胞やヒトゲノムとは一見関係がなさそうだが、合成生物学における重要なアイデアの基礎はここで築かれた。特定の物理システムが一連の論理規則に従って動くのなら、人間の思考そのものもコードと規則で記述される記号システムだと考えても差し支えないのではないだろうか。

哲学と数学の初期に生まれたこれらのアイデアから、人間の生命を維持するために各自で判断を下しながら活動している無数の複雑な細胞の入れ物になっている体と、人間の心がどのようにつながっているのかを知ろうとする科学者たちの探求が何百年にもわたって続いた。私たちの体は振子時計に例えられることが多いが、精巧な時計のように私たちの体が機能するのはなぜか？フランスの数学者で哲学者でもあったルネ・デカルトは、意識というものに疑問を投げかけ、私たちは本当に自分が考えているのかどうかをどのようにすれば確かめられるのかを問い直そうとした。著書『省察』でデカルトはある思考実験を提示し、悪魔がわざと世界の幻影を見せているとしたらどうかと読者に問いかけた。湖で泳いでいるときに体の五感で感じることが悪魔の生み出した幻影に過ぎないのなら、自分が泳いでいるのかどうかを本当に知ることはできないのではないかというのだ。だが、デカルトの意見では、自己の存在を自己認識するなら、知識の条件を満たすことになるという。「私はあり、私は存在する、だから私の口から発せられたもの、私の心に浮かんだものは必然的に真実である」と彼は書いている。つまり、たとえ私たちの中に人をだまそうとする悪魔がいたとしても、私たちが存在するという事実は疑う余地がない。デカルトの有名な言葉に「我思う、故に我あり」という言葉がある。のちの著書『人間論』の中でデカルトは、人間は実物と区別がつかない自動的に動く装置——例として挙げられたのは小動物——を作ることができるのではないかと主張している。しかし、いつか機械から人間を作り出したとしても、絶対に本物のようにはいかないだろうとデカルトは言う。そこには心、つまり魂が欠けているからだ。人間と違って、機械が知識の条件を満たすことはない。機械は人間のように自己を認識することができないからだ。デカルトは、意識とは内から生じるものだと考えていた。魂は私たちの体という機械を動かす霊的存在だ。

チャールズ・ダーウィンがビーグル号での世界周航の旅を終えたのは１８３６年のことだった。旅の間に彼は、巨大な頭蓋骨や、大昔の地上性ナマケモノの骨をはじめとする太古の時代の化石などのさまざまなものに出会い、ガラパゴス諸島ではフィンチやゾウガメの種類が島ごとに少しずつ違っていることにおどろいた。旅を終えてからもずっと、ダーウィンは誕生から絶滅までの生命の循環について考え続けた。階層性と遺伝性に疑問を持ち、やがてすべての種は「自然選択」の過程を経て生き残ったとする理論を提唱するに至った。生物は厳しい環境を生き抜けるように適応または進化し、次の世代を残す。適応や進化ができなかったものはいずれ死に絶えるというわけだ。これはダーウィンが目にした鳥やカメ、動物の化石、それにシダや木、人間にも当てはまる。すべての生物は共通の祖先から生まれ、非常に長い時間をかけて進化してきたのではないかとダーウィンは考えた。そこに神の介入はない。ビクトリア時代の人々が信じていたように、神が地上に生きるあらゆる動物を創造し、その後で最初の人間の男と女を作った日は存在しない。創造者たる神はいないが、私たちが自然選択の過程の一環として生み出し、体にも染みついている仲間同士の強力な生き残り戦略こそが神だ。[5]

ダーウィンがあらゆる生物を結び合わせる共通の生物学的言語を探している間に、イギリスの数学者エイダ・ラブレスと科学者のチャールズ・バベッジは工学の力を使って人間が持つ認識能力を再現しようとしていた。彼らは1820年代に数表作成のための「階差機関」という名前の機械を作り、さらに高度な「解析機関」の製作に取りかかった。これは一連の手順を事前に設定しておいて、数学の問題を解くための装置だ。ラブレスは1842年に翻訳した科学論文の脚注で、指示に従って音楽や芸術作品を制作したり、まだこの段階では概念に過ぎなかったコンピュータープログラムを効率的に書いたりできるもっと複雑なシステムを考えていたことに触れている。理論上の存在でしかなかった思考機械が、人間の思考を真似るコンピューターとして実現したきっかけは、1930年代に発表された重要な意味を持つ2本の論文だった。数学者のアラン・チューリングによる『計算可能な数字、ならびにエニグマ暗号解読への応用について』と、クロード・シャノンの『開閉回路およびリレー回路の記号的分析』だ。（シャノンはダートマスでの奇跡のひと夏の間にミンスキーとともに数学、工学、人間の思考を新たな高みに押し上げた。[6]）

このようなあらゆる背景が重要なのは、人間は生命とは何か――生きた機械である私たちの体と私たちの心、そして両者がいかにして一体となって機能するのか――について人類がどれほど長い間考え続けてきたのかがわかるからだ。

1960年代半ばに、ミンスキーは将来的に自己を認識する機械の登場に伴って迫りくる課題について述べたAIについての論文を発表し、大きな反響を呼んだ。彼はMITに人工知能研究所を創設し、多種多様な人間と機械にまつわる問題の研究を始めた。例えば、コンピューターにどのようにして自己をコピーする方法を教えるか、言語を理解させるかといったことだ。ミンスキーのもとには優秀な学生が何人もいたが、トム・ナイトもその1人だった。ただし、厳密に言えば彼は大学生ではなかった。

ナイトはマサチューセッツ州ウェークフィールドの高校生だった。ウェークフィールドはMITのキャンパスから車で北に20分ほど走った場所にある、大きな森といくつもの湖に囲まれた古い静かな町だ。ナイトは高校2年生と3年生の夏にMITでコンピュータープログラミングと有機化学のコースをとりながら、ミンスキーの手伝いをしていた。彼は高校を卒業するとMITに入学したが、ミンスキーがかつてそうだったように、自分に合った研究分野をなかなか見つけられずにいた。この時点ではコンピューター科学という分野はまだ確立されておらず、専攻することができなかった。さらに、当時の大学では複数のコースを組み合わせることにはいい顔をされなかった。[7]

そこでナイトは、ミンスキーがやっていたように、考える機械の実現にエネルギーを注いだ。口ひげをきれいにそりあげ、あごひげを長くのばし、たっぷりした濃い色の髪をなでつけ、めがねをかけた真面目なメノー派のような見た目のナイトはすぐにキャンパスの有名人になった。1967年、彼はユーザーがコンピューターを使った時間を追跡するオペレーティングシステム用のオリジナルのカーネルを書いた。当時は大学や国の研究所にしかコンピューターがなく、一度にコンピューターを使える人間は1人に限られていたため、使用時間を調べる作業は非常に重要だった。彼は現在のインターネットの原型となるＡＲＰＡＮＥＴ（のちにＮＳＦＮｅｔに引き継がれた）の構築を支援するチームに加わり、１９７０年代に世界初となる半導体メモリーを使ったビットマップディスプレイとビットマッププリンターを設計した。

１９７８年、彼はＭＩＴの同僚だったリチャード・グリーンブラットと一緒に比較的単純なコンピューターを作ろうとしていた。熟練のプログラマーだけでなく、最終的には誰でも使いこなせるようなコンピューターだ。マシンを作ることには成功したものの、商売としてはうまくいかなかった。だが、2人はコンピューターを製造する会社を別に立ち上げた。グリーンブラットはＬＩＳＰマシーンズという会社を作り、ナイトはシンボリクス社を設立して、１９８５年に.comドメインの登録をした。[8]

その過程で、ナイトはコンピューター科学と電気工学で数十件の特許を取得し、１９８3年に終了した博士課程の研究の一環として集積回路を設計する方法を開発した。同じ価格で1枚の集積回路基板に載せられるトランジスターの数は1年半から2年ごとに2倍になるというムーアの法則はまだ破られておらず、ナイトは集積回路に搭載されるトランジスターの数がどんどん増えると、従来の工学技術では近いうちに物理的な限界がやってくると予想していた。ナイトはこのような倍ゲームが続けば、集積回路はどこかの時点でナノメートルの世界に入ると推測した。ナノメートルと言えば、原子たった6個分の大きさだ。きちんと動作するシステムを作り上げることは（技術的には可能でも）統計的に考えれば実現するとは思えない。

ナイトは十代の頃にＭＩＴでとった有機化学のコースを思い出し、分子をうまく自己組織化させて優れたコンピューターチップを作れないかを考えていた。彼は古い生物学の教科書を夢中で読み返し、さらに単純な生物についての新しい本が出ていることを知ったナイトが読んだのは、「すべての生物学的過程は太陽光を捕らえることから始まり、環境に熱を循環させるところで終了する」と主張し、完璧なピザを作るためには熱力学が必要だと説く生物物理学者のハロルド・モロヴィッツの著作だった[9]。実際に、効果が証明された技術がすでに広く使用されており、厳密な仕様である化学に従って原子をあちこちに動き回らせることができた[10]。

彼はＭＩＴで教授として研究を続けながら、１９９５年に再び学生としてＭＩＴに入学し、大学院で生物学の必修科目を受講した[11]。彼は生物学的な情報の流れと、それを可能にするために必要な体の仕組みを知りたかった。遺伝情報の基本単位は遺伝子で、プログラミングで言えばコードに相当する遺伝子配列で構成されたＤＮＡは、情報の記憶装置でもある。また、遺伝子の発現によってタンパク質が生成されたり、生成が止められたりする。タンパク質は細胞内で命令を実行に移す分子だ。酵素と呼ばれるタンパク質には、化学反応を引き起こす触媒作用がある。これは、ある反応で生成された物質にさらに別の反応が起こって連続的に変換される代謝経路に関わっている。発現する遺伝子と、遺伝子のオンとオフが切り替わるタイミングが、生体情報の流れを表す。生物学の世界では、これを「セントラルドグマ」と呼ぶ。ナイトにとっては、ここはまだ手つかずの可能性に思えた。

高校の生物学の授業で、カエルを解剖して観察しながらメモをとり、元通りに戻すという実験をやることがある（少なくともエイミーはそんな経験をした）。同様に、1990年代の半ばに、まだ黎明期にあったバイオテクノロジーの分野でもバラバラにして観察することが重視されていた。ナイトは分子をカエルの死骸と同じように扱いたくはなかった。当時のバイオテクノロジーで主流となっていた遺伝子や細胞、組織のクローンを作製するだけで終わりにするつもりもなかった。それだけでは彼が知りたかった問題の答えに近づけない。人間とは簡単につぶれてしまう機械に過ぎないのだろうか？細胞はコンピューターのようにプログラムで操作できるのか？生物学的な部品を使ってコンピューターを設計し直すことは可能なのか？

答えにたどり着くには奥深くまで秘密を探る必要がある。つまり、学問の世界に深く染みついている研究の独立性へのしがらみとぶつかることになる。コンピューター科学やロボット研究、人工知能だけでは答えにたどり着けない。生物学や化学の従来のアプローチにも同じことが言える。機械、情報転送、接続、ネットワーク、自律的な判断など、コンピューティングを理解するための工学的アプローチは細胞の仕組みにも応用できるかもしれない。だが、研究者たちは生物学の複雑さと、ばらつきを意識しなければならない。

新たなツールを手に入れ、標準化を試みることで、さまざまなアプローチの可能性が広がる。生物学的な部品（バイオ部品）で生物の機能をコード化し、バイオ部品で作った装置に特定の機能のコードを作成し、作業を実行できるシステムが実現するかもしれない。ダートマスでひと夏の時間――人工知能という研究分野の誕生、次世代のコンピューティング、さまざまな研究分野でのブレイクスルーが生み出されるきっかけとなった1956年の夏――を過ごしたミンスキーの、多分野にまたがる研究集団の影響はいまだに大きく、1995年にケープゴッドでナイトが夏の研究会を開いたときに、彼の脳裏には過去の研究会のイメージがよぎっていた。さまざまな分野の研究者たちを集めたナイトは、工学、コンピューター科学、生物学、化学を融合させ、生物学を技術的な土台として、ゲノムをコードとして、生物をプログラムできる物体として定義するという前例のない試みに乗り出した。彼はこれを細胞コンピューティングと呼んだ[12]。

翌年度に、彼は大学内にある有名なコンピューター科学研究所に分子生物学研究所を併設する資金を出すようMITに求めた。だが、コンピューターのように動く細胞の実現を阻む別の壁の存在に彼はすぐに気がついた。研究所で行うあらゆる実験では、チームが必要とするDNAの断片を多くの場合は一から作り出さなければならない。そのための実験も必要になるため、かなりの時間をロスすることになるのだ。

――合成生物学の時代

トム・ナイトが新たな科学の一分野を切り開こうとしていた頃、薬剤耐性を持った新たなマラリア原虫がアフリカに出現し、人々を苦しめていた。マラリア原虫を持った蚊に1回刺されただけで、深刻な症状が出たり、死に至ることもある。蚊に刺されてこの病気に感染する患者は年間2億人にのぼり、そのうちの200万人近くが死亡する[13]。最も一般的に使用される治療薬はクロロキンだが、この薬への耐性を持った新種の登場により、あっという間に効果を失いつつあった。マラリアは新種への置き換わりが進み、クロロキンが使われたことがない地域でも薬剤耐性を持つ原虫が多くみられるようになった。大型で繁殖速度の速い蚊が媒介する病気は他にもある。問題をさらに複雑にしていたのはマラリアそのものの性質だ。マラリアは他の病気との区別が非常につきにくい。悪寒や発汗、下痢や頭痛、何となく具合が悪いなど、症状は多岐にわたる。場合によっては原虫が休眠状態で1年ほど過ごし、何のきっかけもなく突然発症することもある。[14]

世界の多くの地域と同じように、中国も数千年にわたってマラリアと闘ってきた。昔の漢方医は生育期間が比較的短い青蒿（セイコウ　和名：クソニンジン）から作った生薬を治療に使った。青蒿の葉っぱはニンジンの葉に似ている。中国の医師、葛洪《かっこう》は紀元340年に急性疾患などに対する応急処置をまとめた著書『肘《ちょう》後《ご》備《び》急方《きゅうほう》』でマラリアを青蒿で治療する方法を勧めている。マラリアという名前もまだなく、感染経路もわかっていなかった時代の話だ。

ベトナム戦争中、蚊はあらゆる意味で非常にやっかいな生物だった。クロロキンがアフリカで効果を失うずっと前から、東南アジアでは薬剤耐性を持ったマラリア原虫が広がっており、軍隊に大きな被害が出た。そこで、中国政府は北ベトナムに派遣された中国軍の効果的なマラリア治療薬を開発するプロジェクトを密かに始動させた。中国の植物化学者の屠呦呦《とゆうゆう》もプロジェクトに参加した。彼女の研究チームは昔ながらの漢方の知識を生かそうと、古い医学書（その中には葛洪の『肘後備急方』も含まれていた）を徹底的に調べ、マラリアに効果がありそうな640種類の植物と2000種類の治療薬を探し出した。

最終的に、彼女らは非常に古い漢方薬の中から素晴らしい候補を見つけた。葛洪の青蒿だ。

1972年にチームは毒性のない抽出物から有効成分を分離し、青蒿素（アルテミシニン）と名づけた。当時の中国では科学者が国外に研究成果を発表することが禁じられていたため、彼女がこの発見を公にすることはできなかった。1980年代に入り、彼女の発見がようやく日の目を見ると、アルテミシニンを主成分とする新薬が開発された。屠はこの発見により、遅まきながらも2015年にノーベル賞を受賞した。[15]

青蒿の問題点は、育てるのが大変なことだ。湿気の多い環境では育たないため、日当たりと水はけがいい土地が必要になる。青蒿の需要の高まりを受けて、中国や東南アジア、アフリカで商業栽培が始まった。だが、栽培がむずかしい青蒿は、品質も供給量もコストも安定しなかった。収量は予想がつかず、アルテミシニンの世界的な供給網は不安定な状態が続いた。1990年代の初めまで、他の治療薬と併用されていたアルテミシニンはマラリアに対して安定した効果を発揮する唯一の治療薬だったが、薬の需要は農家の栽培能力をはるかに超えていた。

ナイトがケンブリッジでプログラムできる細胞について考え込んでいた頃、数千マイル先のカリフォルニア大学バークレー校では生化学工学者で助教のジェイ・キースリングがこちらも工学、コンピューター科学、化学、分子生物学のはざまで頭を悩ませていた。古株の研究者たちは、新しい遺伝子を細胞に入れたときにどうなるかを予想するといった既成の研究を続けることを彼に勧めた。だが、キースリングは新たなツールを構築するという未知の可能性に賭けたいと思っていた。特に彼は代謝経路に関心があった。新しいやり方で細胞と細胞をつなぎ直せば、いずれ進化を超えた生物を作れるかもしれない。彼はすでに遺伝子の流れを制御するスイッチ（寝室で使われるような照明を少しずつ明るくしたり暗くしたりできるような調光スイッチとは違う）となる生物版可変抵抗器を開発していた。彼はこのアプローチをいろいろな生物のさまざまな代謝経路に応用し、結果を調節したり、あわよくば新たなものを生み出すための新たな生物学的回路を設計しようとしていた。

キーリングらのチームは、植物の代謝経路で生成される副産物のテルペノイドを研究し始めた。[16] 独特な甘い香りがするシャクヤク、黄色のターメリックやマスタードの種、（船の防水加工に使われるべたべたする松やにはどれも大麻の有効成分でもあるテルペノイドが含まれている。そして、1995年の時点では、この物質を人間が作り出すのは簡単なことではなかった。さまざまな植物の遺伝子を微生物に組み込んで一からテルペノイドを作ろうとする研究もあったが、かなりの費用がかかるうえに大した量はとれなかった。そこで、キーリングらは別の代謝経路を探ろうと考えた。[17] 彼らは近縁種の植物ではなく、まったく別のところから研究を進めることにした。注目したのは酵母だ。

ピザ生地を手作りしたり、パンを焼いたことがある人なら、粉末状になった茶色のイースト（酵母）に水と砂糖を足して軽く混ぜ、しばらく待つと魔法のようにブクブクと泡が出てくる様子を見たことがあるだろう。酵母は単細胞生物で、砂糖をエサにしている（そのときに出す二酸化炭素でピザやパンの生地が膨らむ）。キーリングらのチームが、培養した酵母のコロニーに代謝経路を導入すると、はっきりした反応があった。次に、彼らは植物からとった別の経路を追加し、テルペノイドに近い物質が作られることを期待した。しかし、何を作らせればいいだろう？スイセンを鮮やかな黄色に、トマトを真っ赤に色づけているカロテノイドか？メントールやカンフルはどうだろう？

チームには屠の青蒿とアルテミシニンの研究に詳しいメンバーがいた。大手製薬会社はまだここに手を出していなかった。すでに販売されているマラリア治療薬の販売を続ける方がいいと考えていたからだ。そこに希望がありそうだった。クロロキンは安価で利益率が高い。当時は1錠あたり10セント前後で販売されていた。アルテミシニンを加えると、合法的に取引される価格では最大2ドル40セント、闇取引でなら27ドルほど高くなる。[18] だが、人工的にアルテミシニンを合成できれば供給不足の問題はなくなることにキーリングのチームは気がついていた。彼らは前駆体のファルネシル二リン酸（FPP）の合成を促進し、FPPを酵母の細胞壁の足場を形成する材料に変換する遺伝子のはたらきを低下させるように、自分たちが開発した生物版可変抵抗器を設定した。次に、FPPをアルテミシニン酸に変える青蒿の遺伝子を酵母のゲノムに導入し、酵母を培養した。アルテミシニンそのものを作れるわけではないが、出だしとしては悪くない。

キーリングとナイトは、遠く離れた西海岸と東海岸で同じような結論に達していた。細胞のイメージがプログラムで動くコンピューターや工場のように変わり、情報の流れをコントロールできるツールが手に入れば、人類は自然選択を甘んじて受け入れる必要がなくなる。合成生物学の時代が始まったのだ。

キーリングもナイトも、まだ学問の中心からやや外れたところで研究されている合成生物学がいずれは主流になり、この複数の学問が融合した分野にしっかりした基礎が必要になるであろうことをわかっていた。そのためには、工学、コンピューター科学、生物学が交わる部分に関心のある学生を今よりも大勢育てる必要がある。さらに、重要な要素を何らかの形で標準化する方法も必要だ。DNA断片を一から組み立て、さまざまな代謝経路を探すのは、退屈で時間のかかる作業だ。そんなことばかりしていては、もっと面白そうな、そしてもっと社会の役に立ちそうな、新たな生物を作るという研究をする時間がなくなってしまう。生物学関連の部品やデバイス、システムを扱う工具店があって、手軽に必要なものを買ってくることができればもっと便利になるはずだ。

キーリングのチームもナイトのチームも、2002年までに大胆な新戦略に乗り出していた。ナイトのチームの一員だった生物技術者で生化学者のドリュー・エンディは、DNA配列復元の標準化に取り組んでいた。うまくいけば、部品をデバイスや代謝経路、システムに組み込めるようになる。ナイトは大のレゴファンで、特徴的なブロックや部品をヒントにしていた。彼が思い描いていたのは、決まった順序で組み立てたり、取り外したりできる生物部品、バイオブロックだ。だが、それをうまく機能させるには、みんながそのようなシステムをどのように扱い、最初の使用が想定されるプロジェクトの拠点、MITのキャンパスでどの程度の関心が集まるかを知る必要があった[19]。彼らは合成生物学コースの新設を検討していたが、まだ誰もやったことがない試みだったため、教えるための体制もまったく整備されていなかった。教科書も標準カリキュラムもなく、事例研究として使えそうな実験の実例もごくわずかだった。

彼らはともかくコースを作り、1978年の夏にコンピューター科学者で電気工学者のリン・コンウェイがMITで教えた有名な授業をお手本にすることにした。カリフォルニア工科大学教授だった共同研究者のカーバー・ミードとコンウェイは、まだ自分たちが研究中で完成していなかったマイクロチップ設計のコースを作った。コンウェイとミードは学生たちと一緒に短期間でプロトタイプ回路を作り、ARPANETを介して自分たちの設計をカリフォルニアのチップ工場に伝えた。国防高等研究計画局が資金の一部を提供していたこのプロジェクトでは、1カ月後に動作するチップが誕生した。このときの授業はチップがどのように設計され、使われるかという形を革命的に変え、チップの設計と製造のためのインフラが変わっても十分に機能することを証明した。こうして、チップの設計法、それを使用するマシン、マシンを必要とするビジネスエコシステムに革新的な道が開けたのだ。[20]

MITには冬にIAP（独立活動期間）と呼ばれる特別な学習制度が設けられている。その時期には、学生も教員もめったに受けられないような実験的なテーマの幅広い短期コースを受講できる。コンウェイの授業の成功とそこからもたらされた革命的な変化を覚えていたエンディとナイトは、同じようなことをIAPのコースでやってみようと決めた。こうして、バイオブロックと合成生物学のIAPコースが新設された。彼らの計画は、学生がDNA回路の設計と構築を行い、その後で最先端の商用インターネットを経由してシアトルを拠点とする工場に送ってプリントしてもらおうというものだった。[21]

授業から誕生した初のプロジェクトは、2000年に学生のマイク・エロヴィッツとスタニスラス・ライブラーが設計したリプレッシレーターだった。[22] リプレッシレーターは小型の回路で、大腸菌に組み入れると3種類のリプレッサー（遺伝子の発現を抑制するタンパク質）の遺伝子が作られる。話を簡単にするために、これらの遺伝子をA、B、Cと呼ぶことにしよう。リプレッサー遺伝子A、

B、Cはフィードバックループの中で互いに関係している。遺伝子Aが作るタンパク質は、遺伝子Bから作られるタンパク質の産生を抑制する。遺伝子Bのタンパク質は遺伝子Cから作られるタンパク質を抑制する。ループを完結させるため、遺伝子Cのタンパク質が遺伝子Aのタンパク質の産生を抑制する。タンパク質Cは、緑色蛍光タンパク質（GFP）を作るように書き込まれた別の遺伝子も抑制する。これにより、システムで何が起こっているのかを視覚的に確認できる。

システムが動き始めると、GFPを含めた各遺伝子のタンパク質が作り出され、細胞が緑色に変わる。リプレッサーが遺伝子に作用し始めると、フィードバックループが形成される。CはAを抑制し（さらにGFPも抑制するので細胞の発光が弱くなる）、Cを抑制していたBが増える（すると細胞の発光が強くなる）。システムの動きが安定するにつれて、作られるGFPの量は周期的に増減する。基本的に、細胞はゆっくりと明るくなったり暗くなったりを繰り返す。

しかし、思惑はうまくいかなかった。エンディはシアトルの工場から配列を受け取ったが、それらは思い通りに動かなかったのだ。第一世代のバイオブロックは組み立てこそうまくいったものの、目的を果たすことはできなかった。理由は簡単で、リプレッサーの量がまったく足りていなかったのだ。彼らはごくわずかな量でマスターレベルのレゴプロジェクトを動かそうとしていた。

幸い、エンディとナイトの2003年のIAPコースは盛況で、彼らはクラスをいくつかのチームに分け、チームごとに別のプロジェクトに取り組ませることにした。[23] 彼らは全部のチームに事前に用意した標準部品と、約5000個の塩基対を持つ新しいDNAを合成するために必要な費用を渡した。だが、各チームが考えた設計はどれも長すぎた。もっと大きな標準部品のライブラリと、データを追跡するためのレジストリが必要だった。

2004年の夏に、エンディとナイトは合成生物学の初めての国際会議、SB1・0をMITで開いた。[24] 3日間の会議には、標準化された生体系の設計と構築の方法、それに社会にとってそれがどのような意味を持つのかに興味を持った研究者たちが集まった。最終的にはこの会議がiGEM（International Genetically Engineered Machine：国際遺伝子組み換えマシン）と呼ばれるコンテストの創設につながり、世界初の標準生物部品レジストリをMITに設けるところまでいった。アンドリューはこのグループの進展をこまめにチェックし、自分も関わりたいと思っていた。彼はオクラホマ州に完成したばかりのゲノムセンターでエンディらが小規模な会議を開催する手伝いをし、2005年にはiGEMに参加したトロントのチームに協力し、2006年にはiGEMのアンバサダーとなって活躍した。努力の甲斐あって、プログラムへの参加は13チームから39チームまで増えた。

標準化は部品だけでなく、測定方法にも必要だった。研究者が他の人たちに活用してもらえるようなより幅広い知識が詰め込まれたナレッジベースを構築できるように、バイオブロックの説明にはデータを入れなければならないからだ。まもなく、研究者のコミュニティが必要とされるバイオ部品、デバイス、システムの説明をまとめたシステムの構築を始め、査読データベースを整備した。合成生物学オープン言語（SBOL）と呼ばれる専用のコンピューター言語の標準化に取り組むコミュニティの輪も広がり始めた。SBOLを使用すると、機械がデータを読み取って、さまざまなソフトウェアツールに簡単に統合できるようになる。

エンディの友人で物理学者のロブ・カールソンはさまざまなバイオテクノロジーが改善されるス

ピードを追跡していた。彼が特に興味を持ったのはＤＮＡ合成だった。カールソンは２０１０年には1日に数組のヒトゲノムが一から合成され、塩基対あたりのコストがわずか10セントから12セントになると計算した。ヒトゲノム計画とクレイグ・ベンターのチームがかけてきた時間の長さと桁違いの金額を考えれば、何とも大胆な発言だ。だが、カールソンの試算はデータともっともらしく思われるモデルに裏づけられていた。エンディ、ナイト、キーリングらの目には生体系の改良を大規模に行うことができる未来が見えていた。新たな革命が始まろうとしていた。

――世界初の合成生物学企業

一方のキーリングの研究チームは、２００２年に独自の代謝経路技術を用いて数マイクログラムのアルテミシニンを作ることに成功した。彼らはその結果を一流雑誌の『ネイチャーバイオテクノロジー』で発表し、大腸菌に遺伝子を導入するこの新たな方法について詳しく説明した。[25]だが、キーリングはこの研究が成功したからといって、すぐにマラリアから大勢の人々を救えるわけではないことをわかっていた。彼は産生量を増やす方法を研究するためにビル＆メリンダ・ゲイツ財団から4億２６００万ドルの助成金を受け取り、誰もがアルテミシニンを配合した治療薬を使えるようにするという、はっきりとした目的を持った世界初の合成生物学企業となるアミリス・バイオテクノロジーズ社を２００3年に設立した。[26]さらに、キーリングはエンディとともにＢＩＯＦＡＢという名前のｉＧＥＭと同じようなプロジェクトを立ち上げ、新しい生物部品を専門家が開発し、すでにある生物部品も一緒にカタログにまとめることを目標に掲げた。[27]

アミリス社は実験室でアルテミシニンを作ることはできたが、工場を建設して商売になるほどの量を生産するところまではいかなかった。そこで２００８年、同社はキーリングの合成生物学の技術を使ってアルテミシニンを製造し、販売するという約束で、フランスの大手製薬会社サノフィ・アベンティスに使用料が発生しない形でライセンスを譲渡する契約に合意した。価格は１キロ当たり３５０〜４００ドルの「儲けなし、損なし」の範囲とされた。薬は２０１２年までには発売にこぎつけるはずだった。しかし、アルテミシニンの開発が成功し、そのおかげでマラリアから数百万人の命を救える可能性が世界中で報道されると、青蒿の貴重さを知った農家がこぞって青蒿の栽培を始めた。アジアの市場はあっという間に供給過剰になった。１キログラムあたり１１００ドルだった青蒿の価格は暴落し、２００ドル以下にまで落ち込んだ。[28] さらに悪いことに、サノフィは中国を含め、青蒿が自生する地域の市場で製品を販売していた。現地の製薬会社は、今やライバルとなったサノフィとの取引を嫌がるようになった。

それでも、アミリスはすごかった。巨大バイオ企業であり、農業ビジネスも展開するモンサントは、世界中に顧客がいて、当時は研究開発に10億ドルの予算をつぎ込んでいたが、トウモロコシの新品種の遺伝子配列に新しい遺伝子を8個足すのがやっとだった。同じ頃にバークレーにほど近いカリフォルニア州エメリービルの比較的小さな研究所を構え、はるかに少ない予算でやりくりしていたアミリスは、酵母に13個の新しい遺伝子を組み入れることに成功していた。

そこに現れたのは、シリコンバレーの伝説のベンチャー投資家だった。クライナー・パーキンス・コーフィールド・アンド・バイヤーズ社のジョン・ドーアは、アミリスの合成生物学研究に投資したがっていた。サン・マイクロシステムズ社の設立者の1人だったビノッド・コースラ、TPGバイオテク社のジェフ・ダイクも同様だった。彼らが興味を持っていたのはマラリアでも、オープンソースデータベースでも、無料ライセンスでもなかった。彼らが見つめていたのは、これらの新たなイノベーションによって石油産業が崩壊する可能性だった。彼らはアミリスが合成生物学を使ったバイオ燃料の生産を目指すことを望んでいた。キーリングはアミリスを設立したときに、アルテミシニンの研究のために4人の博士課程の学生を連れてきていた。だが、アミリスを投資家たちが思い描く会社にできそうな知識や経験を持った人間はその中にはいなかった。投資家たちは百戦錬磨の経営幹部がCEOに就任することを望んでいた。[29]

そして、結局は投資家たちの思惑通りになった。アミリスはキーリングの酵母の技術を全面的に活用して燃料と化学製品を主力とするバイオテクノロジー企業になり、BP（ブリティッシュ石油）で米国の燃料事業を統括してきたジョン・メロをCEOに迎えた。問題が出てくるまでに時間はかからなかった。メロと新たに迎え入れられた経営幹部たちは、ベテランぞろいの研究チームに生産性指標の追跡を課した。しかしチームは、スケジュール通りに結果を出さなければならない研究開発のやり方に慣れていなかったし、画期的な大発見というものは予定とは関係なく、やってくるときにやってくるものだということを彼らは知っていた。メロは安価な砂糖がふんだんに手に入るブラジルに子会社を作った。バイオ燃料を製造するには酵母がたっぷりの砂糖を必要とする。

メロとアミリスの経営陣は会社を上場し、数億ドル規模の資金を集めることにした。彼らは2010年に新規上場に向けた会社説明会を行い、将来的な燃料の需要と、酵母から安く燃料を合成できる見通しについて説明した。期待感――それに合成生物学から作り出すことができる燃料の推定量の数字――はふくらむばかりだった。その年の9月にアミリスは1株16ドル、時価総額6億8000万ドルでナスダックに上場し、8500万ドルを集めた。ナスダックで開かれた記者会見で、メロは「バイオマスにとって、ブラジルはサウジアラビアのようなところだ」とにこやかに語った。[30]

メロは2012年までにアミリスが5000万リットルのファルネセンを生産できるようになると請け負った。ファルネセンはディーゼル燃料の代わりとなる燃料の原料になる化合物で、環境に負荷をかけることなく、自動車やジェット機でも使える。実現すれば、化石燃料に頼る時代は終わり、バイオ燃料の時代が始まると彼らは語った。同じように期限を設定した会社はもう1つあった。サノフィが同じ2012年に合成アルテミシニンの大規模生産を開始すると発表したのだ。だが、2012年は何事もなく過ぎて行った。その年の終わりになっても、新薬はまだ完成しておらず、ディーゼル燃料の代わりとなる安価な燃料も登場していなかった。[31]

――科学vs.ビジネス

複合的な新技術の問題は、期待がふくらむあまりに、新製品や新たなサービスの提供開始に無茶な期限が設定されてしまうことにある。ヒトゲノムの解読プロジェクトでは、開始と終了がはっきりしていた。合成生物学の扉が開かれたことにより、生命を思い通りに進化させられるかもしれないという、わくわくするような可能性が明らかになったが、それでも合成生物学が基礎研究であり、新たに登場した単なる科学の一分野であることには変わりはない。

アミリスは新たなアプローチで生体物質を合成できると見込んでいたが、会社にも科学にも十分に成長するだけの時間が必要だった。キーリングの当初のコンセプトは、生物学者がいずれはコンピューターで仮想的な遺伝子配列を設計し、アルゴリズムモデルでテストし、よさそうな組み合わせを最終的にプリントアウトするというものだった。その配列に従ってロボットやマシンが自動的に必要な生物を作り出すのだ。だが、そこから、いずれファルネセンが作られるのだろうか？もちろん、やがてはそうなるだろう。だが、砂糖を燃料に変えるという話を聞かされただけでも、ある種の化学反応が始まっていた。そこから投資家の間で連鎖的に反応が広がり、投資熱が高まるにつれて彼らは辛抱しきれずに、十代の若者たちがレッドブルやスキットルズに夢中になるように、バイオ燃料経済にのめり込んでいった。

だが、肝心なのはここからだ。技術系スタートアップ企業から見ればこの科学の新時代での成功は約束されたも同然だったが、やがて期待はぺしゃんこにつぶされた。なぜなら、合成生物学が工学やコンピューター科学やＡＩから派生している以上、本質が生物学とはまったく異なるからだ。それは生物学から生まれた技術ではない。合成生物学は勢いよく成長する分野ではあるが、成熟するのはまだまだ先だ。投資家は合成生物学の成長速度を見誤った。だから、この分野がまだこつこつ地道に取り組まなければならない段階にあるという事実を把握し損ねたのだ。そう、地球上における人類の存在を――おそらくは地球外で暮らすようになっても――変えるような、とてつもなく素晴らしい製品は実現するに違いない。ただし、投資は工具店とそれを取り巻くエコシステム（材料や在庫、供給網や価値連鎖のあらゆる要素）の構築と改善に向ける方がよかったのではないか。

アルテミシニンは合成生物学の初めての成功の証として認められている。ただし、大量生産して商品として販売するというビジネスは失敗に終わった。アミリスの失敗は教訓にするべきだ。かつてキーリングは彼のチームが成し遂げたような代謝経路の発見にたどり着くには約150人年の研究が必要になると推定した。[32] そして、その段階が終わったら、次にはあらゆる基礎的な事業の種をまいて、育てるはずだった。そうなる前に、投資家や、ジャーナリストや、正直に言えば大勢の科学者たちまでが合成生物学を悪者扱いし、これまでに吹聴されてきた内容が学術研究や市場に実際にもたらされる価値に見合うのかと問いただした。

物理学や航空宇宙、化学など他の分野の科学的発見と比べて、合成生物学の生みの親たち――キーリング、ナイト、エンディ、ベンター、チャーチ、コリンズ、それにワトソンも入れてもいいだろう――が20年もたたないうちに成し遂げたのは実に目覚ましい成果だった。素晴らしいことだ。研究を次の段階に進めるための資金を出したがる政府機関や慈善団体があまりなかったという事実は、新たな科学分野が確立される際の課題を私たちに教えてくれる。今でこそしっかりとした基盤を持ち、世界的に大きな存在感を示す人工知能だが、1980年代にはいわゆる「AI冬の時代」を迎えた。1960年代から1970年代にかけてAIには投資がなされ、大きな期待がかかっていたが、自動的にリアルタイムで言語を翻訳するコンピューターのような商品や、政府の情報機関で使われるようなツールは生まれなかった。[33] それでも、AIはそんな時期をも乗り越えてきた。

今のような科学の新時代は、スピード、新技術、まったく異質な分野同士の組み合わせなど、保守派に嫌がられる要素が多い。私たちが生命とその起源について当たり前だと思ってきたことがひっくり返されかねないからだ。合成生物学の存在そのものが現状への挑戦であり、多くの人々を落ち着かない気持ちにさせる。バイオブロックは多くの科学者たちに批判された。組み立てる作業に時間がかかりすぎる、あまりにも安直すぎる、あるいはあまりにも発想がレゴそのままだ、というのが彼らの意見だ。ナイトは生物学者以外の人間に生物部品や工具店の概念を説明するときによくレゴのたとえを持ち出していた。わかりやすいたとえだったからだ。だが、あるグループが説明を文字通りに受け取って、レゴは子供のおもちゃにはふさわしいかもしれないが、レゴで作った家に実際に人が住むことはできないと言い出した。

ここから教訓を読み取るなら、科学には偏見のない心と辛抱強さが求められるということになるだろう。私たちはいまだにバイオ燃料を大規模に生産することはできていないが、未来のために途方もなく大きな礎をすでに築いている。この先の章では、今後数十年間で合成生物学が私たちの生活をどのように変えていくかを、ときには断片的に、ときには深く、あらゆる形で詳しく見ていくことにする。私たちはすでに、新たなものを築く基盤となる研究成果と知識を手にしている。生物学的なツールと工程を記述する新しい言葉ができた。バイオ部品、デバイス、システム、生物学的データを保存し、アクセスできるような新たな手法の青写真も描いた。ＤＮＡを機械が読み取れるようにするための新たなプログラミング言語もある。未来の生命を設計するために必要なあらゆるものがそろった工具店が開くのはもうすぐだ。

第4章

神と、ある研究者と、ケナガマンモス（に近いゾウ）

1人の男と、まだ十代の愛人と、彼女の義理の姉妹が、スイスのジュネーブにあるレマン湖のほとりにひっそりと建つホテル・ダングレテールにチェックインしたのは、1816年5月のことだった。詩人だったその男と、うら若い愛人のメアリーの間には2年前に子供ができた。だが、赤ん坊が生まれてから数日後、メアリーがまだ赤ん坊の名前も決めていないうちに、その男の子は死んだ。赤ん坊がどうして死んだのかわからず、怖くなったうぶなメアリーは、ぱんぱんに張ったおっぱいから出た母乳が悪かったのかもしれないと考え、自分の体にも害を及ぼすかもしれないと不安になった。幸せな、別の現実を垣間見せる夢が彼女を悩ませた。目覚めた瞬間から、再び悪夢が始まった。彼女の日記にはこう書かれていた。「私の小さな赤ちゃんが生き返った夢を見る。ただ冷たくなっているだけで、ストーブの前で体をさすっていると、本当は生きているという夢[1]」。

ジュネーブ湖にやってくる前に、メアリーは再び妊娠し、元気な男の子の赤ちゃんが生まれていた。だが、彼女はいまだに喪失感に打ちのめされていた。ある夜、やはりレマン湖に滞在するためにやってきていた、彼女の友人でもある別の詩人が、みんなで幽霊の話を書こうと言い出した。彼女は心の痛みを創作に向けた。書きあがった作品は、スイスの科学者ビクターが死体から集めた体の一部をつなぎ合わせて魂のない体をつくり、そこに命を吹き込むという話だった。怪物には名前をつけなかった。彼女は著者名を明かさずにこの作品を発表したが、現在では『フランケンシュタイン』（原題は『フランケンシュタイン、あるいは現代のプロメテウス』）の作者であるメアリー・シェリーの名前は広く知られている。

本の中で、ビクターがこんな風に叫ぶ場面がある。「多くのことがなされた。（中略）これから私はさらに多く、はるかに多くのことをなす。すでにつけられた足跡をたどり、新たな道を切り開き、未知の力を探り、創造の深遠な謎に包まれた世界を明らかにする。（中略）世界の創造以来、最も賢い男の研究と欲望が今や私の手の中にある」。『フランケンシュタイン』が長く読み継がれてきた理由は、私たちに自らの起源について考えさせ、また創造と支配を理解したいと願いながらもうまくいかなかった私たちの長年の苦闘を思い起こさせるからだ。そのような疑問はいつの時代にも私たちを引きつける。生命とは何なのか？どのようにして生まれたのか？本当にいつか終わりが来るのか？思い通りに動かすことはできるのか？

生命の起源を解き明かす物語は、ほぼすべての文化に存在する。ギリシャ神話では、最初は混沌（カオス）だけがある、無の世界だった。何もないところから大地の神であるガイアが現れ、天空の神であるウラノスを産んだ。それらの神々からティタンと1つ目のキュクロプス、百本の手を持つ生物、他の神々（ヘスティア、デメテル、ゼウス）が生まれ、最後に人間が生まれた。古代シュメールでは、ナンムと呼ばれる母なる女神が天国と地上を生み出し、次に植物と動物、最後に人間を創造したと信じられていた。スー族の神話では、今の世界の前に別の世界が存在していた。人間は行儀良くふるまうことがなかったため、大いなる神秘が地上に洪水を起こし、カラスのカンギだけが生き残った。土を集めるためにさらに3匹の動物が送り込まれ、集められた土を大いなる神秘が陸地に変えて、地上のあらゆる場所に動物たちを放った。そして最後に、大いなる神秘は赤、白、黒、そして黄色の土から男と女を作った。キリスト教の創世記では、神が闇と混沌の世界を作り、それから光、空、陸地、動物、最後にアダムとエバを作って、人が生きとし生けるものすべてを支配し、子孫を増やすように命じた。

　これらの物語はどれも、私たちが生物学や、自然選択や、生命の進化について知るよりもはるか昔に書かれている。聖書の創世記には、危機に瀕する世界、子供がなかなか与えられずに苦悩する家族、未来のために新たな地を求める旅についてのドラマチックな物語が収められている。創世記を書いた人々は、十何世紀も後のダーウィンの自然選択の研究やグレゴール・メンデルの遺伝の基本法則を知らなかった。（聖書に登場する何人かの有名な登場人物、サラ、リベカ、ラケルなどは遺伝的要因が理由で妊娠しづらかった可能性も考えられる）。

　スコットランドの哲学者デビッド・ヒュームは、世界各地に創造神話が存在する理由を、自分たちの世界に意味を持たせるために、人間は因果関係のある物語を必要としているからだと考えた。[2] ルールが生まれた背景がわかれば、社会はより円滑に機能する。しかし、合成生物学が私たちのパラダイムを壊そうとしている今、私たちはルールを見直し、創世物語を疑ってかかるべきではないのだろうか？今も、数百カ所の研究所で科学者たちが生命の未来を想像し、設計し、作り出している。その中には、科学と信仰に関する思い込みに折り合いをつけるように私たちに勧める愛すべき

1人の研究者もいる。

◆

ジョージ・チャーチは、誰もが認める生物学の巨人だ。靴を脱いでも身長が6フィート半（2メートル弱）はあるチャーチは、研究所長や教授を務めていたMITでもハーバードでもドアを通り抜けるたびに体をかがめなければならなかった。豊かな白髪頭で顔中に無邪気な笑顔を浮かべ、血色のいい頬にふさふさの長いひげをはやしている。サンタクロースに同じくらいに愛想のいい兄弟がいて、遺伝学者になったように見える。研究内容をとってみても、チャーチは偉大なるチャールズ・ダーウィンにもひけをとらない。合成生物学を使って生命の未来を変えることについてのとりとめのない会話が繰り広げられていたときに、コメディアンのスティーブン・コルベアはチャーチに執拗に質問を投げかけた。「再創造に取り組む必要はあるのですか？」彼は続けた。「私たちはすでに一度作られています。全能の父である神、天と地の造り主によって作られました。あなたは神のようにふるまうつもりなのですか？その口ひげもきっと神に近づくためにはやしているんでしょうね」[3]。コルベアが知っていたかどうかはわからないが、この例えはまったくの的外れというわけでもなかった。チャーチは新しい生物を作り出し、死んだものをよみがえらせようとする研究に深くかかわっていたからだ。チャーチは1954年にフロリダ州のマクディル空軍基地で生まれ、中流家庭が多く暮らすタンパ湾の近くの平凡な地区で育った。父親は空軍の中尉で、レーシングドライバーでもあった。ベアフットスキー（訳注：スキー板を履かずはだしで水上を滑る水上スキー）もこなし、平穏な家庭生活よりもアドレナリンが出そうな趣味の方にはるかに興味を持っていた。弁護士で、心理学者で、作家でもあった母親は、優れた知性を持ち、夫のおかしな行動にうんざりしていた。彼女は3回の結婚をしたが、3回目の結婚相手はゲイロード・チャーチという名前の医師だった。彼は当時9歳だったジョージを正式に養子にした。ジョージはたちまち、新しい父親のバッグに入っている医療機器に夢中になった。ゲイロードは興味津々の息子に針を消毒するやり方を教え、自分の体を使ってジョージに本物の薬を注射させることもあった。[4]

その頃のチャーチは、通っていたカトリック学校の先生たちの頭痛の種になっていた。彼はお行儀のよい子供だったが、修道女が答えを用意していないようなたくさんの神学的な質問をし、先生たちがどうやっても答えを出せなくて困ることもしばしばだった。高校に入る年齢になると、彼はマサチューセッツ州にある全寮制の寄宿学校であるフィリップスアカデミーに入学した。この学校はマービン・ミンスキーも通った名門校で、彼に合っていた。そこで彼はコンピューターと、生物学と、数学にのめり込んだ。しかし、やがて彼は夜にあまり眠れなくなり、昼間は大好きな数学の授業のときでさえ寝てしまうようになった。そのせいで、彼は他の学生たちからしょっちゅうからかわれた。さらに悪いことに、ついに彼は代数学の先生からもう授業には来なくていいと言い渡された。いつも授業で居眠りをしているなら、教科書さえあれば自分で勉強できるはずだというわけだ。チャーチは先生をがっかりさせたことを申し訳なく思い、みんなと同じにできないことに心を痛めた。
問題はデューク大学に入ってからも続いた。ミーティングの場で、セミナーの席で、彼は知らず知らずのうちに眠り込んでしまう。名前を呼ばれるとはっと目を覚まし、ずっと起きて話を聞いていたかのように返事をする繰り返しだった。一度は、学生が堂々と居眠りをしていることに激怒した学部長にチョークを投げつけられたこともあった。それでも、チャーチはわずか2年で化学と動物学の学位を取り、大学を卒業した。そしてそのまま大学院に進み、生化学を勉強することにした。まもなく彼は結晶学にも手を出すようになった。これは、ＤＮＡの情報を読み取って遺伝子情報を細胞の他の部分に伝えるｔＲＮＡ（転移ＲＮＡ）の三次元構造を研究する新手法だった。[5]

睡眠が昼夜逆転するという問題は、その頃になっても続いていた。ほとんどの人々は彼が居眠りをする理由を退屈しているか、ぼんやりしているからだと考えていた。実際のところは、彼は無意識のうちにあっという間に眠りに落ちていた。彼の眠りは夢を見る睡眠のレム睡眠で、起きている間に考えていたことがそのまま夢に出てきた。夢を見ていることを自覚しながら、彼は夢の中で別の未来を目にしていた。そこには、夢の世界の外側では誰も思いつかないような、無茶なようにも思える不思議な技術用途がある科学ソリューションが代わる代わる出てきた。

学生時代のチャーチは、（居眠りの問題は言うまでもないが）知的好奇心と意欲に突き動かされてとりとめもなく心をさまよわせ、困った立場に追い込まれることも多かった。彼は必修科目の授業にまったく姿を見せず、多くの時間――週に１００時間以上――を画期的な結晶学の研究に費やしていたため、当然ながら単位を落とした。生化学コースにいられなくなった彼は、研究を続けるために別の学部に移ることを考えた。だが、受けていた授業の脈絡のなさ、変わり者という評判、おかしな研究に手を出していることを知ったうえで受け入れてくれる教授はいなかった。今では彼は20歳になっていた。彼は優れた研究論文をいくつか発表し、名高い国立科学財団の奨学金をもらえることになった。だが、彼は官僚主義的な学術界からは疎んじられていた。[6]

それでも、チャーチは何とかハーバード大学に移り、学位を取ろうと決意した。前期が始まった秋の初めのある日、彼は授業に遅れそうになっていた。数分遅れでこっそり教室に入り、最後列の席に座った。彼はノートを引っ張り出し、すでに始まっていたスライドに目をやった。彼は目を疑った。その日の授業の内容はチャーチ自身が書いた論文がテーマだった。授業をしていたのは分子生物学の草分け的存在だったウォルター・ギルバート教授だったが、チャーチが授業を受けていることには気がついていなかった（この3年後に、ギルバートはDNA配列を効率的に解読する方法を開発した功績を認められてノーベル賞を受賞した）。

チャーチは相変わらず生化学の夢を見続け、たくさんの思い切ったアイデアを考え出した。高速で安価にDNAを解読できるマシンというものあったし、自然の創造物を改良する方法として、手軽に買える分子を使ってゲノムを書き換えるというアイデアもあった。彼はゲノムを部分的に編集できる酵素を思い描き、強迫性障害や自閉症のような脳の多様性（ニューロダイバーシティ）を薬で抑えるのではなく、ゲノム編集により自分で調節するようにできるのではないかと考えた。

チャーチは研究室にこのアイデアを持ち込み、主にゲノム解読と、複数のDNA断片の塩基配列を同時に読み取る技術として当時認められていた分子の多重化に取り組んだ。この技術は以前からあったが、ばかげていると思われてまともに研究されていなかった。チャーチはこのやり方がうまくいくことを証明し、DNAの塩基配列決定のコストを大幅に下げられるとしてこの方法は広く使われるようになった。[7]

分子の複合化を研究している間に、チャーチはハーバードに博士研究員として在籍していた分子生物学者のチャオティン・ウーに出会った。彼女は彼の限りなく自由な研究に対する倫理観と創造性に感銘を受け、大胆なアイデアを面白がった。彼らは恋に落ち、1990年に結婚した。数年後、娘が生まれたが、この子も睡眠の問題を抱えていた。ウーはチャーチと娘に医師の診察を受けるように勧め、2人ともナルコレプシーと診断された。チャーチは、この病気を治療すると夢を見ていることを自覚しながら夢を見る、いわゆる明晰夢の状態に入れなくなる可能性があることに気がつき、治療をしないことを選んだ。彼は車の運転をやめ、立ち上がって体重を左右の足に交互にかけるといった、注意力を途切れさせないための工夫について調べた。[8]

特別な体質を持ち合わせた彼が問題なく生活できるように協力した家族のおかげもあり、チャーチはみんなのアイデアをどんどん取り入れていった。2000年代初頭までに、彼とあちこちに散らばった共同研究者たちは数百本の論文を発表し、その多くは現代の合成生物学の基礎となった。2004年の論文では、DNA合成をより安価に行えることが示され、マイクロチップに配列をプリントする方法が紹介された。[9] 2009年の研究では、数百万個のゲノム配列を同時に解析できる画期的な新技術が公開された。[10] さらにチャーチは、研究室での作業を改良し、遺伝子の構築と配列の復元の工程をスピードアップさせるアイデアも持っていた。アルテミシニンの合成は、たった数十個の遺伝子をちょっとずつ操作するだけだったが、およそ2500万ドルの資金と150人年前後の労働力が必要だった。生物を合成するどころではない。チャーチはゼロからDNAを書き上げる代わりに、大まかな設計図から始め、自動的に複数の変異を作成し、最適なバージョンを選択するマシンを作れるのではないかと考えた。

彼と研究所の少人数グループは、その通りに動くマシン作りに取り組んだ。すべての作業をこなせるように、ロボットアームや、フラスコや、試験管や、配線や、センサーをコンピューターにつないだ結果、ごちゃごちゃした寄せ集めのシステムが出来上がった。最初に行われたのは、大腸菌の遺伝子を操作して、リコピンを作らせる実験だった。リコピンはカロテノイドの一種で、トマトを赤くしている色素でもある。その結果、遺伝子が操作された150億種類の大腸菌が新たに作られ、中には元の大腸菌の5倍の量のリコピンを作るものもあった。チャーチはこのアプローチを多重自動ゲノム工学法（MAGE）と名づけた。

これは進化ではあるが、元々持っていた能力を高めただけだ。彼は、研究対象になりそうなさまざまな変異を持たせた人間の細胞株を作るといった実用的な用途を思い描いていた。この方法を使えば、例えば変異が病気を引き起こす仕組みを解明できるかもしれない。そうなれば、医薬品に対するアプローチが劇的に変わる可能性もある。幹細胞を操作してウイルスへの耐性を持たせたり、細胞治療に利用することも考えられる。あるいは、遺伝子操作で病気への耐性を備えた新たな臓器を作れるかもしれない。理論的に言えば、体外受精で受精卵の遺伝子を操作すれば、ウイルス耐性を持った赤ちゃんを作ることもできるはずだ。

だが、おそらく最も注目すべき点は、2012年にチャーチがCRISPRの基礎を築く手伝いをしたことだろう。この遺伝子編集の要となる非常に重要な技術の誕生により、DNA配列を簡単に組み換え、遺伝子の機能を改変することができるようになった。「CRISPR」とはClustered Regularly Interspaced Short Palindromic Repeats（規則的な間隔で配置された短い回文配列の繰り返しの集合）の略で、ゲノムに同じDNA配列が繰り返し出てくる特定の部位を意味する。だが、この技術には遺伝子の異常を治す、寒さに強い植物を生み出す、病原菌を死滅させるといった幅広い用途がある。

チャーチと、かつて彼の研究室の博士研究員だったハーバードのブロード研究所のフェン・チャンは、サイエンス誌でCRISPR技術を使って細菌酵素のCas9を正確にターゲットに導き、人間の細胞のDNAを切断する方法を示した論文を発表した。彼らの論文は、スウェーデンのウメオ微生物研究センターの微生物学者エマニュエル・シャルパンティエとカリフォルニア大学バークレー校の生化学者ジェニファー・ダウドナの発見がもとになっていた。シャルパンティエとダウドナは、CRISPR関連（Cas）タンパク質と呼ばれる酵素を使って、DNAを効率的に切断し、遺伝子を挿入するやり方を示していた。[11] 2010年代に彼女らが開発した方法には大勢の研究者が飛びつき、2020年に2人はノーベル化学賞を受賞した。全員が女性のチームが科学分野のノーベル賞を受賞したのは史上初の快挙だった。[12] チャーチが果たした役割はそれほど評価されなかったわけだが、彼はそんなことを気にかけず、記者に「素晴らしい選択だと思う。（中略）彼女らは重要な発見をした」と語り、シャルパンティエとダウドナの研究成果をほめたたえた。[13]

ここ20年ばかりの間、チャーチは毎年のように共同設立者として新しい会社を立ち上げていた。

その主な目的は、特に有望そうな博士研究員たちを研究室から実社会に送り出すことだった。彼は60件の特許を申請し、未来の世界を担う次世代の遺伝子工学者たちを指導してきた[14]。2000年代の半ばには、石油化学製品を使わないプラスチックカップの開発にも乗り出した。チャーチのチームは微生物の遺伝子操作にも積極的に取り組み、砂糖を食べてポリヒドロキシ酪酸を分泌する微生物を作り出した。ポリヒドロキシ酪酸は強度があり、生物によって分解されるが、短時間なら液体を入れておくことができる。売店で扱うにはぴったりの素材だ。2009年にこの材料を使ったカップは「100%植物由来プラスチック」を誇らしげにうたうラベルつきでケネディセンターの休憩時間にデビューを飾った[15]。

また、チャーチは、国立科学財団や国防高等研究計画局などいくつもの研究機関が官民の壁を越えて連携し、脳のはたらきを調べるという野心的な計画、BRAINイニシアチブを提案した少人数科学者集団の一員でもあった。2005年に、彼はパーソナルゲノムプロジェクトを立ち上げた。これは個人のゲノム、健康状態、特徴などの情報を集め、公開する拠点となるものだ[16]。プロジェクトの一環として、彼を含めた科学界の大物——投資家・慈善家で宇宙旅行のための訓練を受けた経験もあるエスター・ダイソン、ハーバード大学医学部の技術責任者を務めたジョン・ハラムカ、オーダーメイド医療企業サイオナの設立者であるロザリン・ジル、著名な心理学者で作家のスティーブン・ピンカー——が自身のゲノム情報を公開した。私たちを形作る遺伝子や特徴を研究しやすくし、個人の遺伝情報のプライバシーと透明性に関する議論を促すためだ[17、18、19、20]。このように著名な大物たちが自分の遺伝情報を誰にでも見られるように公開した意味を考えてほしい。10人分のゲノムは多いとは言えず、データが匿名化されているにしても、彼らの身元は公表されている。プライバシーが完全に守られるという保証は一切ない。それでも彼らがこの役目をかって出たのは、それを依頼した人物がチャーチだったからだ。

復活の日

ここまでの話を読んで、チャーチは頭の切れる大胆な思想家で、素晴らしい指導者で、おそらくは1人の人間が扱うにしては多くのプロジェクトを抱えすぎる傾向があると思われたのではないだろうか。彼はまさしくそのような男であり、さらには絶滅した動物、特に更新世の時代を生きて4000年ほど前に姿を消したケナガマンモスをよみがえらせる方法を探している人間でもある。

ケナガマンモスは絶滅するまで数万年にわたって北半球の高緯度地域に生息していた。ゾウによく似た姿をしているが、ごわごわした毛皮と分厚い脂肪で氷河期の寒さから身を守り、長い牙を使って食べ物を手に入れた（ずっと後の話になるが、スターウォーズに登場する架空の生物バンサのモデルにもなっている）。マンモスが絶滅した理由は不明だが、気候変動や人間による狩猟などの要因が重なって群れが激減し、エサも減ったためではないかと言われている。

ケナガマンモスは、生態系の他の生物種がさまざまな形で頼っていた「キーストーン種」（中枢種）だった。彼らは群れであちこちを踏み荒らし、木をなぎ倒し、エサになる枯れた草を探し求めて雪を踏み固め、永久凍土を安定した状態に維持するためにも一役買っていた。マンモスをはじめとする雪を踏み固めて枯れた草を食べる大型の草食動物がいなくなると、生態系に変化が訪れた。

以前よりも雪が解けやすくなり、太陽の光が永久凍土にまで届くようになった。永久凍土が勢いよく解け始めると、温室効果ガスが大気中に放出され、悪循環が生まれる。温度が上昇するにつれて凍土が解け、ますますガスが放出され、さらに温度が上昇する。ケナガマンモスをよみがえらせ、カナダやロシアの地に戻せば、生態系を再生できるかもしれない。それに、現実のものとして迫りつつある気候変動の脅威に対抗し、地球の気温を大幅に下げる新たな防衛手段となるのではないだろうか。

チャーチは、絶滅種を復活させられそうな方法についてたっぷり考えてきた。だが、そのような挑戦をしようとしたのは彼が初めてではない。1996年に世界初の哺乳類のクローン、羊のドリーが誕生した。[21] 核移植と呼ばれる技術のおかげで生まれたドリーは、絶滅動物をよみがえらせるという可能性の扉を開いた。核移植は、細胞から慎重に核を取り出し、同じ種または近縁種の受精卵に移植する。後は一般的な体外受精と同じで、核を移植した受精卵を子宮に戻し、うまく着床して妊娠が継続すれば、最終的に健康な新しい命が誕生する。

2000年に山岳地帯に生息する野生ヤギの一種、ピレネーアイベックスが絶滅した。だが、最後に死んだ1匹の細胞が液体窒素で冷凍されていたため、核移植のおかげで2003年にクローンの子ヤギが生まれ、ピレネーアイベックスはよみがえった。ただし、復活は数分間で終わりを告げた。[22] この方法はまったく問題がなく、きちんと機能するゲノムでしか――つまり、死体がよほど良好な状態で冷凍されていなければ――うまくいかないのかもしれない。北極圏なら極めて状態のよいケナガマンモスの個体があちこちで見つかるかもしれないが、絶滅種をよみがえらせるという試みがうまくいくかどうかはまったくわからないし、クローンは長くは生きられないかもしれない。それに、数千年前に絶滅した動物は、現代の地球に適応できるようなゲノムを持ち合わせていない可能性もある。

そこで、チャーチは別のアプローチを考えた。近縁種のまったく問題のない健康な細胞を用意し、保存されている個体の遺伝子片に近づけていこうというのだ。[23] リョコウバトを例にとって説明しよう。リョコウバトはかつて群れが飛ぶと太陽の光がさえぎられて暗くなることもあったほど米国にたくさんいたが、1914年に絶滅した。[24] そんなリョコウバトは、現在も生息する近縁種のカワラバトの幹細胞からよみがえらせることができるかもしれない。リョコウバトの遺伝子の一部を幹細胞に移植し、精子細胞に変えて、できた精子を卵子に注入して受精卵を作る。そうして生まれたハトは、リョコウバトの性質もいくらか備えているはずだ。

このような発想は、雑誌『全地球カタログ』を創刊し、画期的なオンラインサービス『The WELL』を立ち上げたテクノロジー界の伝説、スチュアート・ブランドの興味を引いた。また、ブランドの妻でバイオテクノロジー事業で活躍するライアン・フェランも同じだった。ブランドとフェランとチャーチは、リョコウバトやケナガマンモスをはじめとする絶滅したキーストーン種の動物をよみがえらせる計画を協力して始めることにした。正確に言えば、ケナガマンモスに近いゾウということになるが、絶滅したケナガマンモスを現代に呼び戻すには、ケナガマンモスの遺伝子をマンモスの最も近い近縁種である現代のアジアゾウの幹細胞に導入する作業が必要になる。

絶滅種の復活というアイデアは、分子生物学者と自然保護活動家とジャーナリストが一堂に会してケナガマンモス、タスマニアタイガーなどの絶滅した動物を現代によみがえらせる可能性について議論した2013年の特別カンファレンス「TEDx DeExtinction」で流れに乗った。ブランドは会場で生物多様性の喪失と、チャーチの技術で絶滅動物が生き返る可能性について強い調子で語った。彼はこのカンファレンスとTEDのプラットフォームを利用して、絶滅の理由を調査し、生物・遺伝子の多様性を維持し、バイオテクノロジーの力で生態系を立て直すことを目的とした活動、「Revive&Restore」を開始した。[25]

ブランドのTEDトークは大人気だった。[26]しかし、これをきっかけに、科学者や自然保護活動家をはじめとする大勢の人々が大昔に絶滅した生物がよみがえる可能性を恐れ、激しい批判の声が上がった。この取り組みは、かつて生きていたもののコピーであるクローンを作ろうというだけの話ではない。絶滅種と現存種を隔てるはっきりした境界線をあいまいにしかねない試みだ。それにチャーチは、マンモスとハト以外にも関心を持っていることを明言し、ネアンデルタール人のDNAに手を加えたいとも考えていた。動物種をよみがえらせるだけでなく、人類という種の改良も視野に入れていたのだ。[27]

かつて、ネアンデルタール人は現代人に比べれば乱暴で野蛮な原始人だと考えられていた。今もそのイメージが残っているかもしれないが、最近の研究でネアンデルタール人はかなり高い知能を持っていたことが明らかになった。彼らは見事に組織化された文明を持ち、繁栄し続けたが、地上に現れてから25万年後、今から2万数千年前に姿を消した。ネアンデルタール人の体は熱を効率的にため込み、厳しい環境でも生き延びることができた。彼らは信じられないほど丈夫だったが——

このあたりはイメージ通りかもしれない――同時に素晴らしく器用だった。ホモ・サピエンスとホモ・ネアンデルターレンシスをかけ合わせて新たなネアンデルタール人を生み出すことは、現代の気候変動や異常気象現象に強く、今とはまったく違った新たな環境に移らなければならなくなったときも生き延びられる可能性が高い丈夫な人種の誕生につながる。

ネアンデルタール人のゲノムは、ヨーロッパやアジアで発見された化石のＤＮＡからすでに読み取られている。小さな断片のゲノムを解析・合成していくと、やがて人間の幹細胞で元の配列を正しく復元できるようになり、理論上はネアンデルタール人のクローンが作れることになる。だが、まずはチャーチの説明を聞いてみよう。

人間の大人の幹細胞ゲノムから始めて、徐々にリバースエンジニアリングを進め、ネアンデルタール人のゲノム、あるいはそれにある程度近いところを目指す。これらの幹細胞から組織や器官が作り出される。社会でクローンが受け入れられ、人間の真の多様性の価値が認められるようになれば、ネアンデルタール人をそのままクローン化できるかもしれない。[28]

もちろん現代でネアンデルタール人が生活しようとすれば、問題も起こるだろう。例えば、一般的な西洋の食事には乳製品や精製された食品、加工食品などがたっぷり使われている。タコベルのチーズ・ドリトス・ロコス・タコ－ドリトスでできたタコシェルにシーズニングをきかせた安物の肉とひび割れ防止剤入りチェダーチーズもどきを詰め込んだ料理は、百戦錬磨の胃袋でもこたえる代物だ。ネアンデルタール人がいかにタフだといっても、先史時代の消化管では2、3個も食べればダウンしてしまうのではないか。

ネアンデルタール人を復活させるなんて、悪い冗談のように聞こえるかもしれない。だが、ネアンデルタール人の遺伝子をいくらか借りてきて、私たちの体を少しばかり作り変えると考えたら、どうだろうか？例えば、ネアンデルタール人は、グルテンを摂取すると異常な免疫反応が起こり、痛みが出る現代病の一種であるセリアック病にかかることがなかった。ネアンデルタール人の免疫系の反応は私たちとは異なるため、関節リウマチ、多発性硬化症、クローン病などの自己免疫疾患を治療するためのヒントを与えてくれるかもしれない。それに、ネアンデルタール人の骨はものすごく強靭で、骨密度に関わる彼らの遺伝子を拝借すれば、何億人もの女性の加齢に伴う骨粗しょう症を治療できる可能性もある。

ネアンデルタール人の遺伝子と私たちの遺伝子が混ざりあった受精卵を子宮に戻すと聞くと、ホラー映画か、悲惨な世界を描いたSFのように思えるかもしれないが、あたらずといえども遠からずといったところだ。神の大いなる計画に人間が手を出すと、ろくな結果にならないことが多い。H・G・ウェルズの『モロー博士の島』（1896年）、オルダス・ハクスリーの『すばらしい新世界』（1931年）、フランク・ハーバートの『デューン』（1965年）、アーシュラ・ル＝グウィンの『闇の左手』（1969年）、ナンシー・クレスの『ベガーズ・イン・スペイン』（1991年）、リチャード・モーガンの『オルタード・カーボン』（2002年）など、そのような物語は枚挙にいとまがない。スタートレックでも繰り返し出てくるテーマであり、マーベルのX－MENシリーズでは悪者のマグニートーが「ホモ・サピエンスをもっと優れた人類であるホモ・スペリオールの前にひざまずかせる」という計画をたくらむ。

歴史を振り返れば、誰かが神を手玉に取ろうとしたり、神に関わる問題をもてあそぶことを科学や社会が容認したことはない。メアリー・シェリーは怪物――念のために言えば本物の怪物ではない――についての物語を書いたが、その物語はあまりにも反体制的だったため、彼女は作者として自分の名前を出すと政府に子供たちを取り上げられるのではないかと恐れた。羊のドリーのクローン化が成功したときは、緊急会議と記者会見が世界中のあちこちで開かれた。ドリープロジェクトでは、発達中の細胞の変化についての理解が深まったことにもはっきり言及されていたが、そのような論点はほとんどの人が見逃していた。反応は速く、ひどく否定的だった。セントルイスにあるミズーリ大学の医療倫理学者、ロナルド・マンソン博士はニューヨークタイムズ紙に「取り返しのつかないことが起こった」と語った。次は十字架の血痕からイエス・キリストのクローンでも作るつもりか？[29] ボストン大学公衆衛生学部の衛生法学科の責任者を務めていたジョージ・アンナス教授は、生物学と遺伝学のコミュニティをいさめた。「恐怖に満ちた反応が寄せられるはずだ」と彼は述べ、論理的に考えれば次の段階では本格的な人間のクローンが作られることになると主張した。「子供の細胞を採取して、コピーを作る権利は親にはない。人間のクローンに対して上がっている非難の声は間違っていない[30]」。スコットランド国教会は公式声明を出し、クローンを禁止する法律を定めるように国連に求めた。国教会は人間が神にとってかわることはできないとし、旧約聖書のエレミヤ書1章の4節と5節を引用した。「主の言葉が私に臨んだ。『わたしはあなたを母の胎内に造る前からあなたを知っていた。母の胎から生まれる前にわたしはあなたを聖別し、諸国民の預言者として立てた』[31]」。当時のビル・クリントン米大統領は、人間のクローンに関わる研究プロジェクトに連邦予算を出すことを禁止する大統領令を出した。その様子はテレビでも放送された[32]。

CNNとタイム誌が1997年3月1日に共同で実施した世論調査では、米国人の大半が突然、クローン技術の一種である核移植に対してはっきりした意見を持つようになったことが明らかになった[33]。ドリーが誕生するまではクローンや核移植技術についてみんなほとんど考えたことがなかったというのが信じられないほどだった。回答者の3分の1は、ドリーが存在するだけで不安になり、デモや反対運動に参加したと答えた。一方で、ドリーの誕生から四半世紀近くがたち、私たちは重要な知識と新たなバイオ技術を手に入れ、生命の仕組みについてさまざまなことを学んだ。今のところ、地球が悪魔の羊に支配されている様子はない。ドリーの研究をきっかけに、科学者は成体幹細胞のクローン化を開始した。これは、医療研究に使用できるiPS細胞（人工多能性幹細胞）の作成につながる。iPS細胞が実現すれば、倫理面で多くの人々を悩ませてきたヒト胚（受精卵）を使わずにすむようになる。さらに老化の過程の研究も可能になった。成体細胞をプログラムし直して、若い頃のような機能を取り戻すことにも初めて成功した。この研究は、人間のあらゆる幹細胞治療につながる扉を開いた。遺伝情報をもとに治療薬を作ることができれば、免疫系による拒絶反応が起こる心配はなくなる。現在、白血病、悪性リンパ腫、多発性骨髄腫といった血液疾患や、心不全などの変性疾患の治療に有効な再生医療がいくつか登場している。

私たちの思い込みや認識が変わるには時間がかかるかもしれない。それは無理もない話だ。何世紀にもわたって書かれてきた書物や深く染みついてきた社会的価値観は、私たちの考え方に影響を及ぼす。革新的な科学的成果は、何の前触れもなく突然表舞台に現れることが少なくない。だから私たちはショックを受け、混乱し、自分の固定観念を揺るがしかねないようなニュースに不安を感じる。ときには、それが科学界の内部で起こることもある。絶滅種の復活に関するチャーチの意見が広く知られるようになると、2013年にサイエンティフィック・アメリカン誌の編集委員会はこれを酷評する記事を書いた。こんな実験的技術にかける金があるなら、従来の保護活動に使った方がよかったのではないかという内容だった。[34]

チャーチは、サイエンティフィック・アメリカン誌に記事を寄稿してこれに応じ、絶滅種をよみがえらせようという彼のプロジェクトは「絶滅生物の生きている完全なコピーを作ることや、研究室や動物園で興味を引くために1回限りの芸当を見せること」が目的ではないと穏やかに説明した。すでに存在する生態系を人間が引き起こした環境の変化に適応させる方法を学び、私たち自身の生き残りに生かすことが大事だと彼は語った。[35]

2020年12月の時点で、ハーバード大学のチャーチらのチームは、マンモスという（残念な）目標に向かって着々と進んでいる。アジアゾウとケナガマンモスのゲノムはおよそ99・96パーセントが一致しているが、残りの0・04パーセントはDNAで140万塩基の違いに相当する。ほとんどはそれほど重要ではないが、本書の執筆時点でチャーチのチームは1642個の重要な遺伝子を特定した。マンモスに近いアジアゾウが生存に耐える遺伝子配列にたどり着くため、その後も研究室で細胞を1つずつ設計し、試験を実施し、操作し、培養するという手間のかかる作業が進んでいる。

チームの狙いは、普通のゾウをベースに、マンモスのふさふさした毛、寒い気候に適応する独特なヘモグロビン、分厚い脂肪をたくわえる能力、厳しい冬の環境への適応性を高めるため膜にナトリウムイオンを透過させる細胞といった改良を加えることだ[36]。しかるべき特徴を兼ね備えるように遺伝子を操作することができれば、皮膚細胞を幹細胞に注入し、生きたケナガマンモスに近いゾウを作る作業に進む。2021年9月、チャーチとテキサスの起業家ベン・ラムはケナガマンモスプロジェクトを支援するベンチャー企業、コロッサル社を設立した。

彼らの研究が成功したあかつきには、21世紀のケナガマンモスはマイケル・クライトンの小説に登場するジュラシックパークをヒントにしたプライストシーン（更新世）パークに放たれる予定だ。プライストシーンパーク（本当にこんな名前だ）はシベリアにある自然保護区で、ヤクート馬、ヘラジカ、バイソン、ヤクなどの産業化以降に激減した在来種を自然に戻す取り組みが行われている[37]。遺伝子組み換えマンモスが雪を踏み固め、新たな永久凍土が気候変動に一矢報いることはできるのだろうか。

これらの動物たちをよみがえらせ、再び自然に戻すという行為は、人間を今まで以上に創造主に近づけるように思えるかもしれない。実際のところ、人間は数千年にわたって創造主の役目を果たしてきた。問題は、私たちがへまばかりしてきたということだ。

15世紀にヨーロッパ人が大西洋を渡った頃から、彼らは組織的に環境に手を加えてきた。彼らは「新世界」（正確に言えば、ヨーロッパ人にとっての新しい世界）を発見し、さらには自分たちの土地の動植物や病気を現地に持ち込んだ。1492年、クリストファー・コロンブスが現在のドミニカ共和国にあたる場所に上陸した。1年後にヨーロッパに戻るとき、コロンブスは1500人の人間と、たくさんの種と刈り取った植物（大麦、小麦、タマネギ、キュウリ、メロン、オリーブ、つる草）と、ウマやウシ、ブタなど数百頭の動物を連れ帰った。ここからいわゆる「コロンブス交換」が始まり、海を越えてさまざまな生き物が両大陸に持ち込まれた。今となっては不思議に思えるが、コロンブス交換より前の時代には、ブラジル原産のトウガラシはスパイスをふんだんに使うインド料理には入っていなかったし、アイルランドにジャガイモを食べたことがある人間はいなかった。16世紀以前にアフリカにピーナッツはなく、イタリアにトマトは存在しなかったし、北米大陸に小麦は生えていなかった。コロンブス交換は農業に大きな変化をもたらし、（人間と動物の）食生活を変え、生活と文化を一変させた[38]。

だが、ヨーロッパ人が未知の土地にたどりついたときに、現地の人々が自然免疫を持たない危険な病気も持ち込んでいた。新しい船が着くたびに、天然痘、肺炎、猩紅熱、マラリア、黄熱、麻疹、百日咳、発疹チフス、ライノウイルスなどの感染症が流行した。新たに持ち込まれた病気によって先住民の80パーセントが命を落とし、現地の動植物は激減した。（コロンブスと多くの仲間たちもやはり病気にかかった[39]）。

コロンブス交換は、最終的に世界的な経済構造を誕生させた。新たな構造がもたらした陰鬱な結果は、数百年前の船乗りが想像することすらできなかった形で現代の人間を悩ませている。病気の広がり、産業規模の農業への土地の転換、動物の乱獲、何世紀にもわたる鉱物の採掘、交易路が世界的に広がったことによる汚染などが、結果的に現在の生物多様性の低下と気候変動を招いた。

２０００年から２０１９年の間に世界各地で７３４８回の大規模な自然災害が発生し、その多くは気候変動が原因だった。[40] 大規模洪水の発生回数も倍増した。甚大な物的損害をもたらす規模の暴風は40パーセント増えた。オーストラリアでは２０１９年から２０２０年にかけて歴史的な規模の大規模な山火事が発生し、大量の灰と堆積物が飛んだため、太陽の光が遮られ、ちょっとした氷河期のような変化が見られた。気象学者たちは地球の気温が一時的にごくわずかながらも下がったと報告している（気温の変化は１℃に満たないと言われるが、正確な程度は不明）。火災による煙から発生する雷雲の火災積乱雲は、つむじ風を巻き起こし、広範囲に危険な炎の渦を発生させる。山火事が世界経済にもたらす損失は大きく、これまでの損失額を合計すると3兆ドル近くにのぼると言われている。[41]

２１００年までに世界の都市部は４・４℃程度温暖化するという予測が出ているが、それが現実になれば気候に膨大な量のエネルギーが加わる。しっかり空調のきいた家に住んでいる人にとっては、それほど大変な話には思えないかもしれない。だが、パリやロンドンのように２５００万人が暮らす都市圏には、設備が十分でないためにエアコンを設置できないような古い建物がたくさんある。暑い夏の日には人間の健康にも深刻な影響が出かねない。体温が上がりすぎると、体は本来なら各器官に送るはずの血液を皮膚に回し、体温を下げようとする。極端に体温が高い状態が続くと、臓器に送られる血液が不足して、機能不全に陥る恐れがある。高温・多湿という条件が重なると、体が体温を下げるためにいつも出している汗も効果がなくなる。ハワイのマノアにあるハワイ大学の研究チームは、健康にまったく問題のない人でも死亡する可能性がある熱波の影響を27種類に分類した。[42] 気候変動が現在のペースで続けば、２１００年には大多数の人々が命にかかわるような高温に定期的にさらされることになる。

しかも、今後数十年間で世界の人口は77億人から97億人に増えると予想されている。気候変動が農業に及ぼす影響を別にしても、今より20億人分も多い食糧を用意できるとは思えない。人口増加の多くはインドで起こると予想されているが、インドで生産されている食糧の10パーセント前後は短期間で枯渇する地下水源を利用した灌漑によって支えられている。同じことはカリフォルニア州のセントラルバレーや中国北東部、パキスタンにも言える。これらの地域は主要な食料生産地であり、穀物、野菜、果物、綿、干し草、米など、私たちの食や経済を支える作物が栽培されている。

農業技術は大きく進歩しているが、それでも世界の農業のおよそ80パーセントは雨に頼っている。つまり、作物を育てるには天候のパターンがある程度予想できなければ困るのだ。異常気象で降水量が極端に変化すると、世界の食料供給にも大きな打撃を与えかねない。気候変動、人口増加、異常気象についてのエビデンスに基づいた研究結果を信用し、論理的に考えるなら、今のままの歩みを私たちが続ければ、死なずにすむはずの大勢の人々が死に追いやられ、最悪の場合は世界的な食糧不足と混乱を招くという結論が出る。

さらに、地球の生物多様性は大きく低下している。地球の総生物量（植物と動物の総重量）に人間が占める割合は0・01パーセントにも満たない。にもかかわらず、私たちは動物種の83パーセントを地上から消し去った。国連の生物多様性および生態系サービスに関する政府間科学－政策プラットフォーム（IPBES）は、2019年にデータを発表し、100万種類の動植物が絶滅の危機にさらされていると結論づけた。姿を消す可能性があるのは100万匹のウサギでも、100万本のラッパスイセンでもない。１００万種類の生物だ[43]。

これが人類の作り出した世界だ。理にかなった計画や目的を持った設計から生まれたのではなく、何世紀にもおよぶ選択と活動による無分別な進化の結果として作り上げられたものだ。そのような状況が何も変わらない以上、これから先どうなるかは予想もつかない。

ちょっとした例を1つ挙げよう。海面上昇が米国南東部の地形や動物相をどのように変えてきたかを考えてみてほしい。海面の上昇は、穴に住む目立たない小さなカニ（Sesarma reticulatrum）に最適な環境を生み出した。カニは爆発的に増え、海岸沿いの湿地に生える植物、スパルティナを食べつくした。海のすぐそばにあった草地は見る影もなくなり、湿地を維持する役目を担っていたスパルティナが姿を消すと、潮の満ち引きに合わせて水位が変化する範囲が広がった[44]。河川では堆積物が増え、洪水が以前よりも頻発するようになった。ウォータースポーツを楽しめる場所が減り、漁場も限られてきた。小さなカニたちがおよぼしたダメージは非常に大きく、宇宙からでもその影響を目にすることができる。彼らは、科学者たちに生態系の序列を見せつけた。ベンケイガニの仲間のこのカニは、今ではキーストーン種だと考えられている。

先入観を捨てて新たな可能性を追求し、感情に振り回されることなく客観的にリスクを評価すべきときはすでに来ている。むしろ、遅すぎたくらいだ。ここからは、合成生物学が力になれそうな2つばかりの実例を紹介しよう。

人間のアップグレード――私たちがすでにやってきたことだが、「アップグレード」という表現は使われていない。人間には生まれつき感染しやすいウイルスがある。代表的なものには、ロタウイルス、A型肝炎、B型肝炎、ポリオ、肺炎、ヘモフィルスインフルエンザ菌b型、水痘、麻疹、おたふく風邪、風疹、ジフテリア、破傷風、百日咳などが挙げられる。米国をはじめとする先進国では、多くの赤ちゃんが生まれて1年以内に予防接種を受けるという形で「アップグレード」されている。大人になっても年に1回はインフルエンザの予防接種を受ける。50歳になれば、帯状疱疹のワクチンを受けることもできる。2021年の初めに、多くの人々は人生で最も重要なアップグレード、すなわち新型コロナウイルスのワクチンを受けるために大騒ぎした。

次は何だろうか？ 私たちはチャーチを見習って、多様性のある脳（ニューロダイバーシティ）の持ち主が人生をより良い方向に変えられるようなツールを開発できるはずだ。エイミーは三十代の頃に強迫性障害と診断された。彼女は長らくこの病気ではないかという疑いを持っていたが、それが実際に確かめられたわけだ。彼女はこっそり歩数を数えたり、統計モデルの修正をやめられなくなったり、職場に向かうときに絶対に道をそれることなく同じルートで通わなければならないという強迫観念に悩まされていた。このような考えがぐるぐる回るせいで孤独感を深めることもあったが、一方ではそのおかげで彼女は超人的なスタミナを発揮した。エイミーは何日もぶっ通しで集中力を切らすことなく、困難な問題に取り組み続けることができた。

強迫性障害は、セロトニンの異常によって、脳の前部と奥深くに位置する構造の間で情報のやり取りがうまくいかなくなるために起こる病気だ。治療はセロトニンを正常化させる薬が使われたり、神経伝達物質のはたらきを長期的に改善するトークセラピーの一種である認知行動療法が行われたりする。セロトニン阻害薬を飲めばエイミーはぐるぐる回る強迫観念から解放されるが、同時に創造力や意欲もそがれることになる。セロトニンを必要に応じて自由自在に調節できる方法は現時点ではない。担当医のアドバイスに従って、エイミーは認知行動療法を選んだ。しかし、彼女はよくエンディとナイトのリプレッシレーターのことを考える。それがあれば、必要なときにだけ強迫性障害を利用できるようになるのかもしれない。病気が彼女の体に備わったバグではなく、長所になるかもしれないのだ。

農業のアップグレード——アーモンドは優れた食品だ。おいしいし、栄養も豊富で、さまざまな料理に使える。だが、アーモンドの栽培はたっぷりの水を必要とする。アーモンドの木のゲノムが解読されたのは2019年だった。ゲノムが解読されれば、少ない水で栽培できて、1本の木からとれる実の量は2倍、さらに背が高く枝が広く張り出すアーモンドの木がもっと小ぶりに育つように遺伝子を操作することもできる。[45]

つまり、今までとはまったく違うやり方でアーモンドを育てられるようになるかもしれない。私たちが口にする食品はほぼすべてが屋外で育てられている。そして、人間が天候をコントロールすることはできない。ゲノム編集、オーダーメイド微生物、それに人工知能やロボット工学を取り入れた精密農業システムにより、私たちは新たな作物生産の可能性を探れるようになった。例えば、巨大な倉庫の中に並べた棚で作物を育てる垂直農法もその1つだ。LED照明が太陽光の代わりとなり、センサーとAIシステムが水分量や栄養状態を常にチェックし、必要に応じて調整を行う。

ロボットがずらりと並んだサヤエンドウやニンニクやホウレンソウやレタスの間を動き回って世話をする。このような方法では、従来の農業よりもはるかに無駄が少なく、収量は10倍から20倍に増えることもめずらしくない。

◆

人間には自分たちの進化の次の段階を賢く設計する力がある（実際のところ、まもなく私たちにはそうする以外に道はなくなるかもしれない）。ただし、それは被造物と創造主に関する長きにわたる固定観念を見直すことを望みさえすればの話だ。現在、宗教学者や宗教団体の中には合成生物学が（他の科学技術と同様に）発展と人間の進歩を示す証であり、神のみこころには被造物を作り変え、生まれ変わらせることも含まれると考える人々もいる。病気や飢え、死と戦うことは、数々の宗教で重要さを認められている。合成生物学は、そのような進歩が自然な形で現れたものだ。

国立衛生研究所長のフランシス・コリンズ博士は、敬虔なキリスト教徒だった。彼には神の存在について科学的な立場から主張した『ゲノムと聖書』、神と信仰の謎を検証した『Belief : Readings on the Reason for FAIth（信念：信仰の理由についての読本）』など科学と宗教の関係をテーマにした著書があり、いずれもベストセラーになった。ジョージ・チャーチやクレイグ・ベンターと同じように、コリンズも遺伝学の草分け的存在であり、優れた研究でこの分野の研究に貢献した。彼は２００９

年にバラク・オバマ大統領に国立衛生研究所の所長に任命され、2万人の研究者とスタッフ、32万5000人の外部研究者、27カ所の機関と研究センターを任せられることになった[46]。多くのキリスト教徒は幹細胞研究に反対しており、自らも信仰にまつわる不安を抱えてはいたが、個人的な思いは胸にしまって、コリンズは所長としてこの研究所で幹細胞研究を行うことを許可し、擁護した。コリンズが所長を務める間に大統領はオバマからトランプ、やがてバイデンへと変わったが、ゲノム編集を支持する彼の姿勢は変わらなかった。

もし、私たちがコリンズのように感情にとらわれることなく客観的に別の未来に歩み寄れば、神と遺伝子操作のどちらをも受け入れることができるはずだ。もし、私たちがチャーチのように生産的に考えをめぐらせるなら、新しい世界が待っている。そこは、新たなバイオ経済、やっかいな問題を解決する画期的な科学ソリューション、私たちが知る生命を改良できる、場合によっては救うこともできる数多くの巧みな手段がある世界だ。

パート

2

現在

第5章

バイオ経済

2019年末に中国政府がとった対策は、新たに登場した極めて危険な新型コロナウイルスの証拠をあえて軽視するものだった。上海公衆衛生センターのウイルス学者、張永振《ちょうえいしん》博士は、謎の病原体に関する不安を募らせていた。博士のチームはそれまでに2000種類を超えるウイルスを発見していたが、彼の研究所から西にわずか8時間ほどの都市、武漢で猛威を振るっていたこの新種のウイルスはやっかいな性質をいくつも持っていた。それに、感染してから症状が出るまでの期間が10日から14日と長い。政府が対応を急がなければ、仕事や観光で中国人だけでなく多くの外国人も出入りする武漢からウイルスはあっという間に広がるに違いない。張が恐れていたのはその点だった。この新たな病原体の登場を把握していた中国の他の研究所の研究者たちと同じように、張のチームはコロナウイルスのゲノムの解読に取りかかった[1]。

新種のウイルスの発見にかけての経験が豊富で、最新技術にも精通していた張のチームは、わずか40時間でウイルスのゲノムを解読した[2,3]。彼らが恐れていた通り、新型のコロナウイルスは2003年に多くの国を脅かした急性呼吸器症候群（SARS）によく似ていた。中国政府が新型コロナウイルスの危険性をなかなか認めようとしなかったため、張はゲノム配列を公開した場合に自分や政府に及ぶ影響と、ウイルスの拡大を防ぐ効果を天秤にかけて考えた。全世界にとって幸運だったことに、彼が心を決めるまでに時間はかからなかった。2020年1月5日、張はウィキペディアの生物学版ともいえるジーンバンクで配列情報を公開した。[4,5]

研究者たちが解読したゲノム配列を説明つきでジーンバンクに登録すると、コミュニティモデレーターが配列をチェックして、承認されればその配列が公開される。（ウィキペディアと同じく、作業は無償だが、みんなの役に立つ）。だが、張は従来の査読雑誌よりもはるかに短時間で情報を公開できるこのようなやり方でも、時間がかかりすぎるのではないかと心配していた。そんなときにオーストラリアの友人から連絡があり、Virological.orgという自由に利用できる掲示板型サイトでメッセージを公開することを勧められた。ウイルス学者用のRedditのようなものだ。2020年1月10日に情報が投稿されると、ジーンバンクもすぐに動き出した。[6]

数日後の夜、マサチューセッツ州ケンブリッジで娘の誕生日を祝うために食事に出かけていた起業家のヌーバー・アフェヤンのもとに、CEOのステファン・バンセルから緊急メールが送られてきた。アフェヤンが設立したモデルナ社は、まだまだ先行きがおぼつかなかった。「モデルナ（Moderna）」という社名は「Modified（改変）」と「RNA」を組み合わせた造語であり、合成生物学技術を用いてメッセンジャーRNAを操作し、患者1人1人に合ったがん治療薬を開発するというアイデアを意味している。この技術は研究室ではうまくいったが、販売できるような製品が完成する段階までは至っていなかった。そこで、彼のチームはmRNAを操作して他の治療薬を作る方向にシフトしていた。例えば、抗体や治癒再生組織を作るといった新たな能力を細胞に与える新たな配列を探すようなことだ。

アフェヤンは大急ぎで寒空の下に出て、バンセルに電話をかけた。バンセルは張が解読した配列についての掲示板でのやり取りを逐一チェックしながら、裏で新型ウイルスに効果のあるｍＲＮＡワクチンの設計に取りかかっていた。設計が出来上がり次第、モデルナが現在開発を進めている20種類の製品の予算と人材を新型ウイルスのｍＲＮＡワクチンの開発に振り向けるための許可をバンセルは必要としていた。彼らにはすでに十分な経験があった。モデルナは国立衛生研究所と共同でコロナウイルスのｍＲＮＡプロトタイプワクチンを開発していた。ただ、この時点でｍＲＮＡワクチンはまだ市場には出ていない。本格的なワクチン計画をゼロからスタートさせるにはそれなりの金が必要になるが、モデルナにそんな多額の資金の持ち合わせはない。リスクはあったが、バンセルには何かすごいことが起こりそうな予感があった。アフェヤンもそれに賛成した。「やってみよう」とアフェヤンはバンセルに言った。[7]

張がジーンバンクで公開した配列を使い、モデルナはコロナウイルスのスパイクタンパク質を作らせるＲＮＡ配列の設計に取りかかった。誰もが知るように、コロナウイルスはとげとげのスパイクに覆われたボールのような形をしている。これまでの研究から、チームはスパイクタンパク質を利用すれば人間の体の免疫系を反応させられる可能性が高いことを知っていた。免疫細胞は大きく、はっきりした相手にくっつく傾向がある。基本的に、モデルナのワクチンは昔の西部劇に登場するお尋ね者の張り紙をあちこちに張って回るような役目を果たす。「お尋ね者！とげとげのスパイクに覆われたボールを見つけられたし。見つかり次第、殺すべし！」。

モデルナは、細胞の外側でタンパク質を産生する細胞質にｍＲＮＡを向かわせる方法の研究など、ｍＲＮＡワクチン開発で大変な作業をすでにほとんど終えていた。ｍＲＮＡは細胞核の外側に居座り、塩基配列を読み込ませてタンパク質を作らせ、用が済んだところでさっさと出ていく。そうすることで、コロナウイルスの危険のない部分だけが細胞で作られて、免疫系が活動を始める。やがてｍＲＮＡは分解されるが、体はそのまま免疫を獲得するまで戦いを続ける。

専用のツールを使うと、オンとオフを切り替えるスイッチ、転写中に遺伝子の末端を示す目印となる核酸配列、さまざまなタンパク質の開始点と終了点を指定する命令群といった、特定の機能を持つ遺伝子配列を探すことができる。遺伝暗号の解明はたった2日で終わった。新型コロナウイルスと他のコロナウイルスのゲノムの違いは、12文字だけだった。CCU CGG CGG GCAという配列が新たに加わり、病原性と感染力を高めていたのだ。そのためにスパイクタンパク質が活性化され、人間の細胞に侵入できるようになった。だが、ｍＲＮＡはその文字列を標的にし、ウイルスの攻撃を阻止する命令を細胞に届けることができる。[8]

合成ＲＮＡを利用したこのようなアプローチは、弱毒化したウイルスを使った従来のワクチンに比べてはるかに効果が高く、調節がしやすいし、毎年打つインフルエンザワクチンのように製造時にたくさんの卵を用意する必要もない。要するに、モデルナはソフトウェアのように遺伝子の命令文を作成し、ナノサイズのＵＳＢドライブのようなものに保存したと言える。これらの生物学版ＵＳＢドライブが細胞に差し込まれると、細胞がｍＲＮＡの命令文を忠実にダウンロードし、命令を実行する。そのようなワクチンは安全性が高く、制御しやすい。生涯にわたって効果が続いたり、編集された遺伝子が遺伝する場合もある遺伝子治療とは違って、mRNAは細胞に一時的にとどまるだけにすぎない。ワクチン製造プログラムは短時間だけ機能し、自動的に消滅する。

モデルナはバイオテクノロジー分野のスタートアップ企業、バイオエヌテック社と共同で、実現不可能と言われていた夢のような技術の具体的な用途をようやく見つけた。だが、私たちが現在使っているワクチンは、合成生物学を支える機械と技術の数十年間におよぶ進歩なくしては実現しなかった。これらのあらゆる技術や機械や補助的なシステム、それにそこから生み出されるもので形成されるのが、バイオ経済だ。バイオ経済とは、合成生物学に端を発し、その分野で事業を展開する企業のニーズを満たすあらゆる生産・消費活動を意味する。新型コロナウイルスのmRNAワクチンは、明日のバイオ経済が生み出す数多くの奇跡の最初の1つにすぎない。

夢物語のように聞こえるだろうか？歴史はそうではないと語っている。

◆

アレキサンダー・グラハム・ベルとトーマス・ワトソンは、ニューヨークシティのチッカリングホールの壇上で300人の観客に木と金属でできた奇妙な装置を披露した。1877年5月17日のことだ。2人が何年もの時間をかけて一心に取り組んできたのは、常識を超えた奇抜な発想——電信線の電気信号を使って人間の声を伝える——から生まれた産物だった。彼らは受信機と、話し声を電気信号に変え、さらに電気信号を話し声に戻す膜を発明した。チッカリングホールは、この新技術を人前で披露する初めての場だった。彼らは、ここニューヨークで電信線につながれている発明品のもう片方はニュージャージー州のニューブランズウィックにあり、低いバリトンの声で有名な讃美歌「道に従うものよろこべよ」が歌われることになっていると聴衆に語った。[9]

ベルは間に合わせの線につながれた発明品に向かって話しかけた。すると突然、姿の見えない歌声が聞こえてきた。聴衆の何人かは「しゃべる電話」なるものは手の込んだいかさまだと思い込んでいて、舞台裏のどこかに隠れている歌い手を出せと騒ぎ立てた。ベルは動じることなく実演を続け、電気を使った設計や音の科学について徹底的に説明し始めた。説明を聞き、舞台裏まで確認して、ようやく電話は本物だとみんなが信じた。[10]

この画期的な技術の真価に企業が気がつくまでには数年の時間がかかったが、やがて新たな電話経済の需要に応えるために数十社の企業が誕生した。共通の電池や金属回路、ケーブル、スイッチ、受話器、壁掛け式の電話機、電話局でのネットワーク設計、電話用の信号を送るための巨大アンテナ、アンテナを設置する会社、交換台と交換手、発電と配電のための設備、電話局の装飾（電話線や引込柱を花輪や旗のオーナメントで飾りつけたりした）を専門に手がける会社まで現れた。

1918年には、米国全土で1000万台のベル電話会社の電話が利用され、ヨーロッパや北欧でも似たような電話網が整備されていた。ただし、電話網には地理的な限界があった。この問題を解決して、海の向こう側にいる相手と電話で話すには、電話電子交換機、マイクロ波無線技術、トランジスターなどのまだこの時代には存在しない発明品が必要だった。[11]数十年間にわたって通信事業者はちょっとした改善を重ねていったが、その間にイギリス空軍のアーサー・C・クラークがかなり大胆な通信手段を考え出した。1945年、クラークは「地球圏外の中継所」を設置してお互いに地球上のどこにいても瞬時にメッセージをやり取りできる方法と、未来の電話局について説明した論文を書いた。のちに有名SF作家となったクラークは、電話線を地中に通したり、引込柱をかわいらしい花輪で飾り立てたりする代わりに、地平線のはるか彼方、高度2万2236マイル（約3万5785キロメートル）に中継所を送り込み、地球の自転速度に合わせた速度で周回させることを考えた。[12] 地上に設置したアンテナが常に中継所の方を向くようにすれば、地球上のどこからでも電波を拾える。

そんなとんでもないアイデアにほとんど関心は集まらなかった。プロジェクトへの支持が高まるきっかけになったのは、ソ連がスプートニク1号——ビーチボール程度の大きさの金属の塊——を打ち上げ、地球の周回軌道に送り込むという世界を揺るがせた出来事だった。1958年、米国はSCORE（軌道中継装置による信号通信）計画の衛星を打ち上げ、ドワイト・D・アイゼンハワー大統領の声で「地上に平和を、世界中のあらゆる人々に幸あれ」というメッセージを流した。[13、14] 1960年代には、米国電話電信会社（AT&T）の一部だったベル研究所がNASAと共同で技術の改良を進め、近代史で最も重要ともいえる発明にたどり着いた。それが地球の自転に合わせて静止軌道を周回し、地上の決まった地点の上空で止まっているように見える双方向通信衛星だ。そのような衛星の登場により、テレビの衛星放送が実現し、世界の宇宙ミッションが加速し、GPSが使えるようになった。現在のスマートフォンもこの技術を利用している。ベルが発明した「しゃべる電話」

は、かつては日常生活で使うなんてとんでもないと笑われたものだったが、今や通信業界は1兆7000億ドル規模の一大産業となった。[15]

電話と、それを支えながら拡大してきた通信網は、ほぼすべてのビジネスと社会の進化において極めて重要な役割を果たしてきた。1962年に発表された奇想天外な論文から生まれた進歩もその1つだ。MITの科学者で国防総省の高等研究計画局にも勤務していたJ・C・R・リックライダーが提唱した説はあまりに信じがたく、最初に論文を読んだ人々は彼が冗談を言っていると思ったほどだった。その仕組みにつけられた名前のせいもあったかもしれない。リックライダーが提案したのは、コンピューターが互いにやりとりできる「銀河間ネットワーク」というものだった。[16] 論文が発表されたのは冷戦の緊張感が最高潮に達していた時期だったが、リックライダーはこのネットワークが実現すればソ連に電話網が破壊されたとしても政府機関が連絡を取り合えると説明した（スプートニクの打ち上げ後に、ソ連がその技術力で米国にどんなことを仕掛けてくるのかという不安が広がっていた）。そこで国防総省はリックライダーのアイデアを検証するため、1969年にUCLAとスタンフォード大のコンピューターを接続したネットワーク、ARPANETの試験的な運用を開始した。UCLAの教授の1人が「login」という簡単な言葉をスタンフォードにいる仲間に送信しようとしたが、「o」の文字を送ったところでシステムがクラッシュした。つまり、インターネット経由で初めて送られたメッセージは「lo」の2文字という残念な結果に終わった。[17]

だが、1970年代末に、コンピューター科学者のヴィントン・サーフが伝送制御プロトコル（TCP）を開発した。これは、離れたコンピューター同士がまずは仮想の世界で互いに握手を交わしてから、情報のやり取りをするような通信方式だ。[18] このプロトコルを足がかりに、1991年にティム・バーナーズ・リーが世界中の誰でも情報を公開したり、その情報を見ることができる分散型「ワールドワイドウェブ（WWW）」を誕生させた。[19] 1992年にはイリノイ大学の学生グループが、産声を上げたばかりのウェブで情報を簡単に検索できるブラウザ「MosAIc（モザイク）」を開発した。[20] それまではテキストインターフェースが使われていたため、ユーザーにコンピューターのプログラミングの知識が必要だったが、MosAIcのおかげでその必要はなくなった。ここにきて、画像が表示されるようになり、リンクをクリックすると別のウェブページに移動できるようにもなった。その後、商用インターネットが登場し、ウェブホスト、電子メールプロバイダー、コンピュサーブやアメリカオンラインなどの通信サービス会社、グーグルのような検索エンジン、アマゾンなどの通販サイトをはじめとする数えきれないほどたくさんのビジネスがそれに続いた。「インターネット」と言ったときに多くの人がイメージする、辛辣な言葉が飛び交うソーシャルメディアサイトは、実はそのごくごく一部にすぎない。インターネットは、現代の生活のほぼあらゆる側面を陰で支えるインフラとなっている。給料の支払いから公共サービス、診療記録、学業成績、食料品店の仕入れも、すべてインターネットに頼っている。

オースタン・グールズビー、ピーター・クレノウ、エリック・ブリニョルフソンをはじめとする何人かの一流経済学者が、インターネットによって創出された価値を計算しようとしたことがある。[21] 彼らが出した結論は、みんなほとんど同じだった。インターネットは今や電気と同じような汎用技術となっており、どんなやり方でも計算は不可能だ。社会から電気がなくなれば、生産性や収入が大幅に低下し、商品やサービスを作る能力が失われ、経済はひどい状態になるだろう。同じことがインターネットにも言える。

現在の合成生物学は、「チッカリングホールのしゃべる電話」の段階にある。存在し、機能しているが、それを支えたり、そこに関連するビジネス、企業、周辺産業の広大なネットワークはまだ出来上がっていない。いつの日にか、私たちは合成生物学を汎用技術だとみなすようになるかもしれない。電話やインターネットと同じように、合成生物学が社会にもたらす価値は、今の状況からは想像もつかないほど大きなものになるだろう。だが、すでにいくつかの兆しは見えている。全米科学・工学・医学アカデミーが2020年1月に発表した網羅的研究では、米国の国内総生産（GDP）にバイオ経済が占める割合は5パーセントに達し、9500億ドルを上回ると試算された[22]（これは新型コロナウイルス流行前に出された結果であり、モデルナのような合成生物学を主力とする企業はその後に大幅に躍進した）。2020年5月に公開されたマッキンゼーの研究は、合成生物学に関連する現在開発中の400件のイノベーションが世界経済に与える影響を分析し、これから2040年までの間にこのような進歩によって生み出される利益は年間平均で4兆ドルにのぼる可能性があるという結果が出た[23]。しかもこの4兆ドルには、業界を支えるために必然的に登場するであろう関連ビジネスやサービス、商品などによる派生的な経済効果は含まれていない。

このような波及効果の広がりはバリューネットワークと呼ばれる。ハーバード大学教授のクレイトン・クリステンセンが1997年に出した画期的な著書『イノベーションのジレンマ』で初めて持ち出した概念だ。大ざっぱに言えば、顧客を引きつけるような製品やサービスを生み出すために協力し合う企業で構成される健全なエコシステムだと思ってもらえばいいだろう。インターネット、そしてモノのインターネットのごく一部だけをとってみても、そのバリューネットワークにはソフトウェア、プラットフォーム、インターフェース、接続、セキュリティ、農業、医療、車両、サプライチェーン、ロボット工学、産業用ウェアラブルデバイス、さらにその下にある何十という分野のビジネスが含まれ、その中にも数百社のスタートアップ企業やすでに実績のある企業がもっと便利で楽しい生活を実現するために互いの連携を強化しようと一丸となって取り組んでいる。

合成生物学のバリューネットワークの形成はまだ始まったばかりだ。新型コロナウイルス流行を受けてこの分野の成長は加速しているが、現時点での参入はまだまだ少ない。だが、そのような状況は急速に変わりつつある。2020年に合成生物学のスタートアップ企業に投資された金額は80億ドルにのぼった。[24] TikTokを運営するバイトダンス社の2021年の初めに公開された評価額が4000億ドルに迫っていたことを思えば大した金額ではないが、合成生物学への投資は2018年以降、毎年倍増し続けている。[25] バイオテクノロジー関連株のみを扱う上場投資信託（ETF）も登場した。どれも数年前までは存在しなかったものばかりだ。世界最大級の資産運用会社であるブラックロックは、2020年10月に合成生物学関連の銘柄を対象としたETFを開始した。アーク・キャピタル・マネジメント社とフランクリン・テンプルトン社もその動きに追随し、これらのETFは予想以上の利回りを出している。アーク社の2019年の投資利益率は44パーセント、2020年には210パーセントという恐るべき数字をたたき出した。合成生物学の新規上場株式の平均取引規模も上昇している。2020年の平均新規上場株式の評価額は2019年の2

倍になった。[26]

そのおかげで、合成装置、ロボット、DNAアセンブラーなどを製造するメーカー、DNAや酵素、タンパク質、細胞などの生体試料を販売する会社、生物学版フォトショップのような専用ツールを開発するソフトウェア企業など、バイオ経済のインフラを支える既存の企業も多忙な状態が続いている。

これらの企業はどこも、高速インターネット接続、自動化、クラウドを必要としている。もちろん、暗号化されたネットワークや安定したITサービス、データベース管理も欠かせない。一方、バイオテクノロジーで以前から使われてきたツールの多くは、現在の合成生物学の研究で求められる精密工学的な作業に対応しきれない。だが、これから説明するように、バイオ経済を形成する技術とツールも急速に進化している。

◆

張のチームが非常に短い期間で新型コロナウイルスのゲノムを解読した今となっては、以前のDNA配列決定のやり方を想像するのはむずかしいかもしれない。コンピューターを使用して自動化されたツールが広く使用されるようになる前は、慎重にDNAを準備し、多くの場合は研究室ごとに決められた手順に従って作業が進められていた。今ではあちこちの研究室で使われている便利なＤＮＡ精製キットは存在しなかったし、多くの複雑な作業を自動でやってくれるシークエンサーもなかった。研究者たちは手作業で反応を起こさせ、大型ゲルを作って流し、データを手で書き込んだ。得られた配列から意味のある情報を読み取ることはほとんど不可能だった。遺伝子データベースもゲノム配列の検索用に開発されたソフトウェアもまだなかったからだ。

やがて、自動化されたＰｒｉｓｍシークエンサーが登場し、２００３年のヒトゲノム解読完了に向けて争うベンターとコリンズのチームがそれまでやってきた大変な仕事を代わりに引き受けてくれるようになった。最初のヒトゲノムが解読されるまでには13年の歳月がかかり、ヒトゲノム計画にかかった総費用は（ゲノム解読に関係はないが、無視できない経費も含めて）32億ドルにのぼった。ベンターとコリンズが新たな技術のそろった２００３年から再び同じプロジェクトを始めたとしたら、終了までは1年もかからず、費用も５０００万ドルほどでおさまったはずだ。２００７年にあるスタートアップ企業がさらに高速化されたシークエンシングシステムを開発し、ジェームズ・ワトソンのＤＮＡを１００万ドルで解読してみせた。

それからわずか10年で、ＤＮＡやＲＮＡの1分子だけを読み取れる次世代マシンも登場した。この装置を使えば、1個の細胞の中をのぞきこんで、どの遺伝子がオンで、どの遺伝子がオフになっているかを調べることができる。イギリスを拠点とするオックスフォード・ナノポア・テクノロジーズは、ｉＰｈｏｎｅと変わらない価格でｉＰｈｏｎｅの半分のサイズのシークエンサーを開発した。宇宙飛行士のケイト・ルビンスはこの装置を使って、２０１６年に初めて宇宙空間でのＤＮＡ解読作業を成功させた。シークエンサーの小型化はどんどん進んでいる。[27] サンディエゴに本社を構えるロズウェル・バイオテクノロジーズは、ＤＮＡ酵素を直接半導体チップに融合させる分子エレクトロニクス・シークエンシング技術を開発した。チップでは１つ１つの酵素の電気的な挙動を記録できるため、効率的に酵素の活動を調べられる。今後1～2年のうちに、１時間以内で１００ドルもかからずに全ゲノムを解読できる小型装置が登場するかもしれない。

ＤＮＡ配列の解読技術の進歩の速度はすさまじい。最初は13年と32億ドルかかったのが、まもなく60分間と１００ドルになろうとしている。このすべての進歩が30年のうちに実現するのは他の業界では考えられない。だが、行われたのは主にゲノムの解読までで、本当に重要な研究はこれから始まろうとしている。

◆

細胞をプログラミングするには、一般的なコンピューターよりも注意が必要だ。細胞の仕組みが完全にはわかっていないこともあるし、生物学が生体を扱う学問だからという理由もある。つまり、生物学の技術は、電子が決まった通り道を飛び回ったり、正確な高速スイッチで流れを制御するシリコンチップや電子機器を扱う技術のようにはいかない。細胞は、何千個もの分子が混ざったスープの入った大だるのようなもので、その中で分子は絶え間なく動き回り、相互作用するが、すばしこい電子に比べれば速度はかなりゆっくりだ。細胞のプロセスと配列は完全にランダムではないが、一列に並んで規則正しくふるまうわけでもない。そのため、特定の生体系の挙動を正確に予想するのはむずかしい。細胞やそれを構成する物質に説明書はついてこない。技術者が装置を作るときに頼りにする基準も仕様もない。

従来の分子生物学の実験は、生体内（in vivo）あるいは試験管内（in vitro）で行われてきた。しかし、合成生物学で機械学習が利用されるようになると、コンピューターで実験をシミュレーションできるようになった。シリコン内（in silico）実験の時代の到来だ。例えば、100個以上のアミノ酸が連なったポリペプチド鎖はタンパク質だとみなされる。このごく小さい鎖には、観測可能な宇宙に存在する原子よりも多くの配列の組み合わせがある。だが、シリコン内モデルを使えば、異なる遺伝子の組み合わせがどのように相互作用するかを試して、細胞のふるまいを予測し、合成による介入後に生物学的プロセスを進行させるとどうなるのかを調べることができる。

シリコン内でしか試せない設計もたくさんある。それでも、研究で実際の生物学的なふるまいの観察は欠かせず、そのための細胞を培養したり、分子を作ったりする作業は必要だ。それに、DNA合成にもさらなる高速化が求められる。初期のコンピューターがそうだったように、初期のDNA合成装置も経験豊富な技術者でなければ扱えず、大変な作業を繰り返し行わなければならなかった。だが、研究室で発生する不快なガスや作業の単調さは化学者たちを悩ませ、この部分の作業の自動化に対する要望が高まっていた。

DNA合成装置の誕生は1980年、ベガ・バイオテクノロジーズ社が電子レンジくらいの大きさで自動的にDNAを作れる装置を発売したのが最初だった。[28] 価格は5万ドル（現在の通貨価値に換算するとと16万ドル前後）で、1日で15塩基ほどの長さのDNA断片（オリゴヌクレオチド）を1個作ることができた。やがてオリゴヌクレオチドの合成にかかるコストは大幅に下がり、1塩基あたり数ペニーになった。今では一度に数百万個のオリゴヌクレオチドを合成することができる。

最新の合成装置は非常に精密で、99・5パーセントの精度で鎖に正しいDNA塩基を付加することができる。だが、塩基数が多いと、鎖に塩基を追加する作業を繰り返していくうちに、エラーが入り込む可能性も高くなる。化学合成で作れるオリゴヌクレオチドの長さの限界は数百塩基程度だが、ほとんどは60塩基前後にとどまる。ウイルス固有のRNAを検出し、新型コロナウイルスの感染の有無の判定にもよく使われているPCR（ポリメラーゼ連鎖反応）検査でもそうだが、多くの作業ではこの程度の長さで十分に用が足りるからだ。だが、遺伝子と同程度の長さの（あるいはもっと長い）断片を作るには、オリゴヌクレオチドにアセンブリと呼ばれる処理を行って、もっと長い鎖にする必要がある。本質的に、DNA合成とDNAアセンブリは切っても切れない関係にある。今のところ、研究室ではこれらは別々のプロセスとして行われている。遺伝子配列に1つでも間違いがあれば、その先のすべてがめちゃくちゃになる。

バイオ経済の内部には、このような不確定要素を少しでも減らすことを目指して設立された会社もある。一例を挙げると、ツイスト・バイオサイエンス社はコストを大幅に抑えつつ、エラー発生率が低いDNA配列を大量に作製できるシステムを開発した。同社の技術は、微小な穴を配置したシリコンチップを使用している。穴には遺伝物質が充填され、そこに含まれるDNAから正確な配列が復元される。生命科学研究所で用いられる従来の方法と比べると、ツイスト社の画期的な新技術は高額な試薬の使用を100万分の1程度まで減らし、合成できる遺伝子数を9600倍に増やしている。[29] DNAの設計を同社に送ると、数日後にはDNA分子が届くという寸法だ。だが、この話に興奮する前に知っておいてもらいたいが、ツイスト社は誰もが利用できるわけではない。利用するには審査を通って認定を受ける必要があるが、そのためには登録済みの研究所または認可企業に所属していることが条件になる。それに、どんなDNAでも合成してもらえるわけではない。各DNA配列は、ウイルスや毒素のような危険の可能性がある配列をデータベースと照らし合わせ、該当しないかどうかが事前にチェックされる。しかし、すべてのDNA合成企業がその作業をやっているわけではないし、信じられないことのように思えるが、そのようなチェックは法的には義務づけられていない。そのことについては、後の章で詳しく触れよう。

◆

DNA合成は、遠い未来が舞台のSF映画に出てきそうな場所で行われる。真っ白の巨大なロボットアームが明るい無菌室の床を決められた通りに動いていく。ロボットアームは部屋を横切り、プレートとチップをつまみ上げる。チップには小さな穴があちこちにあいていて、中にさまざまな遺伝物質が注入されている。ロボットは連携しながら動き回り、液体を吸い上げ、吐き出す。そうするうちにDNA分子が合成され、コンピューターの指示に従ってアセンブリ作業が行われ、発送の準備が進められる。

ツイスト・バイオサイエンスのような最新式のバイオ研究所を建設し、必要な設備一式をそろえるには、数千万ドルの費用がかかる。だが、小さな会社には別の選択肢がある。それがバイオファウンドリ（バイオ生産システム）だ。これは、高い処理能力を持ち、液体も扱えるロボットやコンピューターシステムを無菌環境で作動させ、生体系の遺伝子を操作する施設を意味する。あらゆる作業やデータはコンピューターに記録される。建設や維持にはやはりそれなりの費用がかかるが、バイオファウンドリでは有料で設備を借りて利用することができる。バイオファウンドリは、合成生物学版のゴーストレストラン（共用のキッチンを借りて調理をするデリバリー専門の飲食店）のようなものだ。リソースを共有するバイオファウンドリなら、たくさんの実験を規模の調整をしながら行うことができる。サウスサンフランシスコのエメラルド・クラウド・ラボやメンローパークを拠点とするストラテオスなどの一部のファウンドリでは、親切にもバーチャルラボを用意して、どこからでも自由にプログラムや運用ができるようにしている。

そのようなバイオファウンドリは、意外な有名企業も支援している。マイクロソフトだ。同社にはイギリスのケンブリッジを拠点とする１９９７年に設立された研究部門があり、独自の分子生物学研究所を運営している。ワトソンとクリックがＤＮＡの構造を発見したのもケンブリッジで、場所としてはぴったりだ。２０１９年に、マイクロソフトはStation Bと呼ばれるプラットフォームの提供を開始した。合成生物学向けの相互接続されたエンドツーエンドのアプリケーションとサービスを作ろうという試みだ。[30] 同社は数社のスタートアップ企業と提携して生物学の実験に使用できるオープンソースのプログラミング言語を開発し、さらに別のスタートアップ企業がさまざまなメーカーの研究用装置による作業の自動化に取り組んだ。例えば、合成生物学の初期に使われていた「試験管を勢いよく振る」のような指示ではなく、正確なデジタルコマンドで研究用ロボットに命令を出したいようなときは、このプラットフォームの出番だ。

マイクロソフトは、ワシントン大学やツイスト・バイオサイエンス社の研究者と共同で情報の保存に関連する新たな常識破りのDNAの利用法についても研究した。DNAは天然のハードドライブだ。そこに遺伝情報以外の情報も保存できるとしたら、どうだろう？例えば、俳優の「ザ・ロック」ことドウェイン・ジョンソンの写真がコンピューターにあれば、メモリに画像ファイルを書き込むことで保存できる。将来は、同じ写真を何千もの小さな断片に分割して、数千個のDNA配列に書き込むことになるだろう。一度配列がわかってしまえば、コンピューターを使ってDNAの情報を元のファイルに復元することができる。[31] 2019年、完全に自動化されたDNAデータストレージシステムの試作品が完成し、「Hello」という5バイトのデータの書き込みと読み出しに成功した。[32] ただし、従来のコンピューターならこのサイズのファイルの処理は数ミリ秒で終わるところだが、DNAシステムで書き込みと読み出しにかかった時間は21時間だった。これはデータ保存に分子を、制御と処理に電気工学を利用するというまったく新しいコンピューターメモリの例だ。試作品を完成させたマイクロソフトとツイスト・バイオサイエンスとワシントン大学は、シークエンサーを製造するイルミナ社、デジタルストレージ企業のウェスタン・デジタル社とともにDNAデータストレージ・アライアンスを立ち上げた。狙いはDNAストレージのエコシステムを構築するための基準を定めることだ。たちどころに数十社がこの団体に加盟した。

DNAデータストレージに人気が集まる理由ははっきりしている。世界では毎年、驚くほど大量の情報が生まれている。現在使われている光学メモリ、磁気メモリ、ソリッドステートメモリでは追いつかなくなるのは時間の問題だ。DNAならごくわずかな量でとてつもない量の情報を保存できる。わずか1グラムのDNAにDVD2億枚分以上の情報が入るのだ[33]。このデータ密度なら、世界中のすべてのデジタル情報を9リットル、すなわち牛乳パック9本分の溶液を漂うDNA分子に保存できる可能性がある。さらに、もっと先の未来には、必要なファイルを指定して自由に取り出せるようになるかもしれない。

DNA合成の進歩により、これまで遺伝子工学で最大の壁となっていた問題も解消された。それは、デジタルDNAコードを細胞が実行できるコードに翻訳する作業だ。現在のほとんどの合成DNAは数千塩基程度の長さしかないため、1個のタンパク質の情報を記録するのがやっとだ。細菌の全ゲノムを書き込めるほど複雑なDNAを作るには、断片をつなぎ合わせる作業を延々と繰り返し、正確に配列を解読する必要がある。生物学的な設計を作成し、試験を実施し、バグを修正できるようになるのはそれからだ。

バイオファウンドリはバグ修正作業を簡単にしたり、自動化することができるが、初期の大型汎用コンピューターのように設置にも運用にも費用がかかり、処理能力が限られるのが難点だ。モデルナのようにベンチャーキャピタルの支援を受け、数十億ドル規模の市場を相手にする企業にとっては問題にならないが、学術研究機関に所属するほとんどの研究者には参加のハードルが上がる要因になっている。そこで、世界各地のいくつかの研究機関が独自の非商用ファウンドリの構築に向けて動いた。2019年、16機関の協力のもと、これらの問題に連携しながら取り組み、さらにDNA合成の適正価格の決定、人材の紹介、持続可能なビジネスモデルの探索といった共通する課題に対応することを目的として、グローバル・バイオファウンドリ・アライアンスが結成された。[34]

それでもまだ、大きな問題がいくつも立ちはだかっている。例えば、アセンブリ処理中にDNAを操作するのは、失敗する可能性をはらんだ要因が多いために油断ができない。DNA断片は繊細で壊れやすいし、研究室に目に見えない汚染が潜んでいる可能性もある。最初の頃からいくつかの基準はあったが、装置のキャリブレーションやプロセスの制御、メタデータの使用に関する標準的なやり方はなく、研究所ごとに（場合によっては内部でも）食い違っていた。

◆

バイオテクノロジーは、世界でもっとも複雑な産業の1つだ。その理由は、細胞プロセスを標準化できないことや、研究で必要とされる費用や精度の問題だけではない。使用、注入、あるいは自然界に放たれる可能性のある生物を対象に行われるあらゆる実験に、広範な試験を義務づける厳しい規制フレームワークが適用されるし、最終製品が本当に設計通りの安全なものかどうかを確かめる監視体制もある。関連機関のリストは10ページ以上におよぶが、何らかの基準や取り決められた規則を採用しているところはない。

他の製薬会社と同じく、モデルナもワクチンの一般供給を開始する前に前臨床試験から始まる一連の試験を実施しなければならなかった。最初の試験は研究室で細胞株を使って行われる。これらは規制機関による承認を受けた細胞で、実験用に培養し、管理されていたものだ。モデルナのチームは、ｍＲＮＡワクチンがウイルスの無害な部分を正しい場所に再現し、体の免疫反応を引き起こせることを確かめる必要があった。

モデルナがワクチン候補（ｍＲＮＡ－１２７３）の設計を終えたのは、張永振博士のチームがウイルスの配列情報を公開してからわずか2日後だった。ここから規制機関の承認を待たずに臨床試験規模の生産に取りかかるというのは大変な決断だった。規制機関による審査をすっ飛ばそうとしたわけではないが、ウイルス拡大の勢いや、世界的な大流行を起こす可能性を目の当たりにしたモデルナの上層部は、フライング気味になるとしてもできるだけ早く臨床試験を始めたいと考えた[35]。

当時の彼らには知る由もなかったが、ドイツの小さなバイオテクノロジー企業、バイオエヌテック社もｍＲＮＡで同様の実験を進めてやはりワクチン候補を設計し、米国のファイザー社や中国の製薬会社、復星との提携の話を少しずつ進めていた。２０２０年2月の初めには、モデルナもバイオエヌテックも従来の段階的な臨床試験に進むためのワクチンの準備が整った。

２０２０年3月27日、少人数の人間のボランティア集団を対象に摂取量と安全性を確認するためのモデルナのワクチン候補を使った第Ｉ相試験が開始された。その時点で世界保健機関が挙げていたワクチン候補は他に52種類あり、その多くが不活性化または弱毒化したウイルスを使っていた。

効果と副作用を検証する第II相試験が始まったのは、その1カ月後だった。3万人が参加したモデルナの第III相試験は全般的な有効性を評価し、継続的に安全性を検証できるように設計された。本書の執筆時点で、モデルナ社のmRNAワクチンは、新型コロナウイルスの発症を94パーセント予防する効果があるとされている（第IV相試験は、薬剤の発売後に安全性と有効性のデータを集め、それまでの臨床試験では確認されなかった非常にまれな副作用や長期的な副作用について調べる）[36]。

薬の試験を実際の世界で行うときに、必ずしも効果が現れるとは限らない。さらなる改良が必要になる可能性は常につきまとうし、まったくの失敗に終わることもある。だが、mRNA－1273はそうならなかった。2020年12月にモデルナ社のワクチンがFDAに承認されるわずか数時間前に行われたインタビューで、同社CEOのバンセルは、1月にコンピューターで設計したワクチンが「100%、原子レベル」であることを一番誇りに思っていると語った[37]。世に出るが早いか、このワクチンは抜群の効果を発揮した。合成生物学は大成功を収めたのだ。

新型コロナウイルスとの戦いにモデルナは勝利したが、すべてのワクチンが正確に設計通りに作られているかを確かめるための製造時のモニタリングなど、対応が必要な外的要因はまだあった。ボルチモアを拠点とする施設では、ジョンソン・エンド・ジョンソンのワクチン製造時に他の製品の原材料が混入し、1500万回分のワクチンが無駄になった[38]。さらに、香港とマカオに出荷されたバイオエヌテックのワクチンのパッケージに問題が見つかり、2021年3月にその地域のワクチン接種が一時的に停止された[39]。

モデルナとバイオエヌテックは、新たな変異株が登場して改良版のワクチンが必要になったとしても、2020年当時よりも短期間で作れるという自信を深めていった。だが、重要なのは、規制機関が合成mRNAワクチンの使用経験を積み重ね、他の用途や臨床試験への新たな道が見えてくる可能性だ。モデルナは9種類のmRNAワクチンを開発し、そのうちいくつかは第I相試験が始まっている。一方、ノバルティス社と提携するイェール大学の研究チームは、技術を大きくグレードアップさせたマラリアのmRNAワクチンの試験を開始するための準備を進めている。RNAは体内で自らの複製を作る。つまり、必要な量が非常に少なく、数百万回分を製造するのも簡単だ[40]。おまけに、新型コロナウイルスのmRNAワクチンのように超低温冷凍庫で保管する必要もない。

◆

1965年に発表された「集積回路における素子の集積密度の向上」と題する論文で示された単純な法則は、現代のコンピューティングの方向性を変えた[41]。論文の著者はインテル社の設立者の1人であるゴードン・ムーアで、同じ価格で集積回路の基板に搭載できるトランジスター数は1年半から2年ごとに倍増するという理論を披露した。この理論は「ムーアの法則」と呼ばれるようになり、あっというまにまだ黎明期にあったコンピューター産業を大きく躍進させる原動力になった。

これが初期の革新的なリーダーたちの大胆なビジョンの正当性を証明していたこともその理由に挙げられるだろう。ムーアの法則に基づく予測に自信を得た投資家たちは勢いを得て資金をコンピューター分野に回し、さらに企業のトップがコンピューティング分野のバリューネットワークとして意欲的な新製品や新サービスの開発を計画するようになった。これまで研究開発のブレイクスルーがいつ起こるかを予想できた会社はなかったが、今や大幅な改善や大胆な新戦略の実施に最適な時期や状況をつかめる指標があるのだ。ムーアの法則はコンピューターの世界における常識となったが、ムーアの論文が発表された当時はシリコンバレーの外でムーアや彼が設立した会社を知るものは少なかった。時代背景も今とはまったく違っていた。まだ「シリコンバレー」という言葉すらなかった頃だ。

現在の合成生物学にもムーアの法則のようなものがあり、ワシントン大学の物理学者、ロブ・カールソンにちなんだ名前がつけられている。2000年代の初めに、カールソンはさまざまなバイオテクノロジーが改良される速度について研究していた。ムーアの論文にならって、彼は2010年に出版された著書『Biology Is Technology（生物学は技術）』の中で、技術が改良されるにつれてゲノム解読とDNA合成にかかるコストが急速に下がることを示した。これまでのところ、カールソン曲線と呼ばれる彼の予測は当たっているようだ。米国立ヒトゲノム研究所によれば、2006年に高品質のヒトゲノム解読結果の概要版を作成するには1400万ドル、最終版を作るには2000万ドルから2500万ドルの費用がかかっていた。2015年の半ばには、全ゲノム解読の費用は4000ドルにまで下がった。[42] 現在、中国企業のBGIは1000ドルでゲノムの解読を請け負っている。ヒトゲノムの解読にかかる費用はスニーカーのエア・ジョーダン一足分よりも安くなった。毎年、数百万人の人々の全ゲノムが解読されている理由はそこにある。[43]

ゲノムの解読にかかる費用が下がれば、がんの早期発見のような新たな検査のスピーディな普及につながる。赤ちゃんが生まれてすぐ、あるいはお腹にいるうちからゲノムを解読することが常識になるかもしれないし、成長してからの知的能力のような特性を個別出生前検査で調べられるという新たな世界が開けるかもしれない。たった数十年の間に、私たちの世界のあらゆる植物、動物、微生物、ウイルスのゲノムが解き明かされてしまった。これらのあらゆるデータは、高度なソフトウェアツールを使いこなし、さらに安価でもっと強力な合成技術を手にし、クラウド上に研究設備が用意された次世代の遺伝子工学者たちがノートパソコンと資金だけで目的のものと作り上げるための材料となるだろう。このような状況は、検査が平等に行われなければ、最先端のバイオテクノロジーを利用する金銭的余裕のある人々だけが遺伝子を強化できるといった遺伝子格差を予感させる。

バイオ経済によってもたらされるものは何か？合成生物学全般に言えることだが、クレイグ・ベンターは誰よりも早くそのような未来をのぞき見ていたのかもしれない。ヒトゲノム計画が完了し、セレラ社とも決別したベンターは、ゲノムの書き換えに関心を移し、2005年に大好きなサーフィンを楽しめるカリフォルニア州ラホヤのビーチのそばにシンセティック・ゲノミクス社を設立した。

2017年に、シンセティック・ゲノミクスは、ベンターがデジタル－生物変換器（DBC）と名づけた一種の生物プリンターのデモンストレーションを行った。ソファくらいの大きさのこの装置は、DNA／RNAの合成とアセンブリを行うロボットシステムで構成されている。さまざまな遺伝子プログラムをＤＢＣに送ると、タンパク質やＲＮＡワクチン、ファージ（細菌に感染するように設計されたウイルス）のＤＮＡがプリントアウトされ、それを使って各研究所で目的のものが作られる。言い換えれば、ＤＢＣは合成生物学の設計と製造のあらゆる段階に関わる会社を丸ごと、リビングルームにすっきり収まる１つの箱に収めたようなものだ。[44]

現在ではコーデックスＤＮＡと名を改めた同社は、当初の装置よりもはるかに小さいサイズ、ビーチにもっていくクーラーボックス程度の大きさでありながら、高性能の製造装置の開発に取り組んでいる。新たなマシンは合成装置を内蔵せず、代わりに専用カートリッジを使うインクジェットプリンターのような仕組みになっている。配列を組み立てたい研究者は、必要条件をアップロードして、目的の遺伝子配列に合わせた物質があらかじめ充填されたカートリッジを注文する。数日後――カートリッジの製造よりも配送の方に時間がかかるかもしれない――にはマシンにカートリッジが装填され、いくつかのボタンを押すだけで実験を始められる。製造装置と衛星によるインターネット接続があれば、理論的にはアマゾンのジャングルのど真ん中や戦地でＤＮＡを合成することも可能だ。現在、国防高等研究計画局は新たな生物兵器から部隊を守れるように、どこでも薬を製造できる、より小型の装置の開発を支援している。例えば、兵士たちが人工的に作り出された病原菌や自然発生した危険な新型ウイルスにさらされたとする。まずはすぐに遺伝子配列を解読し、病原体のゲノムを突き止めることになるだろう。さらにその病原体に効果のあるワクチンや薬を大急ぎで設計し、ダウンロードしてプリントアウトすれば、ケガをしたり、具合が悪くなった兵士たちをその場で治療できる。そのまま同じ機械を使ってもいいし、別の装置をさらにつないでもいい。

ともかく部隊の状態を万全に保つために必要な薬を作ることができるはずだ。

もし、将来的に生物や薬を地球上のどこにでもファックスで送れるようになったとしたら、地球外ともやり取りできるのではないだろうか?ベンターはNASAと協力し、火星の土の中で細菌類の細胞のDNAが発見された場合に、その場でゲノムを解読し、データを地上の研究所に送ってその生物を再現し、調べられることを示そうとしている。また、その逆も可能なはずだ。火星や月にバイオファウンドリを建設すれば、重要な補給品や植物や動物をメールと同じくらい気軽に送ることができるようになる。この仕組みは、生物の瞬間移動を目的とした「銀河ネットワーク」の一部として「地球圏外の中継所」を使った、「しゃべる電話」のスーパーアップグレード版と言えるのではないか。

それが実現するまで、合成生物学の未来を築くバリューネットワークは進歩を続けるだろう。これから紹介するように、地球だけでなく人類がいつの日にか調査するかもしれない地のためのバラエティに富んだ材料、医薬品、繊維製品、植物、動物は、すでに作られつつある。

第6章

生物時代

研究室でエビを生産できる世界を想像してみてほしい。漁獲のために巨大な底引き網で海底をさらう（そして破壊する）必要はなくなり、漁の巻き添えで一緒に網にさらわれることも多い魚や他の海の生き物たちは平穏に暮らすことができる。あるいは、果物が季節を問わず、販売する店のすぐ近くで屋内栽培できるようになったとしたらどうだろうか。完全に熟していないベリー類を収穫し、温度管理された洗浄液を吹きつけて害虫を防ぎ、コンテナに詰め込んで地球を半周する旅をさせる必要はなくなり、茂みから食べ頃の実を選んで摘み取ることができる。

あるいは、制限のある生活を送らなくても、アップグレードや最適化次第で健康が手に入る未来がやってくるとしたらどうだろうか。二日酔いは過去の話になる。お酒を飲み始める前に、アルコールの悪い影響を抑える専用プロバイオティクスサプリメントを飲めばすむからだ。ダイエットをしなくてもいい世界が来たらどうだろうか。代謝量や食物不耐症などのデータが生体機能検査によって明らかにされ、いつ何を食べたり飲んだりすればいいかがわかるようになる。鎌状赤血球症や筋ジストロフィーのような、幼い子供たちが手足の自由を奪われたり、命を落としたりするような遺伝病をすべて出生前から予防できる世界が実現したらどうだろうか。

これまでにあなたがいろいろな状況で、どれだけスマートフォンの画面にひびを入れ、爪をはげさせ、レンズを壊してきたか、思い返してみてほしい。いつか生物コーティングにより、どんな傷がついてもあっというまにそれらの表面が修復されるようになる日がくるとしたら、どうだろうか。車庫への出し入れに何度失敗しても、車はずっと新品のようにピカピカのままだ。生物から作られるマニキュア液は、有害な紫外線や刺激の強い化学物質を含むトップコートを使う必要がない。

このような未来を実現するための基礎はすでに出来上がっている。事実、これらの画期的な新技術のいくつかにはすでにバイオ経済が力を入れており、主流になりつつある。

人類の進歩の主な段階は、確立された環境を大きく変えるために使用した材料で語られることが多い。石器時代、青銅器時代、鉄器時代の間に、人間は農業や建設、戦争のために使う道具の基本技術を生み出した。その後で、人類はガラスを使いこなせるようになり、装飾や瓶、窓、レンズ、医療器具を作り出した。鋼の登場により、高層ビルも建てられるようになった。プラスチックのおかげで使い捨て容器の大量生産が可能になり、食品、医薬品、水などをはじめとするさまざまな製品の供給網が世界中に広がった。そして、分子を操り、微生物に手を加え、バイオコンピューティングシステムを構築することを私たちが学びつつある今、文明の進化における新たな時代が始まろうとしている。生物時代の幕開けだ。この新時代に私たちが築き上げるものは、新たなビジネスチャンスを開き、環境へのダメージを軽くしたり、あるいはそれらのダメージを回復させたり、他にも数えきれないほど多様な形で人類が置かれた状態を改善するに違いない。地球上でも、地球外の居住地でもだ。

合成生物学は、生活にとって重要な医学、世界的な食糧供給、環境の3つの分野を大きく変える。

医学

これから20年ほどの間に、合成生物学の技術は命にかかわる病気を撲滅し、1人1人の患者と各自の遺伝的環境に合わせたオーダーメイド医療を推し進めるだろう。がん治療のためにウイルスの遺伝子操作が行われ、臓器移植のために人間の細胞の培養が行われ、新たな治療薬の試験が行われる。新たな技術によって私たちの健康状態は常にモニタリングされるため、従来のような医師による検査は不要になる。最も重要なのは、健康な人々にも手を加えるという点だ。生まれる前の段階で遺伝病を予測して要因を排除し、場合によっては能力を高められる可能性もある。

病気の撲滅

とある医師が、妻と2人の子供たちにポリオ、麻疹、おたふく風邪、風疹、ジフテリア、水痘、インフルエンザ、A型・B型肝炎、破傷風の予防接種を一通り受けさせてから、休暇をとってインドに出かけた。[1] 家族の行き先は、コレラや黄熱が流行するような地域ではなかった。一家はニューデリーに滞在し、日帰りであちこちの観光地を訪れる予定を立てていた。古都アグラのタージマハールで見た夕暮れは圧巻だった。太陽が少しずつ沈んでいくと、鮮やかなオレンジとピンクが大理石の建物を染め上げた。文句のつけようがない一日だったが、あたりの色合いが変わっていくにつれて蚊の大群がやってきた。

数週間の休暇を過ごして一家は帰国したが、医師でもある母親にインフルエンザのような症状が現れた。彼女は熱を出し、悪寒と体の痛みに襲われた。水を飲んで、解熱剤のアドビルを飲み、床についた。だが、症状は急速に悪化した。彼女が病院にたどり着いたときには、血圧が下がりかけていた。必要な処置を判断するために、看護師はたくさんの質問をした。何か、今まで飲んだことのない薬を飲んだか？これまでにアレルギーが出たことがあるか？そして、最後に最近、海外旅行をしたかという質問があった。タージマハールの夜の出来事を話すと、看護師は感染症の専門医を呼んだ。これは非常によい判断だった。彼女はマラリアに感染していた。マラリアは蚊によって媒介され、命を落とすこともある恐ろしい病気だ。

蚊は針のようにとがった口を皮膚に突き刺し、血液を固まりにくくする成分を含む唾液を人間の体内に注入する。このような特殊能力を持つのはメスの蚊だけで、オスの蚊は花の蜜や樹液を吸って生きている。メスの蚊は動物も人間も刺すので、病気を媒介することが多い。蚊はマラリアやデング熱などさまざまなウイルスを運ぶ。ウエストナイル熱、ジカ熱、チクングニア熱、東部馬脳炎などが代表的な例だ。地上で最も大勢の犠牲者を出している危険な生物と言えば、何だろうか？ヘビでも、サメでも、サソリでもない。クマでもなければ、人間でもない。蚊なのだ。

マラリアは年間40万人以上の死者を出し、そのほとんどは幼い子供たちだ。[2] マラリアの原因は、ウイルスや細菌ではなく、マラリア原虫と呼ばれる微生物の一種だ。マラリア原虫はかしこい生き物で、形を変えて免疫系をくぐり抜ける。そのため、しぶとく感染の拡大が続く。マラリアのワクチンは1種類しかなく、4回の接種が必要なうえ、効果はあまり期待できない。せいぜい一時的な耐性を獲得できる程度だ。過去にマラリアに感染したことがあっても、何度も繰り返し感染する可能性がある。現在、この病気に対して私たちができる最大の防御は、早期の診断と治療だ。医師であった彼女が自分のマラリアを診断できなかったことが、マラリアがどれほど危険な病気か、そして、どうして蚊が早くから合成生物学のターゲットになっているのかを物語っている。

病気を運ぶ蚊を一掃するのは簡単ではない。蚊はすぐに繁殖し、捕まえるのも難しいからだ。だから、人間は数十年にわたって蚊を寄せつけないためのローションやスプレーの開発を続けてきた。米軍では第二次世界大戦以降、虫よけにディートという化学物質が使われてきたが、ディートには毒性がある（誤って混ぜると、プラスチックを溶かすこともある）。さらに、蚊の中にはディートの耐性遺伝子を獲得しているものもいる。

だが、今や大量の蚊を殺さなくてもマラリアの拡大を防ぐ方法がある。２０２１年にインペリアル・カレッジ・ロンドンの遺伝学者たちが特定の性質を子孫の大多数に遺伝させられる遺伝子操作、「遺伝子ドライブ」でこの病気に対抗することに成功した。彼らが使ったのは、ＤＮＡの特定の部位を切断できるＣＲＩＳＰＲ《クリスパー》と呼ばれる遺伝子編集技術だった。これで蚊の性分化やメスの蚊が持つ特性に手を加えたのだ。遺伝子操作された蚊から生まれたメスの蚊は生まれつき口の形が違っているため、皮膚を刺すことができず、産卵能力も持たない。つまり、マラリア原虫をばらまくことができない。遺伝子ドライブがなければ、変異は群れの中でそれほど広がらないが、遺伝子ドライブがあれば、ほぼ１００パーセントの子孫が新しい形の口を持って生まれてくる。遺伝子ドライブ技術の威力は絶大で、しかも効果が消えることはない。[3]

イタリアのテルニをはじめとする厳重なセキュリティが導入された施設でさまざまな遺伝子組み換えによりいくつもの新種の蚊が誕生し、大規模な研究が行われている。[4] 2021年には遺伝子操作した数百万匹の蚊をフロリダキーズに放し、ジカ熱の拡大を抑える実験が予定された。フロリダキーズ地区蚊管理委員会は、子孫の生殖能力を大幅に低下させるように遺伝子操作されたオスの蚊を持ち込む試験プロジェクトを承認した。[5] 増え続けるデング熱やウエストナイルウイルスに対応してきた地元当局は、蚊の数は少なくてもこれらの病気の拡大に歯止めがかかり、殺虫剤や毒性のある化学物質をまかなくてもすむようになるだろうと考えている。

オーダーメイド医療

CRISPRは、細菌酵素を利用してDNAを正確な位置で編集できる技術だ。たった1つの遺伝子が原因で発症する病気は、およそ8000種類ある。このような単一遺伝子疾患は、遺伝子解析を行わなければ、診断や治療がむずかしい。鎌状赤血球症（赤血球が鎌のような形に変形するために起こる遺伝病）や嚢胞性線維症（粘り気の強い粘液が分泌され、肺や消化管がふさがれる病気）なども、単一遺伝子疾患に含まれる。だが、CRISPRでこれらの遺伝子変異を修正すれば、細胞のDNA修復機構がはたらいて編集された細胞が健康な状態に戻る。

単一遺伝子疾患よりも多くの患者がいるのが、複数の遺伝子の作用から発生するために管理がさらにむずかしい多遺伝子疾患だ。冠状動脈性心疾患やアテローム性動脈硬化症が当てはまり、高血圧症も遺伝性の場合がある。エイミーの父親もそうだった。彼は20代前半の頃に突然、何の前触れもなく鼻血が出て、めまいを感じ、倒れた。血圧はめちゃくちゃな数字を示し、彼には重度の高血圧症という診断が告げられた。彼は血圧以外の健康状態に問題はなく、活動的で、タバコは吸わなかった。信仰を持つ家庭で育ったため、酒も飲まないようにしていた。だが、初めての症状が現れたときに、彼の命は危ない状態だった。それから50年が経つが、彼はクリーブランド・クリニックとジョンズ・ホプキンズ高血圧センターで専門医の治療を受け、複雑な飲み合わせの薬を定期的にあれこれ調整してもらいながら過ごしている。

彼が生きていくためには、毎日何回かに分けて全部で27錠の薬を飲み下さなければならない。担当医の仕事は、これらのすべての薬による副作用をどうやって打ち消すかを考えることだ。薬を追加するにしても、彼専用に設計された薬ではない。これらの薬代、診察料、ときおりの救急受診にかかる費用は、控えめに計算しても年間5万ドルにのぼる。彼のこれまでの人生でかかった医療費を合計すると、およそ300万ドルになる。インフレの影響を考えれば、見た目の数字以上に負担は大きい。彼はまだ恵まれていた。しっかりした保険に入っていて、世界的な研究を手がける病院や医師にかかり、家族の協力や支えもあった。いずれは、合成生物学の技術が彼の高血圧症の原因となっているゲノムの部位を突き止めて、編集できるようになるかもしれない。

投薬が必要だが、CRISPRの遺伝子編集ではどうにもならないあらゆる病気はどうなるのだろう？将来的に、治療薬は世界規模で大量生産されるのではなく、必要に応じて作られるようになっていくのではないだろうか。前の章でも見てきたように、持ち運びできるようなサイズの小型シークエンサーでウイルスや細菌の有無を突き止めることはすでにできるようになっている。その場ですぐに薬を作れる技術の実現も遠い未来の話ではないだろう。ゲノムをすぐに解読することができて、治療薬を合成する材料が手元にあれば、どれだけの数の病原体が押し寄せてきても対抗できる防御壁をプリントアウトできる。細胞に導入できるように加工されたフリーズドライの分子が入ったキットを想像してほしい。分子は出番が来るまで、乾燥食品のように長期保存が可能な状態で保管される。治療薬が必要になったときは、適量の水を加えて戻し、生態系の活動が始まったところで、ワクチンや抗生物質のＤＮＡの設計図を追加する。登山で、スポーツで、戦場で、学校で、ｉＰｈｏｎｅと変わらない大きさのキットを持ち歩き、必要になったらいつでもどこでも薬を調合できる。

がんに打ち勝つ

エイミーの母親は、50代半ばでまれなタイプの神経内分泌がんを患った。がんのはっきりした原因はわからなかった。彼女は酒もタバコもやらなかったし、太っていることを除けば（甘いものとフライドポテトには目がなかった）行動的で健康だった。症状も普通ではなかった。一夜にして皮膚が黄色くなり、短期間のうちに体重が減っていった。かかりつけの医師がシカゴ大学の専門医のチームに紹介状を書き、さらにそこからテキサスのＭＤアンダーソンがんセンターに回された。体内には悪性腫瘍ができていたが、問題はそこではなかった。医師たちは、神経細胞とホルモン分泌細胞の両方に似た特徴を持つ、気がかりな細胞を腫瘍から遠く離れた部位で見つけた。それらの細胞は膵臓《すいぞう》と肺にあり、活動が活発で、増殖も速かった。神経内分泌細胞のＤＮＡに変異が起こると、場所に関係なく勝手に腫瘍が成長するようだ。つまり、彼女の体内ではすでに確認された腫瘍以外にも別の腫瘍が成長しつつある可能性が高かった。

彼女は立派に病気と闘い、思い描いていた通りの人生を過ごすという意思を貫いた。化学療法のためのポートを長袖で隠し、トレードマークだったピクシーのようなヘアスタイルのウィッグを見つけ、担任する4年生を教え続けた。細胞が悪性化している原発部位が見つからなかったため、医師たちは他のがんのために設計された化学療法薬を組み合わせて使わざるを得なかった。彼女は点滴につながれた状態で土曜日を過ごした。ウィッグは外して暖かい毛布をかぶり、普段の勇ましい表情は消え去っていた。最初の4時間は膵臓がんの治療薬の点滴を受け、それが終わるとまた4時間の肺がん治療のための点滴が始まった。6週間から8週間の治療を終えると、体力を取り戻すための数週間の休薬期間をはさんで、また次の治療が始まった。化学療法のおかげで彼女は生き続けることができたが、同時にその治療は彼女の寿命を大幅に縮めた。1年後、彼女は家族のサポートを受けながら、ホスピスに入る決意をした。そして、その数日後に亡くなった。

1本でがんに効く万能ワクチンを開発するのはむずかしい。がんという言葉でひとくくりにされるが、がんにはたくさんの種類があり、それぞれに違っている。1つの病気というより、知られている100種類以上のさまざまな遺伝子変異の集合的な呼び名という方が近い。がんが変異の種類ではなく、肺がん、骨肉腫、神経内分泌がんのように発生部位の名前で呼び分けられることが多いのはそのせいだろう。だが、標的となるがん細胞を探し出して殺すように遺伝子を操作したウイルスを使えば、エイミーの母親の命を奪った謎に満ちたがんに打ち勝つオーダーメイドワクチンを開発できる可能性がある。他に、mRNAを使って体の免疫系を刺激してがんを見つけて攻撃するような防御機能をはたらかせ、最初の段階でがんを防ぐ方法もある。これは、CAR（キメラ抗原受容体）T細胞療法というやり方で行われている。患者の血液からT細胞（特殊な白血球の一種）を取り出して、がん細胞を攻撃するように作り変えてから体内に戻し、がん細胞を撃退させるのだ。

新型コロナウイルス・ワクチンが開発されるずっと前から、モデルナとバイオエヌテックはがんの免疫治療薬を研究していた。悪性腫瘍から採取した組織サンプルを分析した両社は、専用のmRNAワクチンを開発するための遺伝子解析を行い、患者の腫瘍に特有のタンパク質を含む変異を突き止めた。免疫系は受け取った命令に従って全身の似たような細胞を探して破壊する。両社が開発した新型コロナウイルス・ワクチンと同じような仕組みだ。バイオエヌテックは現在、卵巣がん、乳がん、メラノーマといった多くのがんのオーダーメイドワクチンの臨床試験を進めている。モデルナは同様のがんワクチンを開発中だ。バイオエヌテックもモデルナも、世界で最も強力な薬の製造工場が人間の体内にすでに備わっている可能性があることを知っている。私たちはそれを自在に操る方法を探し出すだけでいい。

――オーダーメイドの人工ヒト組織

mRNAがんワクチンや目的に合わせて作製されたオーダーメイドウイルスに厳格な試験が必要になるのは当然だが、理想を言えばあまり時間はかけたくない。そのような臨床試験には費用がかかるし、規制機関による審査は長期にわたる。新型コロナウイルスのような緊急事態が持ち上がらなければ、すべての承認が終わるまでに10年以上かかっていてもおかしくないほどだ。生きたヒト組織がウイルスや薬にどのような反応を示すかの研究も大変で、危険が伴う。例えば、生きている人間から脳や心臓の組織を切り取ってくるわけにはいかない。新薬の試験を手軽に実施し、開発にかかる時間を短縮できる方法が求められているのだ。

合成生物学には、これらの問題の解決策がある。例えば、ヒト幹細胞からオルガノイド（ミニ臓器とも呼ばれる小さな組織の塊）を作ることができる。本書の執筆時点で、新型コロナウイルスの長期的な影響の研究に肺と脳の人工組織が使われている。[6] ミニ腸とミニ肝臓も作られ、厳重なセキュリティを誇る研究所でウイルスに感染させる実験が行われている。ウェイクフォレスト大学再生医療研究所は、米国政府の金銭的支援を受けて2400万ドル規模の独自プロジェクト、「ボディ・オン・チップ」の開発を主導している。これはさまざまなミニ臓器をチップの上に集めようという試みだ。[7] 見た目はコンピューターチップに似ているが、透明な回路基板がつながれている先は、血液代わりの液体を送り込むシステムだ。ボディ・オン・チップで人間の呼吸器を再現すれば、人間や動物に害を及ぼすことなく、新種のウイルスに感染したり、致死的な作用のある物質を投与した場合の体の反応を調べ、治療候補薬が生きたヒト組織にどのような影響を与えるかをテストすることができる。

ミニ神経系を使って、脳組織の小さな塊も作られている。2008年には初めて脳オルガノイドが作られ、特定の脳のはたらきがいくらか解明された。これまでに、脳オルガノイドは自閉症やジカ熱などの病気の研究に使用されている。[8] 人工筋肉とミニ脳を組み合わせると、神経回路を構築して情報を処理できるようになる。スタンフォード大学の研究チームは、自己集合性を持ち、刺激に反応する組織「アセンブロイド」を使った実験を進めている。[9] シャーレの中でヒト幹細胞を集まらせるところから始めて、大脳皮質、脊髄、骨格筋を模した神経細胞回路のプロトタイプを彼らは作り上げたが、この大脳皮質に刺激を与えると、シャーレの中の筋肉に命令が伝わり、ぴくぴく動いた。別の研究では、ヒト前脳オルガノイドが作られた。前脳は、思考や感覚、状況の判断を担う部位だ。他にも、ヒト脳オルガノイドの断片をラットの脳に移植する研究が進行中だが、こちらは倫理面が疑問視され、人間と同様の情報処理能力を持ったスーパーラットが誕生するのではないかという不安もささやかれている。そのことについては、次の章で詳しく紹介しよう。

医者いらずの検査

2007年、ゲノムから病気のリスクや血筋についての情報がわかるとうたう、遺伝子検査キットがアイスランドのデコードミー社から発売された。検査料は985ドルだった。[10] 同年、グーグルが出資する23アンドミー社が1000ドルで遺伝子検査の提供を開始した。結果は数週間で返送され、ゲノムエクスプローラー・ダッシュボードからオンラインでも確認できる。[11] これらの検査に対しては、遺伝カウンセラーから心配する声が上がった。遺伝カウンセラーはお腹の赤ちゃんに遺伝子異常の可能性がある夫婦や、遺伝病と診断された患者の相談に乗る職業だが、これらのサービスでは利用者が検査結果をきちんと理解できないまま、遺伝的リスクに関する情報が手に入るようになってしまうことを心配していた。最初のうち、ごく限られた一部の州で23アンドミー社のキットの販売が認められていたが、メリーランド州やニューヨーク州などでは消費者直結型で健康情報を提供するあらゆる民間検査が禁じられるようになった。２０１７年、ＦＤＡはようやく23アンドミーにパーキンソン病やアルツハイマー病など10種類の疾患を対象とする検査の販売を許可した。[12]

だが、検査結果だけを見てもその人の運命はわからない。ヒト微生物叢《びせいぶつそう》は、私たちの体の中や表面にある、遺伝物質の生きた小宇宙で、母親から受け継がれる。微生物叢を構成する細菌、真菌、原虫、ウイルスの遺伝子数は、ヒトゲノムの遺伝子数の２００倍に達する。微生物叢の総重量は5ポンド（約2・3キログラム）近くあり、ほとんどは腸内と皮膚に生息している。微生物叢は人によって大きな差がある。同じ地域で暮らす血縁者であってもまったく違う。乳糖の消化能力、皮膚がんのかかりやすさ、睡眠の質、不安の程度、太りやすさなどは、どれも微生物叢と関係があり、食べ物や飲み物、喫煙、接触した化学物質、服用している薬の影響を受ける。以前ならアレルギー専門医を何度も受診しなければわからなかったが、今では自宅にいながらにして微生物叢の遺伝子構成を調べる検査が受けられるようになった。特殊なプロバイオティクス成分を何種類も配合して、症状を和らげたり、あらゆる微生物と体の共生関係が最適に保たれるようにする製品を作っている会社もある。

要するに、次に医学の最先端にやってくるのは、医者いらずの検査なのかもしれない。検査の予約に頭を悩ませたり、検査室の前で順番待ちをしたり、結果が出るまでさらに待ったりする必要はもはやなくなる。データは自宅で分析されるからだ。そのような技術は、毎日使うトイレと風呂場から始まる。日々のモニタリングと検査に使われるサンプルはそこで集められるからだ。びろうな話になるが、トイレと風呂場は皮膚と排泄物という二大情報源と毎日直接接する場所であり、その時の健康状態を知るためのこの上ないルートを提供してくれる。そこで、スタンフォード大学の研究チームが病気の診断ができるトイレというアイデアにたどりついた。ただし、そのトイレには普通ならあってほしくないような設備、例えばカメラやマイク、圧力センサー、小型ロボットアーム、人感センサー、赤外線センサー、視覚システムと機械学習機能を備えたコンピューターシステムなどが設置されている。[13]

通常の診断に使用されるサンプルは、胃腸や肝臓、腎臓の病気、がんを早期発見するシステムにも応用できるのではないかというのが彼らの目算だった。そして、彼らの予想は正しかった。スタンフォード大学の研究を注視していた人なら、TOTOが2021年のCES（コンシューマー・エレクトロニクス・ショー：世界最大規模の家電見本市）に出展した「ウェルネストイレ」を見ても驚かなかったに違いない。非現実的な話に聞こえるかもしれないが、これは毎日使用することを想定して、真面目に開発が進められている。このハイテクトイレは多数のセンサーを駆使して「出したもの」を分析し、水分補給や食生活についてアドバイスをする。さらにポータブルキットも登場している。自宅で検査ができる尿路感染症検査キットを開発したスタートアップ企業のヘルシードットアイオーは、検査で陽性を示した患者がモバイルアプリを使ってオンラインで医師の診察を受けたり、必要な場合は処方箋を出してもらって最寄りの薬局で薬を受け取ることができる仕組みを作っている。ヘルシードットアイオーは、全米腎臓財団とも提携し、年に1回の検査で腎疾患の初期症状を見つけ出す腎臓検査キットも取り扱っている。

近いうちにウェアラブルデバイスや飲み込み型デバイスで遠隔医療モニタリング用のデータを集められるようになり、診断は今ほど手間のかかる作業ではなくなっていくのではないだろうか。携帯電話やウェアラブルデバイスはそのようなデータの収集と解析をずっと前から行っている。アップルウォッチをつけていれば、心拍数が異常に上下したり、脈拍が乱れたりしていることがわかる（ただし、それらの兆候が表れたときに心房細動を起こしている可能性があることまでは持ち主にはわからない）。

最新のスマートフォンやスマートウォッチは、米食品医薬品局が承認したアプリを使って、血圧を測ったり、心電図をとることができる。遠隔医療モニタリングではデジタル技術ネットワークを利用して患者の医療データを収集するクラウドに接続し、医療機関が遠隔評価を行うための情報を転送する。心拍数、心電図、血圧、血中酸素濃度、腎機能といったさまざまなデータを集めて、直接診察しなくても病気を管理できるようにするわけだ。

遠隔医療モニタリングは、高齢者が在宅で過ごせる期間を延ばし、クリニックや病院で診察を受ける回数を減らすこともできる。錠剤ほどの大きさの超小型コンピューターにセンサーとカメラと発信機を搭載した飲み込み型デバイスが、体内のデータを集めてＡＩシステムに送り、そこでデータが分析される。ＭＩＴの研究チームは、消化管の健康状態をモニタリングする飲み込み型の細菌－電子装置を開発した[14]。それ以外にも、出血や組織の異常を見つけたり、患者が処方された薬を飲んでいるかどうかをチェックできる飲み込み型デバイスもある。

製薬会社は半年に一度のペースで薬価を見直し、薬の値段は上がり続けている。例えば、2019年1月の薬価改定では米国内で販売されている468種類の薬の価格が平均5・2パーセント上昇し、2021年1月の薬価改定では832種類の薬が平均4・5パーセント値上がりした[15]。製薬会社側は、値上がりした薬代は保険でカバーされるので患者に請求される金額は変わらないと主張している。だが、薬の希望小売価格が上がり続けている影響は米国の医療費全体におよび、金額は大きく跳ね上がった。保険料はここ30年間で740パーセントという驚くべき勢いで高騰している。米国人の半数以上は、保険料の一部を雇用主が負担する医療保険に加入している。勤務先の保険に平均的な家族が加入した場合に会社が負担する保険料の平均額は年間2万576ドルだが、従業員本人以外の家族は保険で医療費が十分にカバーされず、負担が大きい[16]。

だが、薬代の高騰は解決できない問題ではない。簡単な解決策としては、自宅に診断装置を置いて、主な数値の基準値を各自で把握できるようにすればいい。日本では、患者が医療機関を受診すると、平熱を確認される。米国では平熱が37℃という前提で診察が始まるが、実際の平熱がそれよりもいくらかずれている人は少なくないはずだ。米国疾病予防管理センターの基準では体温が38℃を超えると発熱とみなされるが、平熱が36・6℃の人と37・2℃の人では体温が38℃まで上がったときの体の反応も変わってくるだろう。体温以外にも、体の異常を示す数値は数多くあり、正常値は個人によって異なる。センサーや、ウェアラブルデバイスや、飲み込み型デバイスは、機械学習システムにデータを送り、基準値から外れている数値がないかどうかを調べて、役に立つ情報を利用者に送る。

水をコップに1杯飲むといった簡単な指示が送られてくる場合もあるし、重い病気であればオーダーメイド微生物や生体を操作する専用コードで体内の薬製造工場を稼働させることもある。毎日27錠もの薬を飲んだり、がんの種類を無視して行き当たりばったりに組み合わせた化学療法に苦しめられることはない。1人1人の生体環境の違いを考えることなく、大勢の患者向けに設計された高額な薬も必要なくなる。さらに、現在の製薬業界や医療保険業界の仕組みも変更を迫られるだろう。新しいやり方が世間の信頼を獲得し、受け入れられるようになれば、費用がかかり、格差があり、利用できない人も少なくないというこれまでの医療の常識はがらりと変わる。オーダーメイド医療システムが普及すれば、健康に関する公平性が高まり、すべての人の健康状態が改善される。

だが、遺伝による異常や疾患、遺伝的要因があるがんの究極の予防法は、生まれる前に予測し、見つけ出し、要因を排除することだ。妊娠前から、夫婦ともに病気の遺伝子を持っていないかどうかを確認するために遺伝子検査を受けることを選ぶ人もいる。脳や脊髄の神経細胞が破壊されるテイ＝サックス病はまれな病気だが、命にかかわる遺伝疾患で、東欧系ユダヤ人に多い。東欧や中欧にルーツがあるユダヤ系の人が子供を望むときに、この病気の遺伝子を持っているかどうかを調べる東欧系ユダヤ人専用の遺伝子検査を受けることもできる。検査できるマーカーは他にもある。体外受精では複数の受精卵が作られることが一般的で、場合によっては体内に受精卵を戻す前にダウン症や嚢胞性繊維症などの病気の有無を検査することもある。

いずれお腹の中にいるうちに赤ちゃんをアップグレードできるような新技術も研究されている。

DNAのわずかな違いは一塩基多型（SNP）と呼ばれるが、このSNPを理解できるようなアルゴリズムを使えば、遺伝子に基づいて未来を正確に予想できるようになる可能性がある。[17] 受精卵を移植する前に体外でSNPを読み取ることができれば、心疾患や糖尿病を発症する可能性が高い遺伝子の組み合わせを持っているかどうかなどが明らかになるかもしれない。CRISPRで受精卵を編集すれば、元々持っていた遺伝子材料を使いながら最も優れた特性が発揮されるように遺伝子を操作できるのではないだろうか。理論的には、親は子の多くの特徴に影響を与える。髪質やHIVなどのウイルスへの抵抗力、アルツハイマー病へのかかりにくさなどがそうだ。受精卵の遺伝子操作は、蚊の遺伝子ドライブと同様に、効果が消えることはなく、次世代に遺伝する。特定の病気が親から子へ遺伝するのを防ぐことができるため、遺伝子プール全体が改善される。

立場によって、「心から楽しみ」と思う人もいれば、「ものすごく不安」と感じる人もいるだろう。この問題にまつわるリスクについては、次の章で説明する。現在のところ、少なくとも警戒したり、倫理面についての不安を訴える声が大きいようだ。[18] 10カ国を超える国でヒト生殖細胞系列の遺伝子操作が禁じられているが、米国や中国はこれらを禁止していない。EUの人権と生物医学に関する協約では、遺伝子プールを改ざんする行為は人間の尊厳と権利を侵害する犯罪だと述べている。[19] だが、これらの宣言が出されたのは、生殖細胞系列の遺伝子操作が実際に可能になる前の話だ。今や、CRISPRを使えば、生殖細胞での遺伝子に手を加えられるようになった。

以前なら到底考えられなかったようなことも、次々に実現に近づいている。生殖細胞の体外培養（IVG）と呼ばれる新技術が実用化されれば、同性のカップルがドナーから精子や卵子の提供を受けなくても自分たちの遺伝子を受け継いだ赤ちゃんを持てるようになる。[20] 日本の研究者、山中伸弥は、人体のどんな細胞でも人工多能性幹細胞（iPS細胞）に変える方法を発見し、2012年にノーベル賞を受賞した。iPS細胞をプログラムし直せば、他の細胞の機能を持った細胞を作ることができる。

京都大学の研究チームはこの技術を利用して2016年にマウスのしっぽから作製したiPS細胞を卵子に変えて、赤ちゃんマウスを誕生させた。この技術により、現在のような父親と母親が1人ずつという親の構成は多様化し、今後数十年間で遺伝上の「親」の定義は大きく変わるに違いない。LGBTQのカップルはドナーがいなくても、自分たちの子供をもうけられるようになる。1人で子供を産むという選択をする女性にも精子ドナーは必要なくなる。この技術があれば、いずれは自分の遺伝子さえあれば妊娠できるようになるはずだ。[21]

トランスジェンダーの人が子供を望む場合はどうだろうか？IVG技術で受精卵を作ることはできるが、赤ちゃんが生まれるには十分に成長するまでお腹の中で育てる代理母が必要になる。これまで代理母と言えば常に女性だったが、フィラデルフィア小児病院の研究チームが人工子宮「バイオバッグ」を開発した。早産で生まれた子羊を使った実験では、子羊はバイオバッグの中で28日間育てられ、正常な発達を示した。[22] 2021年3月には、イスラエルの研究チームが人工子宮で受精卵の段階からマウスを育て、マウスは11日間生きていた。[23] 子宮を人工的に合成し、完全な状態まで培養できるようになるにはまだ時間がかかりそうだが、バイオバッグを使えば毎年大勢生まれてくる早産児をお腹の中に近い環境で育てられるようになる可能性がある。バイオバッグは、いずれ人間が子供を持つために妊娠がいらなくなる未来の到来を告げているのかもしれない。一世代のうちに「核家族」という概念はすっかり変わり、今よりもずっと広い意味を持つようになるのではないだろうか。

世界的な食糧供給

フーバーダムはかつてコロラド川の氾濫を抑えていたが、今では都市部や農業地帯の水の使いすぎが慢性化し、さらに歴史的な干ばつや気温の上昇も重なって、水不足に陥っている。コロラド川流域で最大の人造湖であるミード湖の水量は、本書の執筆時点でわずか37パーセントまで減少し、数百万エーカーの農地が水不足の危機にさらされている。[24] 私たちが食物の栽培に取り入れている最新のシステムは、気候と生態系の不安定化に拍車をかける。合成生物学は、資源頼みの農業・畜産業や、傷みやすい食品を世界中に運ぶコールドチェーン（訳注：生産から輸送、販売まで低温を保つ物流手法）に代わる手段を提供する。

農業と養殖業の仕組みの安定化

数年前に、エイミーとフューチャー・トゥデイ研究所のチームは、人気の冷凍食品の製造企業でシナリオを使った演習を行った。その冷凍製品は主な原材料のほとんどがヨーロッパ東部のある農場からまとめて仕入れられていたが、その地域では以前よりも異常気象の発生が増えていた。さらに政情不安とナショナリズムの高まりが重なり、ストライキが起こった。仕入れ先となっている農場は混乱を抱える国内ではなく、裕福な国外の市場と主に取引をしていたため、ストライキはより一層激しかった。複雑な要因は他にもあった。その製品は傷みやすいにもかかわらず、農場から遠く離れたヨーロッパ西部の工場まで輸送する必要があり、そこで洗浄と下ごしらえと加工が行われ、冷凍食品として世界中に運ばれていた。以前はおおむね目標量を調達できていたが、最近では異常気象の多発と、大規模な干ばつの影響で、製造に必要な作物を十分に確保できなくなった。そのために市場の需要に応えられる量の製品供給ができなくなり、販売戦略が成功したこともあって、店頭での品切れが相次いだ。供給網のもろさを考えれば、すぐに破綻しなかったのが不思議なほどだった。

実に、現在の農業と養殖業の仕組みがさしたる問題もなく機能しているのは奇跡のようなものだ。火事や干ばつ、猛暑や寒波などの異常気象はどこでもみられるようになっているが、予測するのはまだむずかしい。農業をめぐる政治の状況も悪化している。２０１２年から２０２１年の間に、米国政府は外国人が一時的に米国内で農業に従事するために発給されるＨ－２Ａビザの方針を何度も変更している。農場で働く不法移民の取り締まりを緩めたかと思えば、強化し、今では再び緩和の方向に向かっているようだ。その結果、農業の人手は安定しない。綱渡りの供給網を使い続けているうちに、計画に狂いが生じることもある。例えば、理論的にはスエズ運河を通り抜けられる大型貨物船をあてにしていたところ、実際にはさまざまな条件がうまい具合に重なったときしか通過できないという事態も起こりうる。

1年間に生産される食糧のうち、およそ3分の1にあたる13億トンが廃棄される。[25] 米国の埋め立てごみの第1位は食品廃棄物だ。[26] そこにはいくつもの事情がある。飲食店のチェーンでは食材の鮮度を管理するため、所定の時間が経過した食品は安全性に問題がなくても廃棄される。ときには輸送に時間がかかりすぎて、途中で作物が傷むこともある。生鮮食品、乳製品、肉類は栄養さえあればいいというものではない。リンゴなら色にむらがないもの、ニンジンなら長くてまっすぐなもの、卵なら殻が真っ白で黄身が鮮やかな黄色をしているものが好まれる。だから、いびつなものは店頭に並ぶことなく捨てられてしまう。

レストランでは量やメニューを自由に選べるおかげで、余りものや残りものが出る。24時間営業でないチェーン店では、閉店後にその日に売れ残ったものをすべて捨ててしまう。従業員が余りものを持ち帰ることは認められていない。食料品を売る店は、法的責任を問われることを恐れて、困っている人たちに食糧を提供する慈善団体に売れ残りを寄付することを嫌がる。合計すると、先進国では食品の40パーセント以上が小売と消費者の段階で廃棄されているのが現状だ。[27] 途上国では、収穫や保管、加工の際に機械でつぶれたり、不慣れな労働者がミスをしたり、不測の事態に備えた計画にあまりにも余裕がなく実際に問題が発生したときに役に立たなかったりして、食品ロスが出る。リステリアのような食中毒が発生すれば、食品を大量に回収しなければならなくなる。

農業分野では、食品に関連する遺伝子操作が数十年前から行われてきた。遺伝子操作された細菌が初めて誕生したのは1973年、遺伝子組み換えマウスが誕生したのは1974年、別の生物から取り出した遺伝子を導入したタバコの遺伝子組み換えが行われたのは1983年だ。[28] これらの動きを受けて、FDAは1993年に遺伝子組み換え種子の販売を承認した。翌年、熟した状態で他の品種よりも日持ちする遺伝子組み換えトマト、フレーバーセーバートマトの米国内での販売が承認された。[29]このような遺伝子組み換え技術の最初の波から誕生したのが、特定の除草剤や殺虫剤の使用を想定した遺伝子組み換え作物（GMO）だった。現在、世界中で栽培される綿のおよそ14パーセント、大豆の半分近くが遺伝子組み換えだ。[30]米国ではこの割合がさらに高く、綿と大豆に遺伝子組み換えが占める割合はどちらも90パーセントを超えている。[31]

しかし、遺伝子組み換えの未来は、現在の私たちが想像する姿とはかなり違ったものになるだろう。例えば、ハーバードで開発された人工葉というものがある。人工葉は太陽光のエネルギーを利用する装置だ。人工葉と細菌の一種を組み合わせると、大気中の二酸化炭素と窒素を生物の役に立つような有機化合物に変えることができる。太陽光をエネルギー源とするこの細菌はとても貪欲で、体全体の30パーセントがエネルギーを作り出すために蓄えられた二酸化炭素と窒素で占められている。これらの細菌を植物の根が近くにある土の中に混ぜ込むと、ため込んだ窒素をすべて放出するため、有機肥料の役目を果たす。同時に二酸化炭素も放出されるが、これはそのまま地中にとどまる。結果として、化学肥料のように環境に悪影響を及ぼす心配をすることなく、作物の収量を大幅に増やすことができるわけだ。[32]

細菌を肥料に変え、CRISPRで種を改良し、植物性タンパク質を強化し、人工肉を合成することで、農業は大きく様変わりし、私たちが口にするものも屋内で育てられたものの割合が増えていくことになる。植物工場はコストがかかる。そのため、そこで栽培される作物は資源の消費や周囲の環境への負荷を抑え、収穫量を増やせるように遺伝子を組み換えて改良される。農作物や肉も風味をよくしたり、栄養価を高めたりするために遺伝子操作されることになるだろう。気候変動が世界的な食糧供給を脅かしつつある状況で、これは未来を支える安心材料になるはずだ。

私たちの食料生産事情はすっかり変わってしまうだろうが、おそらく私たちは選べるような立場にはいない。現在、全人類の4人に1人が食糧不足に悩まされている。[33] 2050年には世界の人口が今よりもさらに20億人増えるという予測も出ている。[34] 人口増加にブレーキをかけられなければ（そうするのはものすごく大変なうえに状況は切迫している）、食糧がすべての人々に行き渡るように生産量を増やし、供給網を強化するしかない。これは、米の生産量や家畜の数を増やせばいいという単純な話ではない。肉や卵、牛乳をとるために育てられている家畜が排出する温室効果ガスは、全体の14・5パーセントを占める。[35] 増える需要に合わせて現在のやり方のままで食糧の供給量を増やせば、その分だけ地球の気候変動への影響が大きくなる。

――家畜（と農作物）の遺伝子編集

2018年にアフリカ豚熱が流行すると、世界中の豚の数は大幅に減少した。アフリカ豚熱ウイルスは感染力が強く、致死率も高い。治療法は確立されておらず、ワクチンもない。この病気の感染拡大を防ぐのは困難を極めた。新型コロナウイルスと同様に、潜伏期間が長く、感染しても症状が出ない個体もいるからだ。特にひどい状況に陥ったのは中国だった。その理由の1つは、中国政府が汚染を防止するための法律を定めたことにあった。本来ならば悪い話ではなかったはずだが、法律が施行されると、養豚業者たちが施設を改善したくても間に合わず、離農を招く結果となり、中国の豚の供給網に影響が及んだ。そのため、病気の豚が中国各地に運ばれて、病気はますます広がった。最初のうち、中国政府は病気の発生を否定し、それがうまくいかなくなると、この病気は大したことがないと言い出した（どこかで聞いたような話だ）。

食肉業界のアナリストたちは、アフリカ豚熱のせいで世界中の豚の出荷量がそれまでの4分の3まで落ち込み、中国の豚の半数が殺処分されたと推定している。養豚業を主な産業とする地域にとって、アフリカ豚熱ウイルスによるダメージは特に大きい。現在、中国ではアフリカ豚熱への耐性を持ち、他の品種の豚よりも丈夫で成長が速い「スーパー豚」の開発が進められている[36]。さらに、遺伝子操作で中国北部の寒さが厳しい冬の間も外で過ごせるように体温調節機能を高めた豚が作られているという報告もある[37]。

19世紀のベルギーでは、めずらしい牛の群れに農家の人々が気づいた。体は普通の牛よりもずっと大きく、背中も肩も腰も尻も筋肉が盛り上がり、シュワルツェネッガーのような体型をしていた。このような種類の牛はベルジャン・ブルーと呼ばれるようになり、研究の結果、筋肉質の体の秘密が解明された。ベルジャン・ブルーは生まれつきミオスタチンの産生を抑制する遺伝子を持っている。ミオスタチンは動物が成長して大人になると、筋肉の成長を止めるタンパク質だ。中には抑制遺伝子を2つ持って生まれてくる牛もいて、その場合はさらに筋骨隆々とした体格になる[38]。ベルジャン・ブルーは肉の量を増やすための品種改良から生まれたが、今ならミオスタチン遺伝子を編集して豚や馬、ヤギ、ウサギ、犬などさまざまな哺乳類を改良することができる。中国では、警察犬として育てることを目的として筋肉の量が通常の倍の犬を作るためにミオスタチンが使われた[39]。

さらに、家畜のエサの改良にも合成生物学が利用されている。スタートアップ企業のニップバイオ社は葉っぱで見つかった微生物から魚のエサを開発した。魚の健康に重要なカロテノイドの量が増えるように微生物の遺伝子を操作し、成長を促進するために発酵させる。その後で低温殺菌、乾燥、粉末化の工程を経ると、エサの出来上がりだ。

農業分野では他にも、大量の植物油がとれる人工生物や、普通ならたっぷりの水を必要とするにもかかわらず、少量の水を与えれば屋内でも育ち、収穫量が倍になるナッツの木などの開発プロジェクトが進行中だ。ＣＲＩＳＰＲからは、含まれるオメガ3の量を増やした植物、風で落ちないリンゴ、水不足に負けない米、輸送中に傷みにくいマッシュルームが生まれている（不安を感じる消費者のために申し添えておくと、これらの農産物はほとんどの国で遺伝子組み換え食品であることがラベルに表示される）。

高品質な作物を栽培しようにも、十分な土地がなかったり、気候が適していなかったり、インフラが整っていなかったりする国は多い。１８４０年代には、自然発生した胴枯れ病（加えてイギリス政府のひどい政策）のせいでジャガイモ飢饉が発生し、アイルランドで多くの死者が出た。しかし、現在でも一歩間違えれば同じようなことが世界のどこでも起こりかねない。しかし、今や従来の農業を屋内や地下でも行うことができるようになっている。そこではハイテクロボットが行き来し、水も光も管理されている。センサー、アルゴリズム、最適化分析を駆使したこれらの新手法では、特定のつるにぶらさがったミニトマト1個まで、あらゆる作物の量を正確に把握できる。屋内で大規模に作物を育てるには、かつてはロボットや人工照明をはじめとする設備の費用がネックだった。だが、取り巻く環境が成長し、技術が進歩するにつれて状況は変わった。

垂直農業プロジェクトは今や世界各地で進められている。ベルリンやシカゴなど大都市の中心部がその主な舞台だ。だが、屋内農業に関しては、日本が世界をリードしている。日本政府がこれらの取り組みに助成金を出していることもあるが、成功の理由は日本の消費者が近場で採れた新鮮で農薬を使っていない食品を好むことも大きい[40]。京都に近い、けいはんな学研都市のマイクロファームでは、人工知能と産業用ロボットを使って種まきから植え替え、水やり、光の調整、新鮮な作物の収穫までを行っている。研究チームは複雑なアルゴリズムを駆使し、センサーを植物に取りつけて、二酸化炭素の濃度から温度、水の量、植物組織の状態にいたるまで、ものすごい量のデータを集め続けている。そうすることで、栄養たっぷりでおいしい作物を育てるための最適な条件を常に分析しているのだ。やはり京都に近い亀岡を拠点とする株式会社スプレッドは、機械とロボットを使って毎日2万から3万玉のレタスを生産している。このような野菜工場で栽培されたレタスは、屋外で育てた場合よりも生育がずっと早く、半分くらいの期間（40日前後）で収穫できる。収穫されたレタスはそのまま近所のスーパーに運ばれる。

マイクロソフト社は、自社が運営する「アズールマーケットプレイス」で農場向けのＩｏＴの一種である「ファームビーツ」を運用する。同社は、数年かけて農業の近代化を進める計画の一環として、米国内の2カ所の農場でこの技術のテストを行い、データを分析している。システムは免許登録がいらない周波数帯の電波を通信に使用し、太陽光発電で稼働するセンサーを使ってデータを集め、ドローンで作物を上空から撮影する。機械学習アルゴリズムは大量のデータから必要な情報を抜き出し、分析結果と推奨される変数の微調整を農家に伝える。

このままいけば、2030年には栄養たっぷりで新鮮そのものの「CRISPR編集食品」が大量に店に並ぶようになるかもしれない。店頭の農作物は、店の下の階で育てられたものや、隣接する垂直農場で採れたものなど、どれも近くで栽培されたものばかりになり、もしかすると肉もあなたの町の代替肉培養施設で作られたものになるかもしれない。

代替肉の時代

2040年までに、従来の方法で生産された肉や乳製品を口にすることはモラルに反するというのが多くの社会の共通認識になるかもしれない。いずれはそのような考え方が主流になるのではないかという意見は、かなり前から口にされてきた。ウィンストン・チャーチルは1931年に出版したエッセイ『50年後の未来』で次のように書いている。「胸肉や手羽を食べるために鶏を丸ごと一羽育てるという不合理な行為から私たちは手を引くべきだろう。適切な培養設備でそれぞれの部位を育てればすむことだ[41]」。

この理論は2013年に実験で検証され、初めての培養肉ハンバーガーが誕生した。この肉は、グーグルの共同設立者であるセルゲイ・ブリンからの資金提供を受けて、オランダ・マーストリヒト大学の幹細胞研究者マーク・ポストの研究室でウシの幹細胞から培養された。このプロジェクトに大金持ちが金を出すとは予想外だった。何しろ、パティ1枚を作るだけで37万5000ドルもかかるのだ[42]。だが、2015年には培養肉ハンバーガー作りにかかる費用は11ドルまで下がった[43]。

2020年末には、米国を拠点とするイート・ジャスト社が、肉の細胞を培養するハイテクタンク、バイオリアクター（生物反応槽）で育てた肉のチキンナゲットの販売がシンガポールで認可された。イート・ジャストの生物反応槽は、生きている鶏から採取した細胞に植物由来の液を混ぜ合わせ、培養して食品に仕上げる。[44] こうやって作られたチキンナゲットはシンガポールですでに販売されている。シンガポールはかなり規制の厳しい国だが、同時に極めて重要なイノベーションの世界的な発信地でもある。ここで人気が出れば、他の国への市場参入にも弾みがつく。

イスラエルのスーパーミート社は、「クリスピー培養チキン」を開発し、カリフォルニアのフィンレス・フーズ社は、長年の乱獲により数が減少している本マグロの培養肉の開発を進めている。他にも、オランダのモサ・ミート、カリフォルニアのアップサイド・フーズ（旧メンフィス・フーズ）、イスラエルのアレフ・ファームズが工場規模でステーキにも使える人工肉を培養している。カリフォルニア発のビヨンド・ミート社やインポッシブル・フーズ社が開発してきたこれまでの植物性の代替肉とはちがって、細胞から培養された肉は分子レベルで牛肉や豚肉を再現している。

カリフォルニア州では他にも2社の企業が画期的な製品を世に送り出している。なめらかでこくのある人工卵、水中を泳いだことのない人工魚、酵母を発酵させて作った人工牛乳を出しているクララ・フーズ社と、ヨーグルトやチーズ、アイスクリームなどの人工「乳」製品を製造するパーフェクト・デイ社だ。さらに、2014年にiGEMコンテスト（生物版ロボットコンテスト）の一環として始まった非営利の草の根プロジェクト、リアル・ヴィーガン・チーズも活動拠点をカルフォルニアに置いている。これは、動物性の材料を使わず、牛乳に含まれるたんぱく質の一種、カゼインから作るオープンソースのDIYチーズだ。カゼイン遺伝子を酵母などの微生物に加えてタンパク質を作り、精製したものを植物性油脂と糖を利用してチーズに変える。培養肉や人工乳製品にはビル・ゲイツやリチャード・ブランソンのような大物たちや、世界最大手の食肉生産企業であるカーギル社とタイソン・フーズ社も出資している。

人工肉の価格はまだ高いが、技術が進歩するにつれて下がっていくはずだ。一方で、動物性タンパク質と植物性タンパク質を混ぜ合わせたハイブリッドタンパク質を製造している会社もある。イギリスでは数社のスタートアップ企業が、70パーセントの培養豚肉細胞に植物性タンパク質を混ぜ合わせて作ったベーコンなどの豚肉ブレンド製品の開発を進めている。ケンタッキー・フライド・チキンでさえ、培養鶏肉細胞20パーセント、植物由来成分80パーセントのハイブリッドチキンナゲットの商品化の可能性を探っている。

従来型農業からの脱却は、環境に計り知れないプラスの影響をもたらす。オックスフォード大学とアムステルダム大学の研究チームは、従来の畜産業と比較すると培養肉による食肉生産に必要なエネルギーは35〜60パーセント削減でき、必要な土地は98パーセント削減、排出される温室効果ガスは80〜95パーセント削減できると推定している。[45]それだけでなく、合成生物学を中心とする農業は、供給網に関わる人々の距離を縮める可能性もある。いずれは、大型の生物反応槽が大都市近郊に設置され、学校や公共施設、病院などの各種機関、それにおそらくは地元の飲食店やスーパーなど必要とされる場所の近くで培養肉が生産されるようになるだろう。海でとれたマグロをエネルギー消費が大きい複雑なコールドチェーンで内陸部まで輸送する必要もなくなる。海から離れた地域でも魚の細胞を培養すればすむ。世界で一番繊細でおいしい本マグロのすしのネタが、日本近海でとれたマグロではなく、ネブラスカ州ヘイスティングスの生物反応槽で培養されたものになる日が来るかもしれない。

合成生物学により、世界的な食の安全も向上する。世界保健機関の推定によれば、汚染された食品が原因で毎年6億人前後の人々が健康を害し、40万人が死亡しているという[46]。2020年1月にはO157に汚染されたロメインレタスを食べた27の州の167人が食中毒を起こし、85人が入院した[47]。2018年には、サイクロスポーラと呼ばれる、ものすごくひどい下痢を起こさせる腸管寄生原虫のせいで、マクドナルド、トレーダー・ジョーズ、クローガー、ウォルグリーンなどの食品スーパーやドラッグストアから商品が消えることになった。垂直農業なら、これらの問題を最小限に抑えることができる。しかも、合成生物学のメリットはそれだけにとどまらない。汚染された食品がどこで生産されたかを調べるのは大変なことが多く、突き止めるまでに数週間を要することもある。だが、ハーバード大学の研究チームは、食品を出荷する前に遺伝子バーコードをつけてから流通させることで、問題が発生した場合に生産から販売までの過程をさかのぼれるようにする方法を開発した。

細菌や酵母の遺伝子を組み換えて、芽胞と呼ばれる加熱しても死なない特別な細胞構造に、その生物固有のバーコードを埋め込むのだ。このような芽胞の生物バーコードは簡単には消えないが、不活性で人体に害を及ぼすことはない。さらに、肉や農産物などさまざまな食品の表面に吹きつけることができる。数カ月の時間がたっても、風雨にさらされても、ゆでられても、油で揚げられても、電子レンジで加熱されても、芽胞は検出できる（有機栽培農家を含めて、多くの農家が作物の害虫駆除を目的として、この方法でバチルス・チューリンゲンシスと呼ばれる細菌を散布している。あなたがこの細菌をすでに口にしている可能性は十分にある）。

これらのバーコードは食品の追跡に利用できるだけでなく、食品偽装やラベルの不当表示の防止にもつながる。[48] 2010年代半ばに、市場にエクストラバージン・オリーブオイルの偽物が大量に出回った。スイスの国立研究大学、スイス連邦工科大学チューリッヒ校の機能材料研究所では、ハーバードと似たような解決策、生産者などのオイルに関する主な情報を明らかにできるDNAバーコードが提案された。

健全な地球を目指して

食料以外にも、現代社会が必要とする燃料、繊維、化学物質などは、非常に大量の資源を消費する。そのせいで廃棄物が出たり、二酸化炭素が排出されたりもする。最近になるまで、私たちに他の選択肢はなかった。車やトラックはガソリンがなければ走らず、ファッションには昔ながらのやり方で育てた綿や牛の皮が必要だった。生産には大量の水が使われ、温室効果ガスの削減はそのまま業界の規制を意味した。バイオ経済は、遺伝子組み換えによる新たな選択肢をもたらし、悪化し続ける二酸化炭素の問題に新たな解決策を提示する。

バイオ燃料

世界初の合成生物学企業、アミリス社の低迷（第3章を参照）を受けて、バイオ燃料が本当に合成生物学のホープになれるのかどうかを疑う声も上がった。1970年代のオイルショック以来、地政学的なリスクが低い代替燃料として海藻の研究が行われてきたが、石油業界はあまり協力的ではなかった。シェブロン、シェル、BPの各社は2009年から2016年の間に藻類バイオ燃料の研究にそこそこの支援をしたが、ほとんどのプログラムは今では消滅している。エクソンモービル社では小規模な研究グループが遺伝子組み換え技術と藻類の研究を継続しているが、2013年に当時の同社CEOのレックス・ティラーソンはバイオ燃料の商業利用の実現は30年先になるという認識を示した。[49]

バイオ燃料は技術面のハードルを越えなければならないだけでなく、市場の抵抗という壁も立ちはだかる。以前から石油業界に関わってきた企業は、主力ビジネスのやり方を変えたがらない。そして、エコシステムの構築を手助けする企業がいなければ、未来のバイオ燃料が商業的な成功を収める可能性は極めて低い。それでも、政府が関わる研究プロジェクトがいくつか進行中だ。米国エネルギー省は、バイオ燃料の開発を支援するためJ・クレイグ・ベンター研究所に5年で1070万ドルの助成金を出し、エネルギー省内のバイオエネルギー技術局は燃料源の候補として藻類を対象とした研究開発プログラムを運営している。[50,51] 自動車業界は電気自動車へのシフトを進めているため、現在のバイオ燃料プロジェクトは飛行機など別のセクターに応用される可能性がある。

――自然に優しいファッション

繊維業界やアパレル業界は環境汚染の元凶として名指しされるが、ファッション業界はより地球にやさしい形を目指す取り組みを進めている。服を作るために綿を繊維や生地に変えるにはいまだに石炭が使われており、世界の炭素排出量の10パーセントを占めている。服の製造にはかなりの量の水が必要とされるうえ、ポリエステル製の服を洗濯することで年間50万トンのマイクロファイバーが海に流れ出している。これはプラスチックボトル500億本分に相当する。繊維のおよそ85パーセントは毎年ごみとして埋め立てられている。店で売れ残ったものの次のシーズンの服を入荷するために処分しなければならない服や、購入者がもういらなくなった服が捨てられているのだ。これらの服を集めると、自然にできた入り江としては世界最大で最も深さがあるシドニー・ハーバーがいっぱいになるほどの量になる。しかも、たった1年分でだ。[52]

だが、マイクロファイバーを捨てることなく、バイオファウンドリで活用できるとしたらどうだろうか。ボルト・スレッズ社はクモのDNAを操作して合成「マイクロシルク」繊維を開発し、ステラ・マッカートニーがその素材を2017年のファッションショーのドレスに使用した。日本のスタートアップ企業、スパイバー社は、限定パーカーを生産できる量の繊維の合成に成功した。合成生物学の処理は、糸のような構造で菌類の成長を助ける菌糸体をレザーに似た丈夫な素材に変える。牛にエサと寝床を用意し、何年も世話をしながら育ててようやく革がとれるようになるところを、菌糸体ならたった数週間でレザーに育つ。

世界的な人気を誇るレザーハンドバックで有名なエルメスは、2021年にスタートアップ企業のマイコワークスと提携し、菌糸体から作る環境にやさしいレザー生地を開発した。[53]繊維を収穫して加工するのではなく、デザインして培養するのであれば、別の可能性も開ける。染色にもバイオ技術を利用して、水をあまり（あるいはまったく）使わず必要最小限の量で生地を染められ、さらに生分解性を持つように編集した染料を作れるかもしれない。

では、ナイロン業界では合成生物学はどんなことができるだろうか。ナイロンは製造コストが安く、耐久性が優れていることから、ランニングシューズやゴムタイヤ、調理器具、キャンプ用テント、スーツケース、防弾チョッキ、バックパック、テニスラケットなどさまざまなところで使われている。ただし、ナイロンを製造すると、年間6000万トンの温室効果ガスが出る。だが、今や遺伝子操作をした微生物を使ってナイロンを作ることが可能になった。スタートアップ企業のアクアフィルとジェノマティカの2社がその研究に取り組んでいる。[54]

絶対に壊れない

バイオ技術を利用した超高耐久性バイオフィルムやコーティングの開発に取り組んでいる会社はいくつかある。はげた爪、はがれた塗料、ひびの入ったスマホ画面は過去の問題になるだろう。ザ・イマージェン社は、スマートフォンやテレビの画面などのタッチスクリーンや、皮膚などに使用できる薄くて柔軟性と耐久性を兼ね備え、触感が伝わる透明バイオフィルムを開発した。例えば、必要に応じて曲げたり動かしたりできる、ほぼ透明なプリンテッド・エレクトロニクス（印刷技術を用いた回路や素子など）にも応用できるだろう。バイオフィルムでアメフトボールの表面を覆い、リアルタイムでボールの回転率や速度を確認しながら、クォーターバックの手の位置の精度も一緒に表示されるとしたらどうだろうか。

バイオフィルムを画面やウェアラブルデバイスに使用するなら、今の素材の単なる代用品では終わらず、それらの設計を根本から変えてしまうことになるだろう。携帯電話もフラット型か折り畳み式かの二択ではなく、くるくる巻いて収納できるようになるかもしれない。形もサイズもシャープペンシルそのものだが、ノックボタンを押すとペン先の代わりに収納された画面が飛び出してくるデバイスを思い浮かべてみてほしい。広がった画面は所定の位置におさまり、本を読むなり、最新ニュースをチェックするなり、映画を見るなりすることができる。使い終わったらノックボタンを押せば、画面が引っ込んで元通りに収納され、後は本体をポケットやバッグに放り込めばおしまいだ。

合成生物学は、梱包や材料の輸送も現在よりもはるかに自然に優しい形に変えるかもしれない。炭酸飲料用の缶は、現在のようにプラスチックでコーティングする代わりに、完全に生分解されるフィルムを使用する。温度変化にも耐えられるように設計された新たなバイオパッケージは、傷みやすいものを運ぶときに、エネルギー消費量が多く、流通を複雑化させ、環境への負荷も大きいコールドチェーンに革命をもたらすはずだ。遠い未来には、バッテリーも今とはまったく違ったものになるかもしれない。太陽の光を浴びて育つ細菌を育てられるなら、人工の葉っぱ型のバイオマシン植物に糖を与え、副産物としてエネルギーを作らせることができないはずがあるだろうか?買ったはいいものの、いずれは劣化して捨てられ、水銀や鉛、カドミウムなどの有害金属が環境に漏れ出す危険もある従来のバッテリーとは違って、生物バッテリーはクリーンなエネルギーをたっぷり提供できる。

――バイオの力で隔離する

二酸化炭素は、誰もが認める気候変動の大きな要因だ。だが、その二酸化炭素を空気の中から取り除けるとしたらどうだろうか?　昔から木がその役目を担ってきたが、長年にわたって森林が破壊されてきたせいで、人類が大気中に送り出している二酸化炭素を何とかできるほどの力は森に残されていない。そこで、コロンビア大学の研究チームは空気中の二酸化炭素を自然に吸い上げ、ハチの巣のような形をした炭酸ナトリウム（重曹）の「葉っぱ」にため込むプラスチックの木を開発した。これまでのところ、これらのプラスチックの木は本物の木の1000倍以上の効率で二酸化炭素を吸収することが実証されている。木が大きく成長するまでには何十年もかかるが、ギボウシやアロカシア、カンナのように大きな葉を持つ多年草は成長が速く、簡単に増える。住宅の景観を整えるために使用されることが多いこれらの低木や地被植物の遺伝子を操作すれば、大気中の炭素濃度を下げられるだろう。

次なる挑戦は、二酸化炭素を精製して何かの目的に利用できるようにするか、さもなくば海底の地下に安全に埋めることだ。大気中の二酸化炭素をカーボンナノファイバーに変えるのもいいかもしれない。カーボンナノファイバーは、消費者製品にも風力タービンの羽根や飛行機などの工業製品にも使われている。さらに、「空から降るダイヤモンド」の実験を進めているジョージ・ワシントン大学の化学者たちからも別のアイデアが出されている。二酸化炭素を750℃の溶けた炭酸塩の中に入れ、さらに空気を吹き込んで、ニッケルとスチールの電極に電流を流す。すると、二酸化炭素は溶解し、カーボンナノファイバー（ダイヤモンド）がスチールの電極側に形成される。こうして二酸化炭素を役に立つ材料に変えることができるわけだ。スタートアップ企業のブルー・プラネット社は二酸化炭素を人工石灰岩に変える技術を開発した。人工石灰岩は工業用塗料として使用したり、コンクリートに混ぜて使用することができる。同社の重炭酸塩岩は、サンフランシスコ国際空港の改修の際にも使われた。

材料におけるこれらの進歩のタイミングは、この上ないものだった。太平洋には、海を漂うゴミが大量に集まった太平洋ゴミベルトと呼ばれる海域がある。２０１８年の調査では、当初の推定の16倍の量のゴミが発見された。その範囲は全体でフランスの面積の約3倍にあたる61万７７６３平方マイル（１６０万平方キロメートル）におよんだ。[55] 太平洋には5兆個のプラスチック片が浮遊すると推定されている。その量のあまりの多さに、環境活動家たちはこのゴミベルトを「ゴミ諸島」という名前の国として認めるように国連に要望を出した。[56] イギリス政府による報告書は、私たちが問題解決に向けて行動しなければ、２０５０年までに太平洋のゴミの量は現在の3倍になる可能性があると警告している。しかし、ゴミベルトに注目が集まったことで、海を浄化するための画期的なアプローチもいくつか生まれている。ある研究チームは、クラゲが出すゼリー状の粘液を分離して合成する研究に取り組んでいる。これを使えば、マイクロプラスチックを捕捉して回収できるかもしれない。さらに、下水処理場や工業排水を処理する際のフィルターとして利用できる可能性もある。将来的には、プラスチックを食べる酵素がもっと大きなプラスチックのかけらを分解し、リサイクルを手伝ってくれるようになるかもしれない。

同様に、特別に設計した微生物に未使用の布地や着古したジーンズに含まれる高分子化合物を分解させ、繊維に変えて、それで新しく生地を作り、新品の服に仕立て直すこともできるのではないだろうか。工業排水や農業排水、下水をきれいな水に戻す微生物だって作れるかもしれない。

◆

実現が目前に迫っているものもあれば、遠い未来を待たなければならなさそうなものもあるが、これらの合成生物学がもたらすメリットが私たちの生活をどのように変えるか、わかってきたのではないだろうか。オーダーメイド医療、悪化し続ける世界的な食糧危機の問題の解決、工業生産や農業のより安全なアプローチ、気候変動への新たな対応、地球外への移住に向けた現実的な道筋は見えてきたように思われる。だが、これらが本当に実現すれば、同時に公平性や倫理面の問題、地政学的リスク、将来的な国家の安全保障に対する脅威など、深刻な問題も持ち上がってくるはずだ。生命に手を加えれば、その先に生じる影響は大きい。合成生物学は、私たちの社会、経済、国家の安全保障、地政学的な連携にも想像を超えた形で影響を与えるだろう。詳しくは次の章で解説していこう。

第7章

9つのリスク

マッシュルーム、特にオムレツやピザやスパゲッティのソースなどに使われることの多いホワイトマッシュルームを料理したことがある人なら、マッシュルームは切ったとたんに茶色く変色し始めることを知っているだろう。変色するのは断面が空気に触れて酸化しているせいだが、実はこれはポリフェノールオキシダーゼと呼ばれる酵素の仕業だ。そこで、2015年にペンシルバニア州立大学のイノン・ヤンがCRISPRでマッシュルームの遺伝子のうち6カ所を編集し、この酵素の活性を30パーセント抑えた。その結果、マッシュルームはパッケージの中で白いまま保たれる期間が長くなり、スライスしてもすぐには茶色にならず、自動収穫ロボットでも扱いやすくなった。[1]

発見の後で、ヤンは所定の手続きに従って、研究に用いた手法について説明する文書を米国農務省に送った。ヤンの主張は、自分はマッシュルームがすでに持っているゲノムを編集しただけで、他の植物のDNA配列を導入するような真似はしていないため、変色防止マッシュルームは規制の対象にはならないはずだというものだった。[2] 除草剤ラウンドアップに耐性を持つモンサント社のラウンドアップ・レディ大豆のようなそれまでの遺伝子組み換え作物は、強力な除草剤に負けないように遺伝子操作で本来はその植物が持たないはずの遺伝子を入れていた。ヤンのマッシュルームは、ただ本来持っていた酵素のはたらきを抑えたに過ぎない。このような遺伝子編集が人間に害を及ぼしたことはないし、仮にこのマッシュルームがたまたま野生化したとしても、他の動植物に影響を及ぼすとは考えられない。生物学の発見の中でも、ヤンの発見はすっきりシンプルでまったく面白みがないという点で突出している。

それでも、発見のニュースは立ちどころに広まり、危険を秘めた「フランケンキノコ」と遺伝子組み換え食品をめぐる熱い論争が巻き起こった。MITテクノロジー・レビュー誌の記事は「規制対象外の遺伝子組み換え作物がついに登場」という出だしで始まっている。「遺伝子組み換え食品はきちんとその旨を表示すべきかどうかという議論がなされているが、次世代の遺伝子組み換え作物はそのことがラベルに記載されないばかりか、規制の対象にすらならない恐れがある」[3]。

サイエンティフィック・アメリカン誌は不穏なタイトルをつけた長い記事を掲載した。「遺伝子組み換えCRISPRマッシュルームが米国の規制を逃れる」[4]科学系メディア以外にも数十社の報道機関、例えばイギリスのインディペンデント紙、中国のポータルサイト新浪、それになぜかテレビのウェザー・チャンネルまでが、規制されない遺伝子組み換えマッシュルームの危険性についての挑発的な報道で不安をあおり立てた。[5、6、7]ペンシルバニア州を拠点とするジョルジオ・マッシュルーム社はヤンの研究を資金面で支援していたが、消費者からの反発を恐れて突然支援を打ち切り、CRISPRマッシュルームを市場に出すつもりは一切なかったと主張した。

合成生物学者の間で「マッシュルーム問題」と呼ばれるようになったこの問題が持ち上がったのは、消費者や、メディアや、規制機関の側にそのような技術の進歩に対する準備がまったくできていなかったからだ。米国では、モンサント社が初めて遺伝子組み換え作物を作り出した1990年代からずっと、バイオテクノロジーの規制が混乱した状態が続いていた。当時の規制の枠組みは従来型農業を念頭に置いて構築されたものであり、遺伝子組み換え植物のことまでは考えられていなかった。モンサント社はロビー活動と広報活動に多額の費用をかけて、規制機関をせかした。その結果、生物学の進歩に合わせて新たな枠組みを整備するのではなく、既存のルールをつぎはぎした間に合わせの規制制度が作られる結果となった。それ以来、規制はほとんど変わっていない。

2018年4月、米国農務省は遺伝子が組み換えられた作物を規制しないことを発表した。[8] CRISPRマッシュルームのときに比べると、この発表はほとんどメディアの注目を集めなかった。だが、そのおかげで食物繊維を増やすように遺伝子を組み換えた小麦や、健康によい脂肪酸を増やした大豆、水や日照時間が少なくても育ち、収穫量も多いトマトが誕生した。

そのわずか数カ月後の2018年11月に、CRISPRマッシュルームへの批判の嵐もかすむほどの大騒動に発展した発表が行われた。中国の科学者、賀建奎《フージエンクイ》は革のブリーフケースを手にし、香港大学で開かれていたヒトゲノム編集会議の壇上を堂々と歩いて行った。講堂を埋め尽くした大勢の科学者たちに告げられたのは、彼がHIVに対する生涯免疫の獲得を目的として、CRISPRでヒト受精卵の遺伝子を編集したという事実だった。賀は、一部の北欧の人々が生まれつき持つ、CCR5Δ32と呼ばれる遺伝子変異を再現する実験を行ったと説明した。この変異が起こると、CCR5タンパク質の32組の塩基配列が欠失することが知られている。同じように遺伝子を編集することで、人間の免疫系で重要な役割を担う細胞がエイズの原因となるHIVウイルスに感染しなくなるはずだというのが彼の考えだった。[9]

彼はこの実験のために数年間にわたって研究を続けていた。まずはマウスで実験し、次にサルで試し、それから8組の夫婦から精子と卵子の提供を受けて受精卵を作り、遺伝子編集に踏み切った。賀は中国、米国、それにヨーロッパの研究者たちに相談し、この研究成果を発表するために査読雑誌に論文を送ったと述べた。今回の研究については両親に内容をしっかり説明したうえで同意を得ており、胚移植の同意書にもサインをもらっているというのが彼の主張だったが、おかしなことに、妊娠中に遺伝子異常の有無を確認するための羊水検査は拒否されていた。

この時点で、発表を聞いていた研究者たちは明らかな警戒の色を見せ始めた。だが、賀はひるむことなく、偶然に他の遺伝子が書き換えられてしまうといった意図しない作用を最小限に抑えられるように苦心したと説明した。「この研究成果を誇りに思う」と彼は言った。その後で、彼はさらなるおどろきの事実を明かした。遺伝子が編集された受精卵は無事に妊娠に至り、すでに双子が誕生していたというのだ。遺伝子編集ベビーとして数週間前に生まれた双子の赤ちゃんには「ルル」と「ナナ」というコードネームがつけられ、中国国内で監視下に置かれていた。[10]

賀の学会発表の内容が世界中で報道されると、研究者たちは彼の論文を隅々まで読んで、報告された手法と結果を詳細に分析した。過去の研究で、賀が行ったようにCCR5タンパク質を編集しても、HIVに対する免疫を獲得できるとは限らないことが示されている。その理由は、HIVの感染はHIVウイルスがCD4と呼ばれる別のタンパク質と結合したときに起こることが多いからだ。CD4タンパク質に結合したウイルスは、さらに別のタンパク質に結合しなければならない。

ＣＣＲ５と結合する場合はあるが、それ以外のタンパク質と結合することもある。ＨＩＶウイルスの型によっては細胞に結合して遺伝子を注入するためにＣＣＲ５を必要とすることもあるが、多くの型ではその必要はない[11]。

このような理由から、研究者たちはルルとナナはＨＩＶの生涯免疫を獲得できていない可能性が高いと判断した。ただし、賀の遺伝子実験は彼女たちの脳に変化をもたらした可能性がある。２０１６年に、ウエスタン健康科学大学とカリフォルニア大学ロサンゼルス校の研究チームが、マウスのＣＣＲ５を編集すると認知能力と記憶力が大幅に改善されることを発見した[12]。この研究成果は査読雑誌に発表され、それをきっかけにした研究も多数行われた。賀もこの研究を知り、ＨＩＶ予防のためと偽って認知能力に関する遺伝子実験を行うことを思いついたのだろうか？この実験で、マウスと同様にルルとナナの学習能力や記憶力が高まった可能性はある。別の言い方をするなら、実験のおかげで彼女たちは頭がよくなったかもしれないのだ。

賀の講演を聞いていた研究者たちばかりでなく、生命倫理学者や政治家も含めた幅広い科学コミュニティからもすぐに賀の実験を非難する声が挙がった。彼は、効果が永続的で、子孫に遺伝する可能性もある遺伝子の改変につながるようなヒト生殖細胞系列のゲノム編集は認められないという世界的なコンセンサスに反した。子供たちの両親から同意書に署名をもらったと言っても、体外受精に取り組んでいた夫婦に実験やそれに伴うリスクについての十分な情報が与えられ、事の重大さを理解したうえで実験を承諾したとはとても思えない。研究の過程で賀と連絡を取り合っていた科学者や、彼の初期の発見をチェックしたという科学者は誰も名乗り出てこなかった。賀は香港の学会の別のセッションでも講演が予定されていたが、主催者の判断で見送られた。2番目の発表のテーマは何だったのか？「ヒト生殖細胞系列遺伝子編集の安全性および有効性に関する基準と倫理原則の作成に向けたロードマップ」というのがそのタイトルだった[13]。

だが、1つ言えることがある。ヒト受精卵の意図的な遺伝子操作をはっきりと禁止する規制は存在しない。2003年に中国共産党は、受精後の利用を14日以内とする条件をつけて、受精卵を使った遺伝子編集実験を正式に許可した。もし賀が説明した通りに実験を進め、その結果として赤ちゃんが誕生したことが事実なら、彼は規則を破ったことになる。気づけば中国共産党はこの世界的な騒動に巻き込まれていた。同党は世論に敏感に反応し、中国のソーシャルメディアで賀建奎や遺伝子編集ベビーの双子に関するあらゆる投稿への検閲を開始した。賀は政府に恥をかかせ、規制システムの機能不全を白日の下にさらし、科学者たちの倫理面での合意は何の抑止力にもならないことを残酷なまでに見せつけた。彼の発表は、中国が米国に対抗できるように天才を生み出すための優生学的な遺伝子操作研究を支援する中国政府の動きを暴露するためだったという大胆な予測まで飛び出した。2020年、中国の裁判所は賀に「違法な医療行為」による懲役3年の実刑判決を下し、彼の研究を手伝った2人の研究者にはもう少し懲役期間の短い判決を言い渡した[14]。

マッシュルーム問題とCRISPR編集ベビーの誕生は、合成生物学にまつわる一連のリスクを明らかにした。誕生した双子は、優れた技術を持った専門家が独断で人類の未来に影響を与えるような行動に踏み切れてしまうという不安をぬぐえない、新たな現実を示してくれた。変色しない遺伝子組み換えマッシュルームを自然界で育てても環境に影響はないかもしれないが、このマッシュルームの登場は私たちの現在の規制の枠組みの不備と、生物学に関する基本的情報の周知不足を露呈した。だが、本当に心配なのは、未来に待ち構えるリスクがオープンに議論されていないことだ。マッシュルームを白いままに保つ遺伝子を切り取れば、すぐに茶色に変色し、腐りやすいマッシュルームを作れる可能性がある。グローバル化に反対する過激派が農作物の遺伝子を操作して、短期間で腐り、輸送に耐えられないものに変えることだってできるかもしれない。そうなれば、ほとんどが貿易頼みの現在の世界の食料供給は大打撃を受ける。それに、改善と能力向上を隔てる境界線を、私たちはどのあたりに引くのだろうか？健康を改善するためのゲノム編集を認めるなら、太りにくい体や筋力強化なども そこに含まれるようになるかもしれない。社会は遺伝子を操作して能力を高める人々と、生まれつきの運命を受け入れる人に分かれるのだろうか？これらは、わかりやすい倫理・哲学の問題にとどまらない重要な問いかけだ。一度解き放たれた生物学は、規模を拡大しながら自己複製を続け、世代を超えて再生産され、維持されていく。合成生物学は、影響が長期に及ぶことが多い。これから紹介する9つのリスクは、私たちが合成生物学の新時代にかしこく移行できなければ、未来が収拾のつかないものになりかねない可能性を示唆している。

――リスクその1　デュアルユースのジレンマ

1770年、ドイツ生まれの化学者カール・ヴィルヘルム・シェーレは実験をしているときに、有毒ガスを作り出してしまったことに気がついた。彼はこの気体を「脱フロギストン海塩酸」と名づけた。私たちが現在、塩素と呼ぶ物質だ。[15] それから145年後、ドイツの化学者フリッツ・ハーバーがアンモニアを合成し、大量生産する方法を発明して、現在のような肥料産業を生み出し、農業に革命をもたらした。ハーバーは1918年にノーベル化学賞を受賞した。だが、その研究成果から化学兵器開発計画が持ち上がり、過去のシェーレの発見も利用しながら完成させた兵器をドイツは第一次世界大戦で使った。[16]

これは「デュアルユースのジレンマ」の例だと言える。デュアルユースとは、本来は人のためになる科学・技術研究が意図的にあるいは偶然に悪用できることを意味する。化学でも物理学でも、デュアルユースのジレンマはかねてより不安視されており、問題になりそうな研究の用途を限定する国際条約が結ばれた。「化学兵器の開発・製造・貯蔵および使用の禁止並びにこれらの廃棄に関する条約（化学兵器禁止条約）」には130カ国以上が署名し、科学や医療の研究に使用されることがある多くの危険な化学物質は監視と点検が義務づけられている。例えば、トウゴマの種に含まれるリシンは微量でも人間を死に至らしめる猛毒だ。霧状や粉末状になっていると短時間の曝露でも命を落とすことがあるため、化学兵器禁止条約のリストに入っている。耳の感染症や耳垢栓塞の治療に使用されるトリエタノールアミンは、化粧品の増粘剤、シェービングフォームのpH調整剤としても使われているが、マスタードガスの名で知られるHN3の製造にも用いられるため、やはりリストに名前が挙がっている。

化学、物理学、人工知能のデュアルユースを監視するためにも、同様の国際条約、議定書、規制機関が存在する。だが、合成生物学は登場してから日が浅く、そのような条約はまだ存在しない。それでも、科学界の内部では悪影響が出ないようにするための方法について、数十年間にわたる議論が重ねられてきた。
ニューヨーク州立大学ストーニーブルック校の研究チームは、2000年から2002年にかけて、公開されている遺伝子情報と、市販されている化学物質と、合成受託サービスで手に入るDNAだけを使って、何もないところから生きたウイルスを合成できるかどうかを検証する実験を行った（このプロジェクトは、生物兵器戦争対策プログラムの一環として、国防高等研究計画局から30万ドルの支援を受けた）。チームは短いDNA断片を購入し、苦心の末にそれらを組み合わせて、再現しようとしている野生株と合成ウイルスの区別がつくようにするために19カ所にマーカーを追加した。
彼らの挑戦は成功した。米国で同時多発テロ事件が起こってから最初の独立記念日が祝われた（その記念日を狙って再び恐ろしい事件が起こるのではないかと危惧されていたが、何事も起こらず多くの人々が胸をなでおろしていた）直後の2002年7月12日、この研究チームは遺伝子配列と誰でも（アルカイダでも）手に入るような材料と設備を使ってポリオウイルスの合成に成功したと発表した。彼らがウイルスを作製したのは、テロリストが生物兵器を製造できる可能性があること、悪人が天然痘やエボラのような危険な病原体を兵器化するために、もはや生きているウイルスを必要としなくなったことを警告するためだった。[17]
ポリオウイルスは、おそらくはこれまでに最も研究されてきたウイルスで、実験が行われた時点で世界各地の研究所にウイルスのサンプルが保管されていた。この研究チームの目的は、ポリオウイルスを自然界に再び持ち込むことではなく、ウイルスを合成する方法を調べることだった。このような種類のウイルスをゼロから作り上げた例はそれまでになく、米国防省はこの研究を大きな技術的貢献だとして称賛した。ウイルスのＤＮＡを合成する方法を知ることは、米国がウイルスの変異やワクチン耐性の獲得、兵器化について新たな知見を得る助けにもなる。生物兵器として使われる方法を研究するためにウイルスを作製するのは、法的に問題になりそうに思えるが、プロジェクトはどのデュアルユース条約にも違反していなかった。微生物、ウイルス、生物毒素のように人間と動植物に害を及ぼすことを目的として使用される可能性がある病原体の製造を違法とし、細菌兵器を明確に禁止した1972年の条約にも抵触しない。それでも、科学界はひどく腹を立てた。意図的に「合成ヒト病原体」を作り出すのは「無責任」だとクレイグ・ベンターは発言した。だが、これだけでは終わらなかった。[18]

世界保健機関は1979年に天然痘の根絶を宣言した。これは人間にとって大きな成果だった。天然痘は感染性が非常に高く、治療法が確立されていない恐ろしい病気だからだ。高熱、嘔吐、強い腹痛、発疹などの症状が現れ、痛みを伴う黄色の膿が詰まった膿疱がのどにできて、そこから口、顔、目、額、さらに全身へと広がっていく。ウイルスの活動が活発になるにつれて、足の裏や手のひら、殿溝《でんこう》や背中全体にまで発疹が広がる。体を動かして発疹ができた場所に力がかかると、神経と皮膚を突き破ってうろこ状の死んだ組織やウイルスが含まれるどろりとした液が流れ出し、跡が残る。

現在、わかっている限りでは、天然痘のサンプルが保管されている場所は米国疾病予防管理センターと、ロシア国立ウイルス学・生物工学研究センターの2カ所しかない。長年の間、セキュリティの専門家と科学者たちはこれらのサンプルを破壊するかどうかについて議論してきた。これ以上、世界的な天然痘の流行を招きたくはない。しかし、この議論は2018年に意味のないものになった。カナダのアルバータ大学の研究チームが天然痘の近縁種で、すでに完全に姿を消していた馬痘《ばとう》の合成に成功したのだ。チームがオンラインでDNAを注文してから6カ月しかかからなかった。馬痘の作製手順を応用すれば、天然痘も作製できる。[19]

チームはウイルスを合成した方法の詳細な説明をオンラインで誰も読める査読つき科学雑誌、プロス・ワンで発表した。公開された論文には、彼らが馬痘をよみがえらせるために使用した方法と、他の研究室で実験を再現するときのコツも書かれていた。チームの名誉のために言うと、この研究が発表される前に、研究の責任者が遺伝子組み換えマッシュルームを扱っていたヤンと同じように、所定の手続きに従ってカナダ政府に情報を伝えていた。さらにチームは利益相反についての情報も公開した。研究者の1人はバイオテクノロジー企業のトニックス・ファーマシューティカルズ社のCEO兼会長だったが、同社は神経疾患に対する新たなアプローチを研究しており、1年前にアルバータ大学と共同で「合成キメラポリオウイルス」の特許を米国で出願していた。カナダ政府やプロス・ワンの編集部を含めて、誰も論文の取り消しを求めてはこなかった。

ポリオウイルスと馬痘の実験は、善意の目的のために生み出された技術を使ってウイルスを合成した。科学者とセキュリティの専門家は別のことを恐れている。テロリストは恐ろしい病原体を合成するだけでなく、それらを意図的に変異させて病原性や回復力や感染速度を上げることもできるはずだ。科学者たちは、最悪の事態を想定できるように、高度封じ込め施設で病原体を作製して研究している。

オランダのロッテルダムにあるエラスムス医療センターのウイルス学者ロン・フーシェは、2011年に鳥インフルエンザウイルスH5N1の機能獲得変異に成功したと発表した。従来の鳥インフルエンザは主に鳥の間でしか感染しないが、フーシェはこのウイルスが鳥からヒトに感染し、さらにヒトとヒトの間でも感染する可能性がある、高い病原性を持った変異株について研究していた。

新型コロナウイルスが登場するまで、H5N1ウイルスは1918年のスペイン風邪以来最悪のウイルスとして恐れられていた。フーシェが実験を行っていた時点でH5N1に感染した人間の数はわずか565人だったが、致死率は高く、感染者の59パーセントが死亡している。フーシェは、自然に発生したインフルエンザウイルスとしては人類が直面した中でも特に危険なウイルスを研究し、さらに危険なものに変えた。彼はH5N1を空気感染するように変異させ、感染力を大幅に高めたと語った。

H5N1のワクチンはまだ開発されておらず、治療に承認されている抗ウイルス薬に耐性を持っているウイルスもすでに存在する。米国政府も資金の一部を出していたフーシェの研究は科学者やセキュリティの専門家をふるえ上がらせ、米国立衛生研究所のバイオセキュリティ国家科学諮問委員会がサイエンス誌とネイチャー誌に対し、発表前に論文の一部の編集を求めるといった異例の動きを見せた。みんなが恐れていたのは、研究の詳細や変異データの一部が悪徳科学者や敵対する国家、テロリスト集団の手にわたり、H5N1の感染性を大幅に高めた変異種が生み出される可能性だった。[20]

私たちは感染症の世界的大流行に見舞われたばかりだが、もう一度そんな経験をしたいとは誰も思わないだろう。新型コロナウイルスのワクチンはできたが、まだ私たちはウイルスとの共存を迫られている。本書の執筆時点で、米国内でも気がかりな変異株がいくつか見つかっている（イギリス由来のB・1・1・7、南アフリカ由来のB・1・351、ブラジル由来のP・1、デルタ株ことインド由来のB・617・2）。天然痘と同様に、いずれ私たちが新型コロナウイルスを根絶するとしても、その前にさらなる変異が起こり、多数の変異株が登場するに違いない。中には、私たちが見たことがなく、想像したこともないような形で体に影響を及ぼす変異株もあるかもしれない。だが、ウイルスの変異に関しては、いつどのように起こるのかなど、わからないことも多い。

ウイルス研究は安全性に細心の注意を払い、厳しい管理ポリシーが厳密に適用される研究所で行ってほしいと願うのは当然だろう。世界保健機関が天然痘の根絶を宣言する少し前に、イギリスのバーミンガム大学医学部で医療用写真を現像する仕事を担当していた職員のジャネット・パーカーは、発熱と体の痛みを訴えた。数日後、彼女の体に赤い発疹が現れた。当初、彼女は水ぼうそう（水痘）にかかったのだろうと思われていた（水痘ワクチンはまだ開発されていなかった）。水ぼうそうなら小さな吹き出物のような丘疹が出るはずだが、彼女の体にできた発疹はもっと大きく、黄色っぽい乳白色の液体が詰まっていた。病状はさらに悪化し、医師たちは、パーカーが勤務していた建物内にあったウイルスを扱う研究室の管理がずさんだったために、彼女が天然痘に感染した可能性が非常に高いと断定した。研究室の責任者は、パーカーが天然痘と診断された直後に自殺した。残念ながらパーカーは助からず、天然痘により死亡した最後の人間となった。[21]

ウイルス変異を正確に予測できるというメリットは、ウイルスの機能獲得研究（要するに、わざとウイルスを変異させて病原性や感染力や危険性を高めるような研究）を公開するリスクに勝るのか？ 答えは尋ねる相手（というより尋ねる機関）によって変わる。国立衛生研究所は2013年にH5N1をはじめとするインフルエンザウイルス研究に対する一連のバイオセーフティガイドラインを発表したが、範囲は限定的で、インフルエンザ以外のウイルスは対象外だった。

2014年に米国科学技術政策局が発表した機能獲得実験のリスクとメリットを評価する新たなプロセスでは、インフルエンザに加えて、MERSやSARSウイルスも対象となった。だが、新たな政策の導入は、インフルエンザワクチンの開発を目的としたこれまでの研究も足踏みさせた。そこで、2017年にバイオセキュリティ国家科学諮問委員会が、そのような研究に公共の安全に対するリスクはないと判断したことを受けて、米国政府は軌道修正に入った。2019年、（おどろいたことに）米国政府はH5N1鳥インフルエンザの感染力を高めることを目的とした新たな機能獲得実験への資金提供を再開すると発表した。一方、このような一連のどたばたは、悪意ある人間がオープンソースの研究論文にアクセスしたり、メールでDNAを注文して受け取ることを防ぐ役には立たなかった。

合成生物学に関して、セキュリティの専門家は将来的なデュアルユースの問題を特に心配していた。市民の安全を守る従来のセキュリティ戦略は、遺伝子操作の産物やデザイナー分子を生物兵器として使用する敵には通用しないだろう。生化学者で米陸軍士官学校の研究副責任者を務めるケン・ウィッキサー博士は、2020年8月に学術雑誌のCTCセンチネル誌に、現代のテロの脅威をテーマにした論文を投稿し、次のように書いた。「合成生物学の分子工学技術が強化されて広まるにつれて、これらの脅威が実現する可能性は確かなものになりつつある。（中略）これらの技術が生み出す脅威の状況の変化に匹敵するのは、原子爆弾の開発くらいしかない」[22]。

――リスクその2　生物学は予測不可能

ヒトゲノム計画が終了した後で、クレイグ・ベンターと彼のチームはゲノムを読む作業から、書く作業へと方向転換した。チームには、ゲノムを最小限までそぎ落とし、それでも生存と繁殖が可能な生物を作るという類を見ない目標があった。ベンターは考えていた。もし微生物のゲノムを生きていくために最低限必要な部分だけを残すように編集できたとしたら、生命のソースコードを明らかにできるのだろうか？　そして、私たちがそのような知識を手にしたとしたら、まったく新たな生物を作り上げることができるのだろうか？　ベンターと共同研究者のハミルトン・スミスは、生きていくために最低限必要なゲノムは基礎構造のようなもので、そこを土台として他の遺伝子が機能を付け加えていくのではないかという仮説を立てた。

彼らは、マイコプラズマ・ジェニタリウムと呼ばれるきわめてわずかなゲノムしか持たない細菌を使って、やや異なる配列を持つ新たな細菌を合成できるかどうかを調べることにした。そして、チームは2010年5月に驚くべき発見をした。彼らがマイコプラズマ菌の細胞のDNAを破壊して、自分たちが作成したDNAに置き換えると、細胞は自己複製を始めた。彼らはこの生物にJCVI‐syn1・0、略してシンシア（Synthia）と命名した。第1章でJ・ロバート・オッペンハイマーの言葉と、ジェイムズ・ジョイスの詩と、プロジェクトに携わった研究者たちの名前がこっそり配列に書き込まれた細菌の話をしたが、それがシンシアだ。

ベンターによれば、コンピューターによって生み出された自己複製する生物種は地球上で初めてだという。もっと正確に言えば、シンシアは20人の科学者チームとコンピューター軍団が協力し、何千回もの選択を重ねて作り上げた。シンシアは「今や地球の生物種の仲間入りをした」とベンターは語った。プロジェクトはベンターのチームが生命の基本原理を理解することを目的として組まれた。彼らが探ろうとしていたのは、最小限までゲノムをそぎ落とされた細胞は、地球上のあらゆる生命に共通する最新の祖先との類似性があるという原理だ。[23]

チームがこの研究成果を公表する前に、ベンターはホワイトハウスにメッセージを送り、プロジェクトによって生じる政策へのさまざまな影響、セキュリティ上の課題、倫理面の問題について政府関係者への事情説明を申し出た。話を聞いた政府関係者は、シンシアへの対応に戸惑った。彼らは研究を公表しないことも検討したが、合成生物学の研究者の多くは生存に必要な最低限のゲノムを突き止めるベンターのプロジェクトのことをすでに知っていた。政府関係者は研究の公表を勧める一方で、生命倫理問題研究に関する大統領諮問委員会に、この画期的な成果から予測される影響を調査して、6カ月以内に報告書を作成し、政府が手をうつべきことがあれば提言を添えて提出するように指示した。

「進化の系統樹に新たな枝を作り出し、人間が新たな生物種を形成してコントロールするというベンターの先進的な業績はノーベル賞に値する」とは、オタワ・シチズン紙に掲載されたアンドリューの発言だ。[24]だが、みんながアンドリューのような楽観的な見方をしていたわけではなかった。ベンターの研究成果が発表されると、激しいメディアの取材攻勢が始まり、突拍子もない憶測が飛び交った。

「これはもっと物議をかもすようなこと、自然な進化では決して生まれないような能力や性質を備えた生物の誕生へと向かう一歩だ」とオックスフォード大学の倫理学教授、ジュリアン・サヴレスクはガーディアン紙に語った。「実現するとしてもかなり先のことになるだろうが、可能性はかなり高く、現実的だと言える。汚染やエネルギーの問題の解決、新たな通信手段の誕生につながるかもしれないが、リスクもまた計り知れない。将来的には極めて強力な生物兵器の開発に利用される恐れもある」[25]。活動家団体でバイオテクノロジー批判派のＥＴＣグループは、ベンターの研究を原子の分割に例えた。「私たちはこの憂慮すべき実験から生じる影響にみんなで対処しなければならない」。宗教団体はベンターが神のようにふるまったことに激怒し、彼の逮捕を望んだ。[26]

生命倫理問題研究に関する大統領諮問委員会は、生存に必要な最低限のゲノムを作り出すことによるメリットとリスクを比較検討するための基準を策定することになった。もしも、シンシアのように人間の手で生み出された生物が研究所から逃げ出したら、どんなことになるだろうか？ベンターとチームが注意深さに欠けていたり、安全対策をきちんと実施していないのではないかということが心配されているわけではない。ベンターが問題なのではなく、他の研究者たちがベンターの研究の影響を受けることを専門家は心配する。科学の世界では、新たな発見を誰よりも早く査読雑誌で発表し、真っ先に特許を申請できるように、熾烈な競争が日々繰り広げられている。インスリンの合成やヒトゲノムマップの作成における競争を見ていればわかるように、科学の発見に関して言えば、2位では何も手に入らない。

ベンターと共同研究者のスミスは、すでにシンシアの先を見すえていた。彼らはマイコプラズマ・ジェニタリウムから100個の遺伝子を取り除いても機能に大きな影響はないはずだと考えていたが、どの100個を編集すればいいかわからずにいた。彼らは数百通りの縮小版のゲノムを合成し、最終的にうまくいきそうな候補を細胞に入れられるように、さまざまな組み合わせを試した。2016年、ベンターのチームは遺伝子数を473個まで減らした単細胞生物、JCVI-syn3.0を作り出した。知られている中では最も単純な生物だ。[27] この生物のふるまいは科学者の予想を裏切った。自己複製された細胞は奇形だった。科学者たちは、遺伝子の数を減らしすぎて、正常な細胞分裂に関わる遺伝子まで取り去られてしまったのではないかと考えた。チームは再び遺伝子配列の絞り込みを繰り返し、2021年に新たな変異株JCVI-syn3.Aを発表した。遺伝子数はやはり500個未満だが、ふるまいは通常の細胞に近い。[28]

もう一度強調しておくが、おかしなふるまいを見せるJCVI-syn3.0が研究所から逃げ出して、何らかの害を及ぼす可能性は限りなく低い。だが、生物学は複雑につながりあっていて、好むと好まざるとにかかわらず、自立して動き出す傾向がある。生存に最低限必要なゲノムや新たな生物を作ることは、連鎖的な効果を生み、野放しになると手に負えなくなる可能性もある。大統領諮問員会の報告書には、組み換え遺伝子が野生種や在来種と混ざり合ういわゆる「異種交配」の危険性について書かれている。異種交配が起こると、他の植物を枯らす作用を持つ新種の雑草や、昆虫、鳥などの動物に病気を広める新たな病原微生物などが生まれかねない。研究室の事故や隔離の不備があれば、今は害のない研究用の細菌が、明日には生態系を破滅させるかもしれない。

リスクその3　DNAのプライバシーが危険にさらされる

2019年12月、謎に包まれた無名の団体、アーネスト・プロジェクトが、ダボスで開催された世界経済フォーラム年次総会で使用されたフォークやワイングラス、紙のコーヒーカップからこっそりDNAを採取することに成功したと発表した。アーネスト・プロジェクトはウェブサイトを立ち上げてオークションカタログを作成し、各国首脳や有名人の遺伝子データを販売する計画を発表した。当時のドナルド・トランプ米大統領やドイツのアンゲラ・メルケル首相、ミュージシャンのエルトン・ジョンの遺伝子の情報が最高入札者に提供されるというのだ。DNAサンプルが本物かどうかを確認する手段はないが、問題は、トランプの遺伝子データの販売を禁じる法律がないことだった。アラスカ州、ニューヨーク州、フロリダ州では誰かのDNAをこっそり盗むことは法律で禁止されており、誰かの髪の毛を許可なく引き抜いたりすることも違法行為にあたる。だが、誰かが捨てたものからDNAを採取して、好きに扱うことを禁じる連邦法は存在しない。

トランプの大統領在任中は、すべての米国大統領がそうだったように、シークレットサービスが身辺を警護していた。大統領が訪れたあらゆる場所を掃除し、すべてのゴミを集めて捨てることも彼らの仕事のうちだ。トランプが汚したナプキンや食事に使ったプラスチックフォークから集めたDNAサンプルがあれば、例えば若年性パーキンソン病やアルツハイマー病などに関連する変異があるかどうかなど、彼が持つ遺伝的変異を明らかにできる。また、1990年代にトランプにレイプされたというニューヨーク誌のコラムニスト、E・ジーン・キャロルの主張も証明、あるいは否定できる可能性がある（彼女はレイプ被害にあったときに着ていた服を保管しており、それにトランプのDNAが付着していると言っていた）。捨てられたマクドナルドの包装紙やダボス会議で使われたナプキンを手に入れることができれば、彼女は自力でトランプのDNAを解読できたはずだ。だが、合成生物学の力をもってすれば、この遺伝子配列からその相手をターゲットにした生物兵器を作り出すこともできる。生物兵器は必ずしも広範囲の死や病気の大流行をもたらすものばかりではない。

DNAはタフで、条件が整っていれば何千年もそのまま保たれる。VIPの大多数は、細かいところまで目を光らせ、あたりをきれいにして回る用心棒を連れて旅をしているわけではない。エイミーは、ジョー・バイデンが大統領に選出される以前に、ワシントンD.C.とボストンを結ぶ鉄道で彼とよく乗り合わせていた。その路線でバイデンがいつも利用していたファーストクラスの車両では、朝食と昼食と夕食が食器とカトラリー付きで提供されていた。エイミーは別の機会にも鉄道で連邦最高裁判所判事のクラレンス・トーマスと乗り合わせたことがある。列車に乗っている間、彼は何度かティッシュペーパーで鼻をかみ、それを残したままニューヨークの街に消えていった。

もし列車にいた誰かが彼の、あるいはバイデンのDNAサンプルを集めようとしていたら、どうなっただろうか？ 大統領選挙が始まったばかりの時期は、地方遊説のたびに包み紙やナプキンまで一枚残らず集めて回るレベルの警護がつくことはない。もし、2023年に次の大統領選挙が始まり、大勢の候補者が擁立されて、悪意ある人間が候補者全員のDNAサンプルを集め、解読したらどうなるだろう？候補者が2人に絞られる頃が彼らにとってデマを流す好機だ。スキャンダルをでっちあげ、暴行の証拠を出し、候補者の民族性や出生地に疑問を呈し、表に出てこない遺伝疾患や候補者のリーダーとしての資質に関する不安をあおる。あるいは、候補者を狙い撃ちにする微生物やウイルスを開発することもできるかもしれない。

このことを踏まえると、2019年頃にデューク大学で行われていた研究が一層興味深く思える。デューク大学の研究チームは、プログラムに従って群れで行動するスウォームボットを開発した。これは遺伝子操作をした特別な微生物が命令に合わせて破裂し、タンパク質を放出するというものだ。これは実によく考えられたアイデアで、微生物は群れから離れると死ぬようにプログラムされている。合成生物学の技術は、遺伝子組み換え生物があるべき環境から逃げ出さないようにする安全装置としても利用できる。実証実験では、デューク大学の研究チームが非病原性大腸菌の遺伝子を操作して、抗生物質の効果を中和する化学物質を作れるようにした。この大腸菌が群れの中にいる限り、抗生物質を浴びせられたとしても、菌に害が及ぶことはない。もし菌が1匹だけ遠くに離れると、薬から守られなくなり、たちどころに死んでしまう。しかし、破裂して有害な化学物質をまき散らす病原性微生物のスウォームボットを、誰かが設計することも起こりうるかもしれない。[29]

さらに、遺伝配列を書き換えて特定の個人を狙う専用ウイルスが作られる恐れもある。2021年5月にまれな遺伝疾患により視力を失った人々の視覚を取り戻させるという画期的な研究が考案された。この研究によって、患者の体内にあるDNAをCRISPRで編集する方法も示された。この病気の患者はCEP290遺伝子に異常があり、網膜で光を感じる細胞がゆっくりと破壊される。病気が進行すると健康な視細胞がほとんどなくなるため、視力が低下し、網膜は外の世界をのぞく小窓のような状態になる（鉛筆の先を思い浮かべてほしい）。網膜は非常に複雑で極めて繊細なため、移植はできない。細胞を取り出して、研究室で処置をするという作業も困難を極める。そこで、研究チームは網膜内部の細胞に自らＣＲＩＳＰＲを行う力を持たせるような遺伝子の命令を運ぶ、有益なウイルスを作り出す方法を探し出した。（すでに説明したように、ウイルスは命令を運ぶ入れ物にすぎず、ウイルス自体は体に有益な場合もあれば害をもたらす場合もある）。チームはこのウイルスのコピーを億単位で、この病気で視力を失った数人の患者の網膜に注入した。これまでのところ、この実験はうまくいっているようだ。ＣＲＩＳＰＲはミクロな外科医のようにはたらき、ＣＥＰ２９０変異を編集して光を感じる細胞を修復し、最終的には患者の視力を回復させた。これは常識をひっくり返すようなおどろきの研究だ。だが、デュアルユースの可能性を考えれば、他のウイルスに反対の力——変異を修復するのではなく、変異させる力——を持たせる遺伝子操作もできるかもしれない[30]。

　前の章で、自己複製能力を持ち、人間の体のどんな細胞にも変わる多能性幹細胞の話をした。多能性細胞はあちこちに残った遺伝物質から簡単に取り出すことができる。いつの日にか、これらの細胞のおかげで人間はもっと簡単に子供をもうけられるようになるかもしれない。だが、もっと先の未来に、誰かがこれらの細胞を利用して、例えば腎臓などの臓器を狙ってゆっくりと進行する感染症を作り出したとしたらどうなるだろう？最初のうちは糖尿病を疑うかもしれないが、次第に薬が効かないことがわかってくる。やがて腎不全を起こして透析が必要になり、最終的には死に至る。

　そんなシナリオはいくらでも思い浮かぶ。不満を抱えて会社を辞めた人間が、上層部のＤＮＡを人質代わりに身代金を要求してくるかもしれない。悪党がCEOの微生物叢をかき集めて解析し、彼の胃腸に合わせて持続的な消化器の不調を招くような微生物を作り出すかもしれない。米国証券取引委員会は、CEOが事業に悪影響を及ぼすような重大な病気にかかった場合は、その事実を公表するように上場企業に求めている。しかし、バイオハッキングの検査や、情報公開に関する規定はまだない。

では、生体情報を監視するバイオサーベイランスについてはどうだろうか？トランプ政権は、米国への入国希望者全員に虹彩や掌紋などさまざまな生体認証情報を提出させ、DNAも採取するという計画を承認した（幸いにも、この計画が実行に移されることはなかった）。だが、同政権は移民収容者からのDNAサンプルの収集を開始し、政府のデータベースにそのデータを保存していた。今後、民間保険会社が加入者のDNA情報へのアクセスと引き換えに、保険料を安くするといったことも起こるのだろうか？生命保険会社、住宅ローン会社、あるいは銀行が審査の過程でDNAの提出を義務づける可能性もあるだろうか？グーグルやアップルやアマゾンのような大きな影響力を持つIT企業が、登録されている利用者情報に遺伝子データを連携させ始めたら、どうなるだろう？これらの企業はどこも、健康と生命科学の分野への多額の投資を進めている。最近では、企業が利用者の個人情報を集め、それを利用して収益につなげる監視資本主義も話題になっているが、そのように企業が監視するデータに遺伝子配列も含まれるようになる可能性も否定できない。

いずれは、私たちが最も心配しなければならないセキュリティの問題はDNA情報の流出ということになるかもしれない。要するに、これから私たちが足を踏み入れようとしている時代では、生物学が情報セキュリティ問題の主役になる可能性があるかもしれないということだ。

——リスクその4　規制がひどく遅れている

髪型はソフトモヒカン、明るい色の前髪に派手なピアスをつけ、あごひげを生やしたジョサイア・ザイナーは一見、騒々しいパンクバンドのベーシストか何かのように見える。しかし、それは違う。彼の正体は、シカゴ大学で博士号を取得した立派な分子生物物理学者だ。「何か美しいものを作ろう」と呼びかけるタトゥーを入れたザイナーは、かつてNASAの合成生物学研究員として、プラスチックを分解してリサイクルする微生物の開発や火星の土を固める方法の研究に関わっていた。だが、彼は徐々に宇宙探査への興味を失っていった。人間の体の方が、探るべき秘密がたくさんあったからだ。

2015年、ザイナーはクラウドファンディングサイトのインディーゴーゴーで、研究に興味があるアマチュアにDIY CRISPRキットを提供するというクラウドファンディングを実施し、見事に目標額を達成した。キットを紹介する動画では、自宅の冷蔵庫の中で食品の隣に置かれたシャーレが映し出されていた。どう見てもバイオ関連の商品を扱うときの安全性に配慮しているとは思えない光景だ。

ザイナーがクラウドファンディングで手にした金額は、当初の目標額の7倍近くの6万9000ドル以上にのぼった。自分が開発したキットに興奮し、本人いわく「座っているだけで何もしない」科学者たちののんびりしたペースと「システムにうんざりしていた」彼は、NASAを早期退職した。[31] インディーゴーゴーで手にした資金を元手にして、ザイナーはオープン・ディスカバリー研究所（ODIN：オーディーン）という新会社を設立した。オーディーンは北欧神話に登場する、自由に姿を変えながら予言と魔術と知恵と死をつかさどる神だ。博士号を持つ研究者がそろったNASAでしか実験をできない理由はないはずだ、というのが彼の考えだった。誰もが生物学を利用してちょっとした試行錯誤に取り組むことは認められるべき、いやむしろ推奨されるべきではないのか？ 自然は誰の前にも平等に開かれている。それに手を加えるためのツールも同様に扱うべきではないだろうか。

インディーゴーゴーの後のザイナーの最初のプロジェクトは、誰でも微生物の遺伝子を組み換えられるキットだった。彼はウェブサイトを立ち上げ、クラゲから発見された遺伝子を利用して、暗闇で光るビールを自分で作れるキットを160ドルで販売することにした。ヤンやフーシェとは違って、ザイナーは一切の規則に縛られなかった。査読雑誌に論文を送ったり、国内の規制機関に実験方法を届け出たりすることもなかったし、DIYバイオコミュニティ内で確立されているガイドラインにすら従わなかった。バイオ材料専用の冷蔵庫を用意しなければならないとも言わなかった。それでも、公平のために言うなら、バイオセーフティを管理する世界共通の研究基準は存在しない、という点は指摘しておく必要があるだろう。

ザイナーのクラウドファンディングが成功し、CRISPRを使って誰でも生物を編集できるようにしたことに、彼が規則を無視することを快く思わないFDAが目をつけた。蛍光物質は着色料として添加物に分類される。したがって、ザイナーの光るビールキットは厳格な手続きを経て承認を受ける必要があるというのがＦＤＡの言い分だった。だが、彼はビールのような規制の対象となる食品を販売しているわけではないため、規制を適用できるかどうかは微妙なところだった。彼は、誰に販売しても法律に触れることはない安っぽい実験器具と一緒に遺伝子の命令書を売っているだけだ。ザイナーはＦＤＡを無視して、キットの販売を続けた。ＦＤＡがそれに対抗する手段はなかった。

米国内の規制はつぎはぎだらけだ。一般的に対象となるのは製品だけで、プロセスは対象にならない。理由は簡単、政府はイノベーションの芽をつぶしてしまわないように、問題が出てくるまでは介入しないからだ。１９７０年代の初めにＤＮＡ組み換えツールが初めて登場したとき、大腸菌を使ってある生物種と別の生物種の遺伝子を置き換えることを妨げる規制はなかった。微生物学者たちはこれを画期的な大発見として歓迎した。一方、政府はこの発見や、これをきっかけとして将来どんなものが生まれるかに興味を示さなかった。

１９８０年代には、企業が組み換えＤＮＡを利用して微生物や植物を商品化するようになった。そこまで来てもまだ規制は整備されていなかったが、１９８６年に米国科学技術政策局が大統領に進言し、そのような問題に関して諸機関が連携し、計画が作成されることになった。だが、遺伝子を操作された製品を管理する新たな法律を作るという大変な道が選ばれることはなかった。結局は、バイオテクノロジーそのものに害はなくても、特定の製品にはその可能性があると考える基本方針の下で、生物学の進歩を監視する仕事がＦＤＡと環境保護庁、それに農務省という3つの機関に任せられた。バイオテクノロジー規制の調和的枠組みと呼ばれる計画の下で、以前からある法律が整備し直されることになった。1992年に法改正が行われたものの、この枠組みにはあいまいな部分が多い。各機関の役割と責任が必ずしも明確ではなく、これらの機関がバイオテクノロジーの進歩に備える長期的な戦略はない。

考えてもみてほしい。調和的枠組みの下で農務省は植物を規制する。植物を病気にかからせる微生物を誰かが作ったとしたら、農務省が対応する。だが、農作物への影響がほとんどないとしたら、農務省の目は届かない(これがマッシュルーム問題が起こった原因でもある)。環境保護庁の主な役割は、人間の健康と環境を外部の脅威から守ることだ。ここには、学術研究に利用される微生物は含まれないが、病害虫のDNAを入れたり、遺伝子を運ぶベクターとして病害虫を使った遺伝子組み換え生物は規制の対象となる。つまり、毒性のある化学物質が生成される可能性があるバイオ燃料や化学肥料、殺虫剤は規制することができる。そのような危険性がなければ、環境保護庁のチェックは入らない。

FDAの仕事は、食品や飲料、医薬品、医療機器などの安全性を守ることであり、薬、食品、食品添加物、サプリメント、化粧品などを作るために使われる遺伝子組み換え生物を規制する。そのため、FDAはあらゆる遺伝子組み換え生物を監視して、人間が使用しても安全な基準を満たしているかどうかを確かめる。

だが、これらすべての規制を徹底することはむずかしい。農務省がいちいち研究を見張っているわけではないし、施設の立ち入り検査や定期監査すら実施されていない。調和的枠組みの下では、商品を販売しようとする企業が自発的に報告書を提出し、その商品が誰かを死に追いやる危険がないことを証明する。問題のマッシュルームは殺虫効果や毒性のある化学物質を作り出すことはないため、環境保護庁の管轄ではない。マッシュルームを作ったチームはDNAを導入するために微生物を使っていないため、農務省も口出しできない。関わるとしたらFDAだったかもしれないが、当時はFDAに過度に業務が集中していて、資金も不足していたため、害を及ぼす可能性があるかどうかわからない新種のマッシュルームを相手にしている余裕はなかった。

つぎはぎだらけの規制は米国に限った話ではない。EUやイギリス、中国、シンガポールなど多くの国でも、合成生物学への対応は似たり寄ったりで、すでにあるバイオテクノロジーの枠組みを流用している。現実的に考えて、それらの中にJCVI-syn3・0を念頭に置いて作成されたものはない。国連は、遺伝子組み換え生物の安全性を審議する作業部会を設置し、新たな枠組みとなる生物の多様性に関する条約のバイオセーフティに関するカルタヘナ議定書が作成された。議定書に従い、各国は研究に生物多様性またはバイオセキュリティを脅かす可能性があることを示す証拠がなくても、安全性が疑問視されるバイオテクノロジーを制限または禁止することができる。EU諸国と中国はカルタヘナ議定書の締結国となっているが、米国や日本、ロシアを含めた多くの国が署名せず、十分な効力を発揮できる体制は整っていない。議定書が定めるのは、締結国が遺伝子組み換え生物の輸入を禁止する権利だけだ。各国はその権利を行使しないこともできるし、輸出国に生物のリスク評価の実施を求めることもできる。だが、そのような評価を担当するのは、独立性のある第三者機関ではなく、輸出国が自ら行う。

もし、どこかの国が意図的に兵器を開発していることがわかったら、どうなるだろうか？生物兵器禁止条約は、生物兵器の開発、生産、貯蔵を禁止して、兵器の拡散を防止するための多国間条約だ。米国、ロシア、日本、イギリス、中国、欧州諸国はすべてこの条約を批准している。現在、条約はあらゆる生物兵器に適用されるが、問題となりそうなのは危険性の評価だ。誰かが意図的に雑草の遺伝子を操作して、輸出の主力となっている農作物が育たないようにしたとしよう。農家が受ける経済的な打撃は大きく、国のGDPに影響する可能性もある。

だが、マスタードガスの影響と比べるとどうだろうか?条約では規定に従わせる責任をどこかの機関が一括して負うことが義務づけられている。米国でその役目を担うのは、大勢の生物学者が居並ぶ未来的な研究開発機関ではなく、連邦捜査局ことFBIだ。バイオファウンドリに勤務する科学者が顧客から怪しげな注文を受けたときは、FBIの大量破壊兵器局に連絡することになっている。だが、大量兵器破壊局の主な仕事は大量破壊兵器を阻止することであり、他の多くの連邦機関と同じくFBIもこの新たな科学分野に多くの要員を投じる余裕はない。つまりは、科学者の自浄作用に頼ることになる。

このような規制機関の混乱こそ、ザイナーがビジネスを立ち上げることができた理由だ。DIY CRISPRキットの販売を止める力は、どの機関にも枠組みにも議定書にもほとんどなかった。ザイナーの光るビールキットは国際的な注目を集め、まもなく彼は遺伝子組み換えキットよりもブルームバーグ誌やアトランティック誌の見出しを飾るような派手な奇行で有名になった。例えば、彼はホテルの一室で友人の便を使い、重度の消化器疾患の治療で行われることがあるがリスクも伴う便移植を自らの体でやって見せた(ヴァージ誌の記者が現場に招かれて、事の成り行きを見守った)。さらに、彼は、ウイルス対策ソフトウェアにちなんでプロジェクト・マカフィーという名前をつけて、新型コロナウイルスワクチンを自作した。おまけに自家製ワクチンの作り方を紹介した「自分でやってみよう――科学論文から新型コロナウイルスＤＮＡワクチンまで」と題したオンライン講座まで開催してしまった。[32]

半分パフォーマー、半分科学者のようなザイナーのふるまいは、当然ながら少なからぬ批判を招いたが、２０１７年の合成生物学会で彼はさらにパフォーマーとしての顔を前面に押し出すような行動に出た。大勢の聴衆を前に、「筋肉の遺伝子を操作してムキムキの体にする」ＣＲＩＳＰＲカクテルを作ったと宣言したのだ。彼は注射器を前腕に突き立てながら話を続け、学会参加者は筋肉の成長を促す組み換えＤＮＡが付属するＤＩＹＣＲＩＳＰＲキットつきのＤＩＹヒトＣＲＩＳＰＲガイドを、１８９ドルで購入できると言った（実際のところ、このＣＲＩＳＰＲカクテルにそのような効き目はなかった[33]）。

どの場合でもザイナーは法律に触れる行為はしていないが、倫理の境界線を踏み越えたのは確かだ。彼の自家製新型コロナウイルスワクチンが出回っている間も、ＦＤＡは予防や治療効果があるとうたいながら効果が立証されておらず、試験も実施されていない製品の取り締まりに精を出していた。しかし、ザイナーがＦＤＡに目をつけられることはなかった。カリフォルニア州医事局に告発が入り、ザイナーが医師免許のないまま医療行為を行っているのではないかという疑いで調査が進められたが、途中で頓挫した。調和的枠組みでは植物を傷めることが規制されているが、自らに害を及ぼすような行動に出る人間に対する規制はない。米国では、自分の体を使った実験は法律に触れず、それがたとえ公衆の面前だったとしてもまったく問題にはならないようだ。

ドイツの当局は、許可を受けた研究所以外の場所で遺伝子組み換え実験を行うことを禁止する法律を盾にとり、ザイナーのＤＩＹ遺伝子組み換えキットの輸出を取り締まろうとした。彼らは、5万5000ドルの罰金または3年以下の懲役を科される可能性があるとザイナーに厳しく警告した。ただし、ドイツ当局に米国から彼を送還し、罰則を科す権限はない。本書の執筆時点で、ザイナーの会社のホームページには細菌やプラスミドのような「生もの」を除き、ドイツにも製品を発送すると明記されている。専門家以外のＤＮＡの取り扱いの規制に関してはヨーロッパ全域でまちまちのため、例えばフランスのストラスブール地方で細菌を受け取り、細胞を培養してからライン川を渡ってドイツに入り、作ったものを体内に取り込んだ（あるいは逃がした）としても、現地の規制には一切違反していない[34]。

これまでの生物兵器に当てはまらないものに対しては、国際条約も抜け道だらけだ。ＤＩＹバイオコミュニティの市民科学協会である北米会議が倫理規定を作成しているが、法的拘束力はない。科学者たちは悲鳴を上げるかもしれないが、ザイナーを止める力はなく、もちろん賀建奎《フージエンクイ》を止めることもできなかった。だからこそ、規制する側は、合成生物学の新時代がすでに到来していること、そして生物学に新たなアプローチが登場したなら、規制にも新たなアプローチが必要とされるという事実を受け入れなければならない。

――リスクその5 今ある法律がイノベーションを止める

ジェニファー・ダウドナとエマニュエル・シャルパンティエは2011年に、CRISPRを利用してDNAを編集する方法を詳しく紹介した論文を発表した。さらにダウドナは2013年にも、動物の細胞をCRISPRで編集する方法について論文を書いた。だが、それよりもわずかに数週間早く、彼女らの以前の研究をもとにした別のCRISPR論文が公開された。これは手数料を余分に支払えば順番待ちをせず優先的に論文を編集部に回してもらえるという学術出版の抜け穴をついて、ダウドナの論文よりも先に発表されたMITとハーバードの共同研究所であるブロード研究所のフェン・チャンは、この抜け穴のおかげでCRISPRをヒト細胞の編集に利用できることを査読雑誌で初めて証明した研究者となった。当時、最も有名なCRISPR分子はCas9であり、特許と知的財産権をめぐる争いが起こっていた。

ダウドナとシャルパンティエが勤務していた公的研究機関のカリフォルニア大学バークレー校とウィーン大学は、2012年にそれぞれCRISPR－Cas9の特許を出願した。だが、民間の研究所であるブロード研究所は、同じような研究の特許を出願し、金で特許審査の順番待ちを飛ばした。米特許商標庁は2013年3月16日から、先に出願した方に権利を与える先願主義を導入したが、それよりも早く出願されたこのときの特許権は早期審査制度を利用したブロード研究所の手に渡った。そのため、チャンが創設者の1人であるエディタス・メディシン社が、人間の治療目的のCRISPRの将来的な利用を左右する、この極めて重要な特許の独占権を得た。カリフォルニア大学バークレー校はこれに異議を申し立てた。

エイミーは、２０１６年から２０１８年にかけて、遺伝子編集の政策と監視に関する政府の会議に何度か参加した。２０１７年には国務省と全米科学・工学・医学アカデミーによる非公開連絡会議にも招かれた。数十人の研究者と政府官僚が一堂に会し、今後のＣＲＩＳＰＲの規制、バイオセキュリティ、将来的な競争力についての話し合いがもたれた。会議の席でエイミーはチャンと隣り合わせた。彼は口数が少なく、科学に関する質問をされたときには答えたが、特許の件については口にしなかった。会議が終わりに近づく頃、エイミーは先行きの不安をぬぐえない結論に達していた。これから待ち受けているであろう知的財産権をめぐる激しい争いに対応するための策を、米国政府はまるで持ち合わせていない。本書の執筆時点で会議から4年が経過しているが、特許はまだブロード研究所の手にある。つまり、この技術を使いたければ、ブロード研究所に特許使用料を支払わなければならないのだ。問題のＣＲＩＳＰＲ－Ｃａｓ9特許が屋台骨を支える企業は10社設立されている。[35]

科学は段階的に進歩するものだ。大勢の過去の人々による研究があってこそ、発見が生まれる。ダウドナや、シャルパンティエや、チャンが論文を発表するよりも前の２００９年に、ノースウェスタン大学でイタリア出身のポスドク学生、ルチアーノ・マラフィニがＣＲＩＳＰＲでＤＮＡを標的にできることを初めて示した。科学者の間では、ＣＲＩＳＰＲにまつわる発見には多額の公的資金が関わっているため、どこか1カ所の機関が発見に関連する知的財産権を独占するべきではないという意見も出ている。そうすれば、科学が開かれたものになり、他の研究者たちが訴訟を恐れたり、ときとして非常に高額になる特許料を負担することなく、その先のイノベーションを積み上げていけるようになる。一方、法律をめぐる状況を把握している投資家は、すでに取得されているCRISPRの特許に抵触しないような新たなバイオテクノロジーに投資しようとする。状況はますます混迷を極めている。

少しだけ配列が異なるCRISPR分子の特許を申請する研究者や研究機関、スタートアップ企業が増えると、知的財産権を少数の主要機関に集中させるすることはむずかしくなる。CRISPR‐Cas9には、DNAの切断に使用できるさまざまな酵素が含まれる。一方、DNAの編集に使用できる分子はCas9だけではない。Cas12、Cas14、CasXなど、それほど有名でない分子を使ってもDNAを編集できる。当然ながら、さまざまな組織がこれらの特許を取得している。

知的財産法には2つの危険が潜んでいる。1番目の危険は明らかだ。新発見の特許を取ることは未来に賭けることでもある。ダウドナ、シャルパンティエ、チャンが最初にCRISPR‐Cas9の作用を発見したとき、この研究が実際に使用された例はなかったが、いずれは商品化して収益を出せる可能性は非常に高かった。だが、2番目の危険はさらに深刻だ。特許を手にした人間が誰であれ、その人間が研究の未来を決めることになる。個人であれ、研究機関であれ、特許を手に入れれば、他の学術研究機関がただ同然でCRISPR‐Cas分子を使えるようにすることもできるし、技術を一切利用させないようにすることもできる。裁判が決着したときには、CRISPR‐Cas9の研究でノーベル賞を受賞したダウドナとシャルパンティエが、自分たちが作り上げたにも等しい科学分野を進歩させるために、自分たちの発見を利用することが禁止されている可能性さえ十分にある。

Ｃａｓ分子の特許が取得されているかどうか、特許の持ち主は誰かを突き止めるのはどんどんむずかしくなっている。初期段階の研究や基礎研究の多くは、これまでの研究をさらに探っていくことになるため、研究やビジネスを始めようとすれば、重要な部分にたどり着くまでに高い特許使用料を払わなければならなくなる。しかも、そこから利益を生み出せる保証はない。そうなれば、公的機関や政府からの補助金（要するに税金）か、製品の開発をせかしてくるベンチャー投資家等の第三者に頼るしかなく、そのせいで最終的には研究開発が停滞しかねない。このような事態は本来なら避けられるはずだ。

さらに近い将来、ＣＲＩＳＰＲの特許のほとんどが少数の所有者に独占されることも考えられる。米国、ＥＵ、中国の巨大ＩＴ企業、グーグル、アマゾン、アップル、アリババは、何度も独占禁止法の審査を受けたり、訴訟を起こされたりしている。命を救う治療薬や、迫りくる世界的な食糧危機を解決するカギを握る企業を相手に、これからの10年間で再び同じことを繰り返したいだろうか？

２０２１年４月の時点で、ＣＲＩＳＰＲに関しては５０００件以上の一般特許が取得されており、米国内のＣＲＩＳＰＲ－Ｃａｓ９の特許だけでも１０００件を超える。各国の特許庁や地域の特許機関の申請状況をまとめた世界知的所有権機関のデータベースには、３万１０００件のＣＲＩＳＰＲの特許と申請が記録されている。そして、毎月のように新たに数百件のＣＲＩＳＰＲ関連の特許が申請される。だが、ここに問題がある。ＣＲＩＳＰＲは合成生物学の中で最も有名な技術であるのは言うまでもないが、だからといって他に技術がないわけではない。CRISPRは、広い合成生物学の世界で行われている研究開発のごくごく一部にすぎない。

米国の経済は（おおむね）民間企業と政府の両方が活動し、利益が決定を左右する自由市場経済だ。研究者も投資家もイノベーションを止めたいとは思っていないが、こと知的財産権に関しては、所有する対象が最終生成物ではなく、プロセスになる。そのプロセスが生物学に関わるプロセスで、最終生成物が生物だった場合、新たなゲノムが新たな経済を生み出す可能性がある。

私たちはすでにそのような例を目にしている。2021年5月、バイデン政権はモデルナ、ファイザー、バイオエヌテックの各社に、海外にも広く当面のワクチンを供給できるよう、ワクチン技術に対する特許権を放棄することを求めた。「政府は知的財産権の保護は重要であると考えるが、このパンデミックを終わらせるために新型コロナウイルスワクチン開発に向けて、これらの保護権の放棄を支持する」と声明では述べられた。「我々はその実現に向けて必要な世界貿易機関（WTO）との文書に基づく交渉に積極的に参加する。合意を基本とするWTOの性格や、関連する問題の複雑さを鑑みれば、これらの交渉には時間がかかるだろう[36]」。

本当の問題は、特許や知的財産法の存在ではない。現在の法律が制定されたのは、米国の建国後まもない1700年代後半にさかのぼる。バイオテクノロジーが登場した現在の状況には合っていない。1つ1つの遺伝子、1つ1つの配列が自在に規模を変えながら何かを生み出せる新たなプラットフォームだと考えてみよう。前の章で、ハーバード大学の研究者たちが細菌の遺伝子を操作して、過剰な二酸化炭素と窒素を細菌の体内に取り込ませ、安全な有機肥料として利用する方法を開発した話を紹介した。もしこれが金属製の装置にソーラーパネルを取り付けた機械だったら、知的財産権の境界線ははっきりしている。だが、これが生物学的プロセスになると、話が少々ややこしくなる。バイオ情報時代には、遺伝子情報そのものに価値があるとみなされ、今後10年ほどの間に登場してくるであろうプロセスや生物は、まったく準備のできていない特許局や商標庁を悩ませることになるだろう。

厳密に言えば、CRISPRをはじめとするバイオテクノロジーによる長期的な影響を予測することは、米特許商標庁や世界各地の特許局・商標庁の仕事ではない。彼らは未来学者ではなく、ほとんどが法律家だ。

リスクその6　次の情報格差は遺伝子格差になる

言うまでもないが、親は自分の子供にできるだけのことをしてやりたいと思うものだ。しかし、我が子を立派な一流大学に入れるまでの道のりは長い。数十万ドルの裏金を使って子供を名門校に入れようとした大手金融サービス企業の元CEOは、9カ月の懲役刑を言い渡された。[37] ニューヨークの大手法律事務所の元所長は娘のACT（訳注：大学進学希望者の学力を測る共通試験）の身代わり受験を7万5000ドルで依頼した罪で1カ月の懲役刑を科された。[38] どちらも頭が切れて成功をおさめた人物だったが、子供にできるだけのことをしたいという思いから制度の裏をかいてルール違反を犯してしまった。

親が子供を一流の学校に入れたいと願って多額の金を払ったり、試験で不正をするのなら、慢性疾患や知的障害を避けるためにどんな行動に出るだろうか？何もしないままではいられないだろう。健康な赤ちゃんが生まれる可能性を高めることができるとしたら——それが高い知能や優れた運動能力を示す健康な赤ちゃんであればなおさら――我が子の能力を高めることを選ばない手があるだろうか？

現在でも、体外受精で受精卵を子宮に戻す前に詳しい検査をすることは可能だ。一般的に検査の費用は6000ドルから1万2000ドルほどで、保険適用外となる。民間企業の中には、凍結した受精卵の遺伝子検査の結果報告カードを作成し、子供を希望する夫婦にどれがいいかを選んでもらうようにしているところもある。ゲノミック・プレディクションもそんな会社の1つだ。数十万カ所のDNAを調べて、生まれた子供が例えば知的障害や、人口の下位2パーセントに入る低身長に該当する可能性を予測する、多遺伝子スコアを提供する。NFLのクォーターバックの遺伝子プロファイルを使用し、受精卵の運動能力に関わる遺伝子がどの程度一致するかも調べられる。このように報告カードで遺伝子に関わる不安を減らすことができるようになれば、経済的な余裕のある人々が自然妊娠よりも体外受精を選ぶようになるのは当然の流れだ。

合成生物学が進歩し、体外受精にかかる費用が安くなれば、体外受精を保険適用にしようという圧力が市場からかかるだろう。何といっても、健康な受精卵を選んで、生涯にわたるケアが必要になるような遺伝子変異を予防できるのなら、これほどコスト効率のいい話はない。充実した保険に加入していたり、費用を自己負担できるなら、数十個（やがては数百個になるかもしれない）の受精卵を作製し、最も有利な組み合わせの遺伝子を持っていそうな受精卵を選べるようになるのではないだろうか。そのような赤ちゃんたちが誕生すると、ゲノムが解読され、幹細胞をたっぷり含んだ臍帯血が保管される。赤ちゃんたちは成長してからも、健康情報やいつでも使える遺伝物質の供給源という形で、いつまでも配当がもらえる、たっぷりの遺伝子貯金の恩恵を受ける。

ゲノム解読と遺伝子治療はどこで終わり、遺伝子の強化はどこから始まるのだろうか？　現時点では、10年以内にCRISPRをはじめとする遺伝子編集ツールの開発が進み、ウイルスを操ったり、組織を修復したり、変異に対抗したり、寿命を延ばしたりできるようになると予想されている。世界最大手の遺伝子解析企業である中国のBGIグループは、すでに最大20カ所の遺伝子を選択することで子供のIQを大幅に向上させることができると言っている。大学のクラス分け試験の代数で苦労する人と、高度な微積分学の問題をすらすら解いてしまう人くらいの差がつくのだ。もちろん、知能に関わる遺伝子は1つではない。人間の脳のはたらきについてわかっていることはおどろくほど少ない。認知能力に関わる生物学的特徴や経験についての知識はさらに少ない。事前に調査はしているものの、BGIグループの取り組みは一種の賭けだ。大勢の人々の遺伝子配列を解析していけば、頭のいい人たちに特有のパターンが明らかになる。後は遺伝子マーカーを調べ、受精卵を選び出してお腹に戻すだけだ。もしかすると、親が望む特性を持つように受精卵をアップグレードさせることもできるかもしれない[39]。

そのような技術は誰もが利用できるようにはならないだろう。保険の保障が十分でなかったり、まったく保険に入っていない人が体外受精ではなく自然に妊娠した場合は、好きな受精卵を選ぶことはできないし、アップグレードさせるという選択肢もない。そうして生まれた子供は、選び抜かれ、遺伝子を編集したり強化された子供たちよりも不利な立場に置かれる。成長するにつれて、遺伝子格差はますますはっきりし、技術の力で強化された子供は「自然に」生まれた同級生よりも優秀に育つ。そのような「自然な」子供たちは遺伝子貯金も持たないため、年をとって病気にかかってもその正体がわからず、医師も診断に手間取ることになる。もちろん、それは遺伝子の知識がまだあまり普及していない、今の私たちの生き方そのものだ。

また、妊娠に技術が介入すると、世界の中でも特に裕福な国と貧しい国の対立も招く。そもそも問題が山積みのところに、さらにややこしい要因も加わる。エストニアやスウェーデン、ノルウェー、デンマークなどの裕福で、宗教が社会でそれほど幅をきかせていない国々では、出生時の遺伝子選択や解読に対する抵抗が比較的少なく、体外受精も受け入れられやすい傾向があった。一方、マウイ、インドネシア、バングラディシュなどの貧しい国では、子供が欲しければ性行為に頼るしかない。イギリスや米国、オーストラリア、アラブ首長国連邦、カタール、サウジアラビアのように宗教が重要な役割を果たす裕福な国では、技術が進歩しても、遺伝子の選択や強化による恩恵を受けるために宗教的な教えとの折り合いをつけなければならない。対応を怠れば、労働人口が削られ、成長が妨げられ、経済競争力が低下する。

――リスクその7　合成生物学が地理的・政治的な紛争の火種となる

中国は過去数十年間にわたり、ひそかに国民の遺伝子情報を収集、解読、保管する国家規模のDNAデータベースの作成を進めていた。DNAデータベースは、人工知能に対する野心を抱く中国共産党が支援する幅広い監視体制の一部で、政府が構成員を継続的に監視できる。中国北西部に位置する新疆ウイグル自治区では、「全民検診」と称するプログラムが実施され、中国の国営通信社である新華社によれば3600万人近くが参加しているという。中国政府の初期のDNA戦略はほとんどがウイグル人を中心としており、中国の多数の民族集団と区別できるようにするためにデータを集めるというふれこみだった。[40] 2014年の論文では、ウイグル人と、中国西部のカザフスタン、キルギスタン、アフガニスタン、パキスタン、インドと国境を接する地域に暮らすインド人の遺伝子マーカーの違いについて言及された。

2018年までに、中国政府の研究チームは、米司法省も部分的に出資するオンライン検索プラットフォームのアレル頻度データベースに2143人のウイグル人のデータを提供している。アルフレッドと呼ばれるこのデータベースには、世界中の700以上の集団のDNAデータが記録されている。このようなデータの共有は、科学界では常識となっているインフォームド・コンセントが得られていない可能性がある。ウイグル人が進んで自分のDNAサンプルを中国当局に差し出したかどうかがはっきりしないし、このプログラムに参加した全員がDNA情報を集められることを知っていて、その意味を理解していたとは思えないからだ。

人権活動家は、さまざまな情報を記録したDNAデータベースが当局に素直に協力しないウイグル人を追うためにも使用できると言う。中国の当局者は、法律の違反者や犯罪者を追跡することは遺伝子研究の重要なメリットだと述べている。見方を変えれば、遺伝子研究は遺伝情報の巨大データベースを構築する便利な手段なのだ。[41]

中国はウイグル人をはじめとする少数民族だけでなく、国の人口の91パーセントを占める漢民族からも遺伝子情報を集め続けている。[42]世界でも類を見ない強力な総合遺伝子データベースが出来上がるまでに時間はかからないだろう。米国、カナダ、EU、イギリスは遺伝子のプライバシーを守る利点について議論を進めている。大量の情報を集める中国だが、国民は政府による監視をあまり気にしていないようだ。遺伝子の研究や実験に関して中国が直面する抵抗は他国に比べてはるかに少ない。

いずれ中国は国民の遺伝子の編集や強化に乗り出すのだろうか？中国は人口抑制にひどいやり方で介入した過去がある。1979年、中国共産党は経済成長を上回る勢いの急激な人口増加を抑えることを目的とした1人っ子政策を打ち出した。一時的な対応のはずだったこの政策により、およそ4億人の出生が抑制されたと推定される。さらに、女の子が生まれると殺される場合もあった。中国で行方がわからない女の子は3000万人とも6000万人ともいわれる。[43]1人っ子政策は2015年に正式に廃止され、2021年7月時点ではあらゆる規制が撤廃されている。中国は恐れていた経済危機を回避できたが、孤独な人間は増えた。数千万人の男性が結婚したくてもできないでいる。女性の数が少ないからだ。

次にこのようなことが起こるとすれば、その頃には遺伝子ツールで性別以外にもさまざまな特徴を選べるようになっているに違いない。おそらくは、適齢期の男女にあらかじめスクリーニングとゲノム解読を行うようなプログラムが国家規模で始まるのではないだろうか（BGI社が所有するシークエンサーの台数は世界中のどの企業・研究機関よりも多い[44]）。最初のうち、プログラムの目的は心臓発作のような遺伝的な問題を突き止め、その解消を図ることになるだろう。政府によるスクリーニングが広く受け入れられるようになり、検査を受けたがる人が増えれば、次には遺伝子操作がそれに続くのではないだろうか。中国では宗教を持たない人も多い。つまり、他の地域とは違って、妊娠に技術が介入することについても信仰を理由とする抵抗は起こりにくい。

いずれは、遺伝子操作も受け入れられるようになるだろう。BGIが知能をはじめとするさまざまな望ましい特徴をチェックする遺伝子スクリーニングを行うようになる可能性もある。このようなスクリーニングに体外受精を組み合わせれば、次の世代の中国人は世界のどこの国よりも健康で賢く、がまん強く、感覚が鋭く、病気からの回復も非常に早い国民になるのかもしれない。中国がこのようなやり方で他国が太刀打ちできないほどの優位を築き、そのような情報が公にされたとしたら、米国はただ手をこまねいているだろうか?

それが現実となったときに、どんな影響があるかを考えてみよう。米国内の大学は、米国人学生と差がつくことを恐れて中国人学生を差別的に扱うかもしれないし、あるいは大学の競争力を高めるために優秀な中国人学生を積極的に入れようとするかもしれない。戦力を評価した米軍が、ハッキングや心理戦や兵器開発において高い能力を中国が獲得したことを突き止め、米国が急いで巻き返しを図る必要があると判断するかもしれない。要するに、任意になるか強制かはわからないが、米軍兵士は遺伝子による能力向上プログラムを受けさせられるようになる可能性があるということだ。

この一連の動きは、激しい抵抗と社会不安を招くであろうことは想像にかたくない。遺伝子操作で能力を高めている人間がいることはわかっても、誰がどのくらい能力を高めているかはわからない。政府のトップはむずかしい判断を迫られることになるだろう。米国は遺伝子操作で国民の能力を高めようとするだろうか？最終的には、体外受精で子供をもうけ、遺伝子検査の結果報告カードを信頼して、最も優秀な受精卵を選ぶのが愛国心の発露ということになるのだろうか？

このような変化は、新たなサイバー生物兵器の開発競争を招くだろう。これは、拡散が目に見える核兵器とはわけが違う。核兵器ならどこかの国が原子炉を建設するような動きを見せればすぐにわかるし、原料となる核物質の国際的な移動も追跡できる。だが、遺伝子選択が新たな常識になれば、どこの国が意図的に国民の能力向上を図っているのかは時間が経ってみなければわからない。

企業やNGO組織、テロ集団など国家から独立して活動する組織もいずれは脅威になるかもしれない。仮にならず者の集団が受精卵を使った実験をしたがっている賀建奎のような医師や科学者を探し出したとしたら、どうなるだろう。例えば、そのような実験がどこの国も自治権を持たない海域に浮かぶ海上都市で行われたとしたら、どんなことが起こるだろう。莫大な富と強大な権力を持った人々が、我が子に明るい未来が約束されるならどんなことでもしたいと思っていて、新しく国家となった島の一時的な住民となり、法の目を逃れて、大きなリスクを冒してでも遺伝子操作による能力の向上を望んだとしたらどうなるのだろうか[45]。

リスクその8　スーパーマウス、ヒトとサルのハイブリッド

2017年に日本の東京大学の研究チームが、膵臓が成長しないように遺伝子を操作したラット

の胚にマウスのｉＰＳ細胞を注入する実験を行った。ラットが成長すると、完全にマウスの細胞だけでできた膵臓が作られた。次に、チームは糖尿病を発症するように遺伝子を操作したマウスにその膵臓を移植した。おどろいたことに、ラットの体を借りて作られたマウスの膵臓はまったく問題なく機能した。マウスの糖尿病は完治し、その後も健康に生き続けた。[46] ２０２１年には、生物学にとって重要な意味を持つさらに不安をあおるような研究が行われた。カリフォルニア州ラホヤのソーク生物学研究所のチームが、ヒト幹細胞を注入したカニクイザルの受精卵を20日間にわたって培養した。これはラットやマウスどころの話ではない。近縁種にあたる2種類の霊長類が実験に使われたのだ。[47]

このような複数の種をかけ合わせた生物は、ギリシャ神話に登場する頭はライオン、体はヤギ、しっぽはヘビの火を吐く怪物にちなんで「キメラ」と呼ばれる。これらの実験を行った研究者たちは、ソーク研究所で作られたような、一部がヒトのキメラを使ってさまざまな病気を研究したり、いずれは移植に必要な臓器を培養したいと考えている。しかし、まずは実験室でキメラの設計と遺伝子操作をするところから始めなければならない。合成生物学は私たちをそのような未来に一歩近づけてくれる。

サルとヒトのハイブリッドという概念は多くの課題を残した。これは倫理的に複雑な問題だ。その理由を1つだけ挙げるなら、どこかの時点でキメラは実験の本来の目的から外れた、ヒトと動物（多くの場合は研究のためだけに繁殖させられた動物）の中間の性質を獲得するであろうことが挙げられる。動物とヒトのキメラが生きる世界で「ヒト」だけが持つ特徴を定義するすべを私たちは持たない。

どこまで行けば、動物がヒトに近づきすぎたことになるのだろうか？ それを判断する方法はあるのか？ そんなキメラが逃げ出したらどうなるか？ さらに自然界で他の動物と交配し、子供を産んだら？ 霊長類の力と人間と同等の知能を備えた動物が、自分を研究室に閉じ込めようとする相手に自らの能力を使って対抗したら、どうなるだろうか？ もし、悪意を持って最強の動物（例えば、優れた知能と攻撃性と通常の4倍の筋肉を持ったイヌ）を作り出す人間が現れたら、どうなるのか？[48]

そもそも、なぜ私たちはキメラを作るのか？ 第1章に登場したフレデリック・バンディングとチャールズ・ベストが、イヌの膵臓を取り出して、合成インスリンで治療しようとしたことを思い出してほしい。今なら、特定の器官、例えば腎臓が作られないように動物の遺伝子を操作し、そこにヒト幹細胞を組み込んで人間の肝臓を作らせることができる（皮肉なことに、それが実現すれば再び私たちは必要な大量の臓器を手に入れるために動物を育てる時代に逆戻りすることになる）。

キメラのもう1つの重要な用途は、生物の発達の研究だ。ヒトとサルのキメラは、パーキンソン病やアルツハイマー病など脳の病気の理解を深めるための研究用に開発されることになるだろう。だが、ヒトとヒト以外の動物をかけ合わせたキメラの知能が普通の動物と人間の中間に――例えば、ヒトとブタのキメラの知能が人間であれば重度の知的障害に該当するIQ39あたりに――なるとしたら、どうなるのだろう？ IQが低いからという理由で人間を殺すことに賛成する人はいないはずだ。生きることはすべての人に平等に与えられた権利だ。それでは、人間に近い知能を持ったキメラを研究や臓器の培養に利用することはどうだろうか？ 倫理的に見たキメラの立場や、彼らに与えられるべき権利と義務を定める方法を私たちは知らない。

キメラの研究が生物の強化の研究と重なることは避けられないが、そこでは命を守ることよりも研究を進めることが優先される。ハチドリは、さまざまな紫外線のように、人間には想像もつかないような色を見ることができる。[49]未来の研究者たちはハチドリのゲノムを拝借して、ＡＩシステムで遺伝子構造を突き止め、実験室でキメラゲノムを合成できるようになるかもしれない。これは規模を自在に変えながら正確に行える、ささやかな遺伝子操作だ。これが実現すれば、人間はハチドリの目で光を見ることができる。さらに先の未来には別のキメラも見つかり、コウモリの聴力や超一流のアフリカゾウの嗅覚など、さまざまな動物の能力を人間も持つようになるだろう。

キメラの要素を持った人間はこれまでの枠に当てはまらない可能性が高く、社会でも違ったカテゴリーに属することになるのではないか。今でも、米国は異なる人種、民族、性別の平等に関する問題に悩まされている。私たちの社会には、キメラ研究の心理的、道徳的、倫理的な問題と、そのような研究が招くかもしれない結果に対応する準備がまだできていない。

──リスクその9　デマによって社会が崩壊する

科学はお互いの協力があってこそ成立する。しかし、私たちは文化ではっきりと分かたれた時代を生きている。特に今はナショナリズムが台頭しつつある。米国は人種差別の問題にぶつかっている。新型コロナウイルス感染症の流行は、政府や、科学や、メディアへの不信感を生んだ。デュアルユース、ＤＮＡのプライバシー侵害、あいまいな規制、バイオ技術の向上への不安と同じくらいに合成生物学の未来に大きく立ちはだかる１つのリスクがある。それがデマの問題だ。

人々をだますことを目的としたうそや不確かな情報は、特定のコミュニティや国にとどまらず、広い範囲に拡散する。2020年の終わりに、フェイスブック社（2021年にメタ・プラットフォームズに社名変更）は13億件のなりすましアカウントを削除したと発表した。2018年から2021年にかけて、デマを流すために作られたと判断され、フェイスブックが削除したネットワークは100以上にのぼる。[50] 同社はデマの拡散を防ぐために3万5000人体制で対応していると述べている。[51] フォーチュン社が毎年公開している米国を拠点とする総収益上位500社のランキング、フォーチュン500に入っているファニー・メイ社（7500人）とコナグラ・ブランズ社（1万8000人）とランド・オレークス社（8000人）の全従業員を合計したよりもまだ多い人間が、デマを消して回るためだけに働いているのだ。[52] しかも、フェイスブック以外にも情報源はたくさんある。

新型コロナウイルス感染症が流行する前から、間違った情報の多くは科学に関する内容だった。2019年に、インスタントラーメンとがんや脳卒中は関係があるという間違った情報がインターネット上に出回った。2021年5月26日の時点で、その情報はまだフェイスブックに載せられていた。[53] 同じ日にグーグルで「ginger 10,000x more effective at killing cancer than chemo（ショウガは化学療法に比べて、がんをやっつける効果が1万倍も高い）」（もちろん、これも完全なるデマだ）と検索すると、6ページにわたって記事とウェブサイトとソーシャルメディアの投稿が表示された。多くはそのような説を広めようとするものだったが、中には誤りを正そうとするものもいくつか混じっていた。場合によっては、間違った情報そのものがもうかるビジネスになることもある。タイ・ボランジェとシャーリーン・ボランジェは、マルチチャネルメディアを操作して、がんやワクチン、新型コロナウイルス感染症に関するデマを流した。[54] その一方、彼らは陰謀論で脳卒中の恐怖と不信感をあおることを目的とした恐ろしい内容の数百時間分のビデオとパンフレットとニュース記事を詰め合わせたパッケージを、１９９ドルから４９９ドルで売りさばいた。２人はデマ商品で数千万ドルを稼いだと話した。[55]

デマのせいで社会の一部が崩壊することも起こっている。世界的な感染症の大流行を受けて効果の高いワクチンが開発されたが、それでも10人に４人は接種を拒否した。２０２０年12月14日、看護師のサンドラ・リンゼイが米国内で初となる新型コロナウイルスワクチンの接種を受けた。[56] 12歳以上ならワクチンはあちこちに設置された接種会場で無料で受けられたが、２０２１年５月末までに２回の接種を終えたのは米国人のわずか３分の１、約１億２９００万人に過ぎなかった。[57] 一方、２０２０年12月から２０２１年５月までの新型コロナウイルスによる死者は25万人を超えた。[58] 医学と公衆衛生に対する信頼が崩れたことは明らかだった。

デマは同じく政治にもダメージを与える。２０２０年の米大統領選挙では投票に不正があったとする陰謀論が流れ、２０２１年１月６日に数千人が連邦議会議事堂を襲撃した。議会が集団による攻撃を受けたのは１８１２年の米英戦争以来初めてだ。多数の負傷者が出て、５人が死亡した。[59] 民主的なプロセスと、政権間の平和的な権力の移譲に対する信頼は大きく揺らぎ、政府に対する信頼感も地に落ちた。米国人の75パーセントは、国の機関を信頼できず、これらが国民のために動いているとは思えないと言っている。[60]

社会を成り立たせるには、科学や規制や国の機関に対する市民の信頼が欠かせない。つまり、合成生物学が抱える最大のリスクは、社会と分野そのものにとってもリスクとなる。デマは信頼を損なわせ、ウイルスやゲノム編集、CRISPRをはじめとするバイオテクノロジーについての混乱をもたらす。これは、長期的な視点で見れば命とりにもなりかねない。これから、遺伝子編集プロジェクトにまつわるこれらのリスクと素晴らしい可能性を示す話を紹介しよう。ただし、このプロジェクトは最終的に偽造されたデータと、うそと、世間の不信感のせいで叩き潰された。それがゴールデンライスの話だ。これを読めば、信頼なくしては合成生物学の輝かしい未来は決して実現しない理由がわかる。

第8章

ゴールデンライスの話

今でこそ洗濯機はどこの家庭にもあるが、そんな時代が来るずっと前のニューオリンズでは月曜日は洗濯の日だった。一週間の最初の日に、女性はハンドル付きの手動式脱水機のそばに立ち、汚れた服やリネン類をそこに通して洗っていた。シャツやズボンがひどく汚れているときは、お湯に入れて沸かしながら洗った。洗濯は数時間がかりの大変な仕事だったのだ。全部の作業がすっかり終わる頃には夕食の支度をする時間になっていて、手間をかけた食事を用意するのはほとんど無理な話だった。そこで、レッドビーンズ（赤インゲン豆）に豚のすね肉とスパイスの利いたソーセージをちょっぴり足して、ほったらかしのまま一日中ことこと煮込んでおく。ライスを添えれば、ボリュームも栄養もたっぷり（2種類のでんぷん質の食べ物に、タンパク質も加わっている）で、おいしい食事の出来上がりだ。

だから、かつては洗濯の日だった月曜日と言えばこのレッドビーンズ・アンド・ライスであり、伝統的な食事としてずっと受け継がれている。

ニューオリンズの人々は今でもぴりっと辛いレッドビーンズ・アンド・ライスを食べる。ニューオリンズに行けば、ほとんどのバーやレストランでこの料理がメニューに載っているし、歴史あるトレメ地区にあるリル・ディジーズ・カフェで出される一皿は特筆ものだ。２０２１年の初めまでこのカフェのオーナーだったウェイン・バケット・シニアは、クレオール料理（訳注：複数の食文化が融合して生まれた、ニューオリンズ周辺で食べられている料理）のレストランを経営する２代目だった。彼の父親とおばが店を開いたのは１９４０年代のことだ。長年店をやっている間に、コンサートツアーで街に来ていた有名なミュージシャンや、サッカー選手、とある大統領などが料理を食べて行ったが、地元で人気があったのはランチタイムのビュッフェだった。新型コロナウイルス感染症が流行し始めてからしばらくは店を閉めていたが、その間に息子夫婦に店を譲り、3代目に交代して店は再び営業を始めた。[1]

レッドビーンズ・アンド・ライスは誰でも作れる。要は豆と米を鍋で煮込むだけだ。だが、本当においしいレッドビーンズ・アンド・ライスを作るには、タマネギとセロリとピーマンのみじん切りという三種の神器に、セージとパセリ、刻んだクローブ、ピリッと辛いアンデューイソーセージ、それに豚のすね肉を絶妙のバランスで加える必要がある。しかし、この料理の決め手はレッドビーンズではない。ライスだ。

米国で食べられている米のほとんどは、南部で栽培されている。ニューオリンズがあるルイジアナ州では、年間27億ポンド（約１２２万トン）の米が生産されている。金額にすると、3億６０００ドルほどだ。世界の人口の半分以上は、米を主食にしている。だが、最も一般的に食べられている白米は、繊維質やミネラル、ビタミン、抗酸化物質を含むぬかと胚芽を取り去ってしまっている。そのため、米はお腹いっぱいになるが、栄養は少ないと世界のほとんどの地域では考えられている。

体にいい玄米が嫌われているのは、孔子にも責任の一端があるかもしれない。孔子は晩年に、精製されていない穀物は粗野な庶民のためのものだという結論に至った。米は「白ければ白いほどよい」と彼は断言した。そのせいで、米は色どり鮮やかな野菜の添え物のような扱いを受けることになった。[2]

米が中国の長江の近くで栽培されるようになったのは、1万年近く前のことだ。当時、米は鉄分、脂質、食物繊維、カリウム、カルシウム、ビタミンB、マンガン、ミネラルなど、あまり注目されないが、血糖値の調節や神経のはたらき、骨の発達を促す栄養素がたっぷりとれる食品だった。それから数千年が経ち、あちこちに海を渡る人々も現れた。新たな土地に移り住むときに人々は種を持っていき、その土地と気候で育ちやすくなるように、突然変異を利用しながら品種改良(遺伝子の組み換え)を重ねた。このような品種改良によって、色が薄く白い米が生まれた。粒が短く粘りの強い品種を精米した白米は日本で一般的になったが、パキスタンやヨルダンでは長粒種のバスマティ米が好まれた。[3]

米国でよく売られ、リル・ディジーズでも使われている長粒米は、数千年の時間をかけてじっくり遺伝子が組み換えられてきた結果、生まれた米だと言える。目端の利く売り手はパッケージに「古代米」と書いて売ろうとすることがあるが、現在のあらゆる品種は昔ながらの交配による品種改良で遺伝子が組み換えられている。つまり、同じ品種または近縁種を交配させ、収量が多く、水不足や暑さに強く、栄養価の高い品種になるような遺伝子を取り込ませようとするわけだ。

基本的に、交配による品種改良では、従来の育種法のやり方をスピードアップさせるための新たな技術が使われる。米国では、私たちが食べている米の多くは2度の改良を経ている。まずは品種改良が行われ、次は精米の段階で失われる鉄分や葉酸、ナイアシン、チアミンなどの栄養素を加えられる。栄養を強化した後でも、米だけで十分なビタミンやミネラルをとることはできない。リル・ディジーズのビュッフェに並ぶレッドビーンズやカラードグリーン（訳注：キャベツやケールに似ているが、葉が丸まらない野菜）のように栄養たっぷりの素材を使った料理がそろうニューオリンズなら、それでも問題はない。だが、どこでもそんな風にはいかない。

レストランに入るとき、店のオーナーや、コックや、スタッフと客との間には暗黙の了解がある。出される料理は、新鮮な食材が使われ、病気の心配がなく、安全に調理されたものであることだ。そこでは信頼が何よりも重要となる。調理場や、流通網や、米などの原材料が栽培された場所で数えきれないほどの決定がなされた結果として、料理が出来上がる。リル・ディジーズを訪れる地元の住民も観光客も、このレストランがどれほど有名か、バケットがどれほど長く料理をしてきたかを知っている。信頼が築かれているのだ。それでも、念のためにここの料理がどれくらい辛いのかを尋ねる観光客は多い。

彼らは、レストランの歴史や、レシピに隠された秘話のようなものも聞きたがる。それでも、料理に使われている米がどのように育てられたかを確認する人はめったにいないだろう。リル・ディジーズを出た後に、店で出てきた完璧に調理された長粒種の米の歴史を調べ、数千年間におよぶ品種改良の末に誕生したことを知る可能性は極めて低いはずだ。あるいは、もっと突っ込んだ調査をして、毎日食べている普通の米が長い道のりを経て毎年大勢の栄養失調の人々の命を救う世界的なスーパーヒーローに変身するという、まるで夢物語のような本当の話に行き当たることもないだろう。

だが、その気になれば、世界の貧しい人々を救うために米の新品種を開発したにもかかわらず、科学の信頼を失墜させ、彼らの研究の評判を落とすためのデマを世界中に流された2人の植物生物学者の痛ましい物語を知ることができる。彼らは、リスクを減らすために数十年分の研究を査読雑誌で調べ、細心の注意を払って実験を行い、所定の手続きに従って、できる限りのことをすべてやったとしても、デマによってつぶされる可能性があることを学んだ。偉大な科学的業績には、一般の人々の信頼を得るための一層の努力が求められる。物語は、リル・ディジーズから北西に80マイルほど行った場所で行われた試験栽培から始まる。その結果、過激な活動家集団がフィリピンの水田をめちゃくちゃにすることになった。

米の問題

米はシンプルな食べ物だ。ただ、栽培するのは簡単ではない。エイミーは以前に日本の北の方に住んでいたことがある。家のすぐそばには、趣味で米作りをしている地元の家族が所有する田んぼがあった。毎年春になると、彼女は田んぼに水を入れるのを手伝った。水を入れ終わった田んぼには、6インチ（15センチメートル）ほどの深さに水が張られていた。それから一家は苗箱を持ってきて、稲の苗を1本ずつきれいに植えた。稲が育つ夏の間、田んぼの水位はずっと保たなければならない。水が多すぎれば粒を傷めるし、少なすぎれば稲が枯れてしまう。秋になると、田んぼは水を抜いて乾燥させる。ここの田んぼは小さすぎてコンバインが入らないため、10月の初めになると鎌を使った手作業での稲刈りが始まる（これはエイミーにとってはものすごく大変な作業で、足がくたくたになったが、一家はそれほど苦にしている様子はなかった）。きっちりと束ねられ、地面に並べられた稲の束は、柄を抜いたほうきのような形をしていた。木材を組んで柵のような「はさ」を作り、そこに稲の束をかけると、残った水滴が重力で落ち、さらに日光を受けて乾燥する。

伝統的なやり方で米を栽培するには、知識と、技術と、幸運と、大変な苦労が必要なのだとエイミーは知った。最高の条件がそろったとしても、とれる米の量はそれほど多くはない。1平方フィート（約0・09平方メートル）に植えられる稲の本数は10本前後で、1本の稲に実る米の粒は70～100粒ほどだ。エイミーが田んぼを手伝った家族は金には困っていなかったので、夏に雨が多かったり、水不足になって十分な収穫を上げられなくても、たいした問題にはならない。店で米を買えばいいだけの話だ。だが、米農家や金に困って自分たちが食べる分の米を作っている大勢の人々は、そういうわけにはいかない。

1960年代の初めに、著名な植物生物学者のインゴ・ポトリクスは、米にまつわる2つの問題を解決することを目指していた。栄養価の問題と、より手軽に、確実に育てやすい品種を作ることだ。科学者であるポトリクスは、子どもの発達に主要栄養素がどのくらい重要かを知っていた。さらに、彼はお腹をすかせたまま眠りにつくというのがどんなことなのかも知っていた。ポトリクスは第二次世界大戦で父親を失い、戦後は家族で東ドイツに逃れて、兄弟と一緒に店の商品をくすねてきたり、路上で物乞いをして何とか食べるものを手に入れていた。[4]

ポトリクスは米の収量が2倍、場合によっては3倍に増えるような品種改良に成功したが、それでは栄養の問題は解消されない。米は多くの地域で簡単に手に入る。だが、そのような地域に暮らす人々は食べ物が十分でなく、重度の栄養不良に陥っていることも多かった。そこで、ポトリクスはイネの構造と、遺伝子配列を追加する可能性についてじっくり考え始めた。ある夜のこと、彼はうとうとしながら、さまざまな可能性について思いをめぐらせているうちに新たな仮説を思いついて目をさました。食物繊維やカリウムたっぷりの米を作ったらどうだろうか？ほうれん草の遺伝子を米と組み合わせてみたら？

ポトリクスは、米の風味や触感や密度はそのままに、主要栄養素が米に豊富に含まれるようにするために組み合わせる植物を求めていた。さらに、特別な栽培技術を必要としないことも重要なポイントになる。彼は光合成に必要な光のエネルギーの吸収を助けるカロテノイドの量が多い植物にたどり着いた。カロテノイドが特に多い植物は、赤や黄色やオレンジのような鮮やかな色合いをしている。カロテノイドはわかっているだけで600種類以上あるが、特になじみ深いのはニンジンやカボチャ、サツマイモ、マンゴー、グレープフルーツ、ピーマン、トマトなどに多く含まれるβカロテンだろう。抗酸化物質でもあるβカロテンには、がんを予防する強力な効果があると言われており、体内でビタミンAに変わる。

重要なのは、この最後の部分だ。ビタミンA不足のせいでさまざまな健康問題に苦しめられている人は大勢いる。ニンジンを食べると目にいいと昔から言われているが、それは部分的には正しい。ニンジンをたくさん食べても近視は治らないが、ビタミンAが不足すると目や神経や免疫系に深刻な問題が起こる。ビタミンAは、目の角膜の乾燥を防ぐ効果がある。角膜にはいくつもの層があり、乾燥を防いでいるが、そのためにはビタミンAが欠かせない。角膜が乾燥すると白く濁ったようになる。治療をしないまま放置すれば、やがて視界が真っ白になり、ぼんやりとしか目が見えなくなる。すべてはビタミンA不足のせいだが、目が見えにくくなるくらいはまだましな方かもしれない。

例えば、ビタミンAが不足した状態が続くと、角膜が溶け始めることもある。ケガに備えてあらかじめプログラムされた健康な細胞が足りなくなるのだ。目の表面を保護する角膜がなくなると、奥の方にある神経が露出する。例えば、角膜が溶解した状態でボールが目に当たったりすると、熱せられた火かき棒で何度も目を突かれるような痛みを感じる。眼科医はこのような感覚を「どんな神にでもすがりたくなる痛み」と形容する。[5] 長期にわたってビタミンA不足が続いていた人の目を調べると、回復不能な失明の兆候が見つかる可能性もある。

ポトリクスは、ビタミンA欠乏症により数億人の人々がなすすべもなく耐えがたいほどの目の痛みや、場合によっては失明という苦しみを味わっていることを知っていた。さらに、ビタミンAが大幅に不足すると、免疫力が低下する。苦しんでいるのはほとんどが子供たちだ。軽度のビタミンA欠乏症でも、子供の死亡率は大幅に上昇する。免疫力が下がると、はしかや下痢症などの感染症にかかりやすくなるからだ。貧しい地域では、ビタミンAの不足による子供の死亡率が50パーセントを超えるところもある。

ポトリクスはいくつもの選択肢を検討した。何年も効果が持続する高濃度ビタミンAを公衆衛生機関が開発し（ビタミンAはとりすぎても健康を害するので、量の調整がむずかしいかもしれないが）、世界各地の数十億人の人々に注射を受けてもらうことはできないだろうか。あるいは、技術的にはかなり大変だろうが、米に含まれるβカロテンの量を増やすのはどうだろう。

世界で最も一般的な品種のイネは、12本の染色体と全部で4億3000万個の塩基を持つ。ヌクレオチドの長さは100万塩基対にのぼる。遺伝子組み換え作物の候補としてはかなりの好条件だ。米粒の中にはでんぷん質の胚乳と呼ばれる部分があるが（主に食べられているのはこの部分）、本来ならここでβカロテンは作られない。ポトリクスは、遺伝子組み換えによってイネに新たなβカロテン経路を作れるのではないかと考えた。

ポトリクスに加えて数人の研究者たちが集まったチームによる研究が始まった。βカロテンと米について考えていた研究者は彼だけではなかった。ニューヨークシティに本部を置き、40億ドルを超える寄付基金を擁し、世界的な飢餓の撲滅を目標に掲げて活動する民間財団のロックフェラー財団も同じ問題に取り組んでおり、やはりビタミンAを豊富に含む米を作るというアイデアにたどりついていた。ロックフェラー財団は、フィリピンに本部を置く非営利科学研究所の国際稲研究所にも早い時期から投資していた。1984年の段階で、同財団の食糧安全保障責任者のゲイリー・トエンニーセンと数人のプログラム担当者は、内部の専門家、研究所のネットワークとパートナー、外部の科学者を招聘する手段など、新たなスーパー品種の開発を目的とした世界規模のプログラムに必要なものはすべてそろっているという手ごたえを感じていた。ロックフェラー財団の科学者は、たちどころに初めてとなるイネのDNA分子マーカー地図を作り上げ、最終的にトウモロコシ、ライ麦、小麦などの穀類の進化とイネの関係を突き止めた。これは別の重要な食糧源についての通説を覆す、素晴らしい発見だった。だが、米の栄養価を高めることはできるのだろうか？それはまだ彼らにもわからなかった。[6]

トエンニーセンは、生化学者のネットワークを生かし、ドイツ・フライブルグ大学のβカロテンの専門家、ペーター・バイエルと一緒に学会を主催することにした。トエンニーセンとポトリクスは栄養豊富で栽培しやすいイネの新品種を作れるかどうかを考えていたが、遺伝子配列以外にも考えなければいけないことがあった。ピーマンやサツマイモにはβカロテンがたっぷり含まれている。しかし、バイエルはもっと遠い植物の方が候補に適しているのではないかと思っていた。その1つは、鮮やかな黄色の6枚の花びらがラッパのような形をしたオレンジ色の中心部を取り囲むラッパスイセンだ。美しいが、どう見ても食べ物のようには思えない。[7]

ばかげた考えだと思われることは彼らもわかっていた。イネの遺伝子を組み換えるために、まずはラッパスイセンのどの遺伝子なら利用できるのかを突き止める必要がある。次に、遺伝子を分離して、胚に塩基配列を導入する。正しい遺伝子を選んでいれば、理論上はその胚から成長した植物には新たなＤＮＡが取り込まれており、成長するにつれて目的のタンパク質が作られ、それ以外は元の植物と同じように育つはずだ。これらの細胞はやがて成熟し、組み換えられた遺伝子を持った種が実る。その種から育てられたイネは、βカロテンを作る新たな遺伝子を次の世代に受け継いでいく。

これはパズルのピースの1つに過ぎない。歴史を振り返れば、品種改良を行う育種家は力ずくでの実験頼みで、辛抱が求められてきた。１９９０年代に入る頃には、1カ所の遺伝子を組み換えて生物に手を加えることができるようになった。だが、βカロテンを豊富に含む米を作るには、3カ所の遺伝子を組み換える必要があった。ポトリクスらのチームは、さまざまな方法を試して、そのように遺伝子を組み換えようとした。まず、彼らは新たな遺伝子を1個ずつ別のイネに導入し、昔ながらのやり方で交配させることを考えた。最初に試験用に栽培された数種類はうまくいきそうに思えたが、実験を繰り返すうちに必要な酵素のすべてがそろわないことがわかった。

次に、彼らはもう少し踏み込んだ方法を試すことにした。細菌の遺伝子を操作して、ターゲットとなるイネの胚にDNAを運ばせるのだ。このようなやり方は、アグロバクテリウム形質転換と呼ばれ、必要な遺伝子をまとめて導入することができる。組み換えられたDNAには、ラッパスイセンのフィトエン合成酵素とリコペンβシクラーゼ、それに細菌のフィトエン不飽和化酵素が含まれる。このような遺伝子組み換えイネが成長すると、βカロテンを作って貯蔵するようになる。

スイスのアルプス山脈のふもとにあるポトリクスの温室で稲を栽培するのは、日本の田んぼで育てるのと同じくらいに大変だ。長年の試行錯誤を繰り返した末に、ポトリクスとバイエルのチームはビタミンA生合成経路を利用してビタミンAが含まれるようにした遺伝子組み換えイネについての研究論文を発表した。だが、学術論文は手始めに過ぎない。遺伝子組み換えイネは世界中の田んぼで研究と試験を行う必要があり、さらに長い時間をかけてじっくりと研究を進めることになる。チームの最終目的は商売ではない。人道支援活動の一環として、いつか世界中のあらゆる農家、必要としているあらゆる家族に無償で遺伝子組み換えイネの種を配ることだ。遺伝子組み換えにより栄養価を高めた新品種の米ができれば、これ以上ビタミンA欠乏症で命を落とす子供を出さずにすむ。[8]

この頃には、遺伝子組み換え生物について知る人も増えてきていた。フレーバーセーバートマトをきっかけに、斑点の出にくいパパイヤや傷がつきにくいリンゴのように保存性の高い作物が開発され、同時にそれらの研究は世界中の活動家の注目を集めることになった。遺伝子組み換え作物を誕生させた科学の信頼を失墜させるべく積極的に動いていたのが、グリーンピースだ。遺伝子組み換え作物を禁止するためなら、彼らは逮捕されることもいとわない。それでメディアの取材を受けられるようになるなら、なおのことだ。

これまで、ポトリクスとバイエルは長年にわたる食糧問題の解消に向けて、この世界を変える米のプロジェクトに全力を傾けてきた。基礎科学にもかなり力を入れ、長い時間をかけて研究した。だが、リル・ディジーズのバケットとは違って、彼らは世間の信頼を勝ち取るには何らかの演出が必要とされることを知らなかった。さらに、彼らは助けたいと思っている地域に根を下ろして長きにわたる関係を築いてきたわけではなかったし、感動的な秘話も持たなかった。彼らと、資金面も含めてプロジェクトをサポートしてきた支援者たちは、大勢の人々が真実であれ、まったくのでたらめであれ、とにかく何かの理由をつけて、自分たちと合成生物学を支える科学に反対してこようとは思ってもみなかった。

――巨大企業と大いなる反発

この新品種のイネのニュースが初めて報道されると、チームの最新の研究成果を詳しくまとめた

2000年1月のサイエンス誌の記事に注目が集まった。[9] 遺伝子組み換え作物や遺伝子操作についての議論がこの10年ほどの間に少しずつ前進していたこともあって、サイエンス誌の編集部は世界各地の1700人の記者に記事を送ることを決め、編集部からの補足説明を添えた。「目先の利益にこだわらず、人類の悲惨な状況の改善を目指して遺伝子組み換え植物がこのように利用されることは、この技術が政治的に受け入れられる助けとなるはずだ」。デマやいやらしい見出しの機先を制する作戦としては見事だと言える。

しばらくの間、この作戦はうまくいった。この最先端の遺伝子組み換え作物は英雄視され、技術の今後についての世間の反応も悪くなかった。この新品種は、マンゴーのような色と、人間社会にもたらされるであろう価値にちなんで、ゴールデンライスと呼ばれるようになった。

バイオテクノロジーの研究は人類の進歩のためには欠かせないが、何せ金がかかる。外部の投資家や大企業は金銭的な負担に気をもむことが多い。もうけが出るにしても、何十年も先になる可能性がある。バイオテクノロジーの研究開発に伴う多大なリスクを相殺する方法の1つが、特許だ。しかし、知的財産権の規則を誰もが守るわけではないため、前の章で説明したような法的な問題もよく起こる。遺伝子配列がどの程度組み換えられていれば法的に「特許性のある発明」と認められるか、研究者が学術目的で特許が取得されているゲノム材料を利用したとき、どのような場合が特許侵害に当たるのかについて裁判所の判断はまだはっきりしていない。

開発した遺伝子組み換えイネの初めての試験栽培に向けた準備を進めていた2000年4月、ポトリクスとバイエルは国際稲研究所から先行特許の調査を求められた。調査の結果、ゴールデンライスの開発には70件から105件の特許、ライセンス、法的拘束力のある何らかの契約が関わっていることが判明した。これらの特許などを所有していたのは1つの団体ではなく、30以上の公的・民間機関だった。他にもやっかいな問題があった。特許は国ごとに取得され、扱いも異なる。いずれゴールデンライスが生産段階に入り、流通するようになれば、何年もの法廷闘争に突入し、手に負えない事態になる恐れがある。ゴールデンライスは科学としては成功の部類に入るかもしれないが、知的財産権という視点から見ればまさに災厄だ。

そのことを知ったチームは大きなショックを受けた。20年近くにおよぶ研究の末にようやく実用化の一歩手前までこぎつけた技術なのに、研究所の外に出すことすらできないかもしれないというのだ。いくつかの製薬会社からポトリクスとバイエルのもとに連絡が入り、会議が開かれた。

ポトリクスのチームがゴールデンライスの開発に用いた特許のいくつかを所有していたのは、巨大製薬企業のアストラゼネカ社だった。アストラゼネカはチームに取引をもちかけた。同社はチームを困らせている知的財産権の問題を解決し、特許と技術のライセンスをチームが無償で使えるようにし、さらに今後のチームの研究を資金面で支援する。ゴールデンライスの種は年収1万ドル未満の農家に無料で配布される。だが、この話には裏があった。ちょうどその頃にアストラゼネカの一部門、ゼネカ・アグロケミカルズと、やはり巨大製薬会社のノバルティスの農業事業部門が合併してバイオテクノロジー企業、シンジェンタを設立するという話が進められていた。シンジェンタ社が誕生すれば種と農薬を扱う世界最大手となり、ゲノム研究においても存在感を示すようになるはずだった。チームが研究を続けられるようにすることと引き換えに、グローバルライスの種を販売する権利をシンジェンタに渡すというのがアストラゼネカの出した条件だった。

ポトリクスとバイエルは、世間からどんな目で見られるかをわかっていた。サイエンス誌は、チームが目先の利益にこだわらずにイネのバイオテクノロジーを開発したと称賛したが、この話に乗ればその美談にも疑いの目が向けられることは間違いない。彼らは世界でも特にひどい栄養不良に陥っている人々を救うつもりで、政府や民間組織から1億ドルの資金を受け取った。だが、彼らの研究と知的財産権と積み重ねてきた専門知識は、貧しい人々から利益を得ようとしている巨大企業の手に渡ろうとしている。だが、それでも彼らは、プロジェクトを最後まで進めるにはアストラゼネカとの取引を受け入れるしかないと考えた。

たちどころに、激しい批判の波が押し寄せた。カナダのウィニペグを拠点とする支援団体、農村振興国際財団は、「社会の信頼をだまし取った」と言い、「アジアの農家は（どんなものだか実証されていない）遺伝子組み換えイネを手にし、アストラゼネカは金《ゴールド》を手にする」と付け加えた。[10]

アストラゼネカからの勧めでポトリクスとバイエルは記者会見を開き、有力紙のインタビューを受けてメディア戦略を展開することにした。その年の5月にニューヨークシティで開かれた記者会見では、バイエルの他に当時のアストラゼネカ社長のロバート・ウッズが同席し、ゴールデンライスが3年以内に世界中で手に入るようになると発表した。この段階では屋外での大規模な試験栽培はまだ実施されていなかったため、イネの試験がきちんと行われていないことに批判の矛先が向いた。しかし、ウッズは不安の声を一蹴した。「安全であることを確かめるために必要なことを我々がしようとすれば、バイオテクノロジーを取り巻く政治や感情の問題が出てくる」と彼は述べた。[11]

世間の信頼を取り戻すため、ゴールデンライス人道委員会が設立された。この委員会は技術開発を監視して、非営利目的のライセンスを公的研究機関に提供し、さらにゴールデンライスの栽培規模の調整と各地の栽培条件に合わせた改良を目的とする科学者と研究機関のネットワークを構築することが仕事だった。

新たなメディア戦略は功を奏した。まもなく、ゴールデンライスはBBCやロスアンゼルスの週刊生活情報紙やライブ・ジャーナルなど、いたるところで取り上げられるようになった。[12,13] 2000年7月31日、タイムは『この米は年間100万人の子供を救うかもしれない』というでかでかした大文字の見出しとともにポトリクスを表紙に登場させた。ポトリクスが表紙を飾ったタイム誌が発売されてから数日後、米国の農薬と農業バイオテクノロジーの超巨大企業、モンサント社がやはりゴールデンライスの開発を進めており、いずれは貧困国の農家にライセンスと遺伝子組み換え技術の無償での利用を認めると発表した。さらにモンサントは、立ち上げたばかりのウェブサイト「Rice-research.org」で同社独自のゲノム配列を公開すると宣言した。「私たちは、農家や途上国でこのビタミンを切実に必要としている人々のもとにゴールデンライスを届けたい。そのために必要なライセンスの取得に関わる時間と費用を最小限に抑えたいと思っている」とモンサントのCEO、ヘンドリック・ヴェファリエは話した。もちろん、研究はまだ完成にはほど遠い。そして、突然のモンサントの登場は、世間の不信感を和らげるにはあまり役に立たなかった。[14]

画期的な新技術が出現すると、的外れな楽観論や恐怖も世間に渦巻く。ゴールデンライスも例外ではなかった。最初のうち、ゴールデンライスはすでに完成した技術のように報じられていた。だが、実際のところはまだ研究所での試験と改良が必要だったし、言うまでもないことだが、何年かにわたって試験栽培を繰り返し、自然環境で栽培できるように完成度を高めていかなければならなかった。集めて分析しなければならないデータも山のように残っていた。特許の問題が解決できたとしても、前章で紹介した生物の多様性に関する条約のバイオセーフティに関するカルタヘナ議定書をはじめとして、超えなければならない規制のハードルはたくさん残っている。議定書が定めるのは、締結国が遺伝子組み換え生物の輸入を禁止する権利だけだ。各国はその権利を行使しないこともできるし、輸出国に生物のリスク評価の実施を求めることもできる（評価を実施するのは独立性のある第三者機関ではなく、輸出国が自ら行う）。

グローバルライスの生産を世界規模でどのように進めるのか、どのように流通させ、追跡していくのかも、まったく決まっていなかった。さらに、歴史的に受け継がれてきた味の好みも考える必要があった。ゴールデンライスに栄養があるかと尋ねられれば、答えはイエスだが、色からしても、もはや白米とは呼べないものになっている。農家や世間にそのことを説明し、食べても安全で、これまでずっと彼らが食べてきた米と味も変わらないと納得してもらうことは大きな課題になる。はっきり言えば、科学に関しては綿密な計画が立てられていたが、社会に受け入れてもらい、信頼を得るための戦略は誰も考えていなかった。

ニュースではそれほど詳しい情報は流れておらず、それさえも遺伝子組み換えと見れば何でも反対する団体の攻撃の糸口となった。グリーンピースなどが、ゴールデンライスを狙った活動を展開した。これらの団体は、統計の数値を利用して、ゴールデンライスのビタミンAの話をまったく違うものに変えてしまった。グリーンピースは、平均的な栄養不良の子供が十分なビタミンAを摂取するには1日に15杯以上の米を食べる必要があり、大人なら毎日20ポンド（約9キログラム）の米を食べなければならないという声明を出した。彼らの主張に事実に基づく根拠はなく、そのような数字が出た経緯についてグリーンピース側からは何の科学的説明もなかった。だが、話術は科学よりも説得力を持つ。化合物の名前やグラフを持ち出して長々と専門的な説明をしても、誰でもすぐにイメージできるような単純な数字には太刀打ちできない。20ポンドと言えば、普通に店で売られている小麦粉の袋で4袋、コーンフレークなら大体20箱くらいになる。1日で食べる米の量としては、とんでもない量だ。残念なことに、グリーンピースの思惑通り、この数字はみんなの頭にはっきりと刻み込まれた。そして、プロジェクトに疑いの目が向けられるようになるまでに時間はかからなかった。[15]

遺伝子組み換え米でビタミンAがほんの少ししかとれないのなら、ゴールデンライスは何かの罠にちがいないと熱くなっている人々は考え始める。すでに遺伝子組み換え作物の種と高価な除草剤を買わされている小規模農家につけこみ、思いのままにしようとしているのではないか。米をタダで渡すのは明日には利益に化けることを期待しているのかもしれないし、全盛期でさえ株価指数のS&P500で上位の企業の仲間入りをしたことがない巨大農業・製薬企業が、新たなやり方で何も知らない貧しい農家の人々から金を搾り取ろうとしているのかもしれない。ゴールデンライスについての説明はまったくの大うそだ、とグリーンピースは主張し始めた。ゴールデンライスは貧しい人々を救うために開発されたものではない。遺伝子を組み換えた種を販売し、その作物を育てるために必要な専用の除草剤を買わせることが目的だ。うわさが広まるのは速かった。ヨーロッパと北米の活動家の輪を中心に反発が巻き起こり、ゴールデンライスを最も必要としているはずの東南アジアの農村部にまで広がった。

デマが最も力を発揮するのは、その中に真実のかけらが含まれていて、すでにある程度広がった不安を刺激できるようなときだ。他の企業に先駆けて遺伝子組み換え作物を大規模に扱ってきたモンサント社に関して言えば、このうわさは正しかった。モンサントは、自社が販売する除草剤「ラウンドアップ」に耐性を持つように遺伝子を組み換えた作物を開発していたからだ。モンサントブランドの大豆やトウモロコシや綿花を植えると、これらの作物に農薬がかかっても枯れる心配がなく、雑草だけを枯らすことができる。そのせいで小規模な種子販売業者が締め出され、やがてモンサントが市場のもうけを独占するようになったのは当然の流れだ。

問題はこれだけではない。モンサントは、いまだ牛海綿状脳症（狂牛病：ＢＳＥ）に揺れるヨーロッパとイギリスでも種の販売を開始した。工業型農業では牛の消耗性神経変性疾患が広がりやすい。ＢＳＥは感染性が高く、非常に危険な病気だが、最初のうち、イギリス政府は人間に害はなく、感染した牛の肉を食べても問題はないとしていた。だが、感染した牛の神経組織を食べたことが原因で数百人がＢＳＥに感染した。工業型農業の規制に関する政府への信頼は失われ、イギリスの消費者はＢＳＥと遺伝子組み換え技術を一緒くたにして、遺伝子組み換え作物に拒否感を示すようになった。モンサントへの風当たりも強まった。[16]

激しいけいれんを起こし、自分の体を支えられず、数歩歩くのがやっとで、ゆっくりと死んでいく牛の映像はすでに世界中のテレビに流れていた。今では人間の同様の痛ましい映像もあった。かつては元気だった人が突然、口を半開きにしたままうつろな目をして寝たきりになり、けいれんを起こす。数十年にわたり、人々は出所に特に疑問を持つことなく、肉を食べてきた。今になって初めて、子牛のエサに牛の肉骨粉が使われていたことが世間に知られるようになった。ＢＳＥが群れの間で広がるのは、年老いた牛が感染すると、処分されて生きている牛のエサにされるからだ。

狂牛病の原因物質は、プリオンと呼ばれるたんぱく質だ。仕組みは完全には解明されていないが、プリオンは健康な細胞を自身と同じ異常な構造に変える。これは多くの生体内過程と同様に、自然発生的に起こると考えられている。だが、原因が何であれ、世間が注目したのは科学的事実ではなく、恐ろしい体験談だった。命を落としかねない感染症についてうそをついた政府と、利益を上げるために遺伝子を操作した種を作る企業が、遺伝子組み換え米を貧しい地域に持ち込もうとしていると活動家たちは主張した。アストラゼネカとモンサントは貧しい子供たちを実験台にしようとしているのではないのか？ゴールデンライスの遺伝子組み換えタンパク質が変異したらどうなるか？手がつけられないほどにイネがあちこちで自生し、人々が生きていくために必要としている健康な植物が育たなくなったらどうするのか？ついには陰謀論まで登場した。秘密の研究所で開発されている遺伝子組み換え作物や、世界の食料供給を手中に収めようとしている科学者と企業幹部で構成された秘密結社のうわさが流れた。

ゴールデンライスに関するデマを広める活動家たちは、高い教育を受け、たくさんの本を読み、世間の事情にも通じていた。だが、彼らはゴールデンライスについての科学的な事実をあえて無視し、自分たちに都合のいいように証拠をゆがめた。困ったことに、最新の研究開発が国際的な特許や商標の制度と切っても切れない関係にあることを説明するのは簡単なことではない。だから、ゴールデンライス反対派は事実を伝えるよりも恐怖をあおり、まだ研究途上にある問題のはっきりした答えを世間が性急に求めるように仕向けた。

ゴールデンライスの現状

2013年にゴールデンライスはようやくいくつかの水田での公的な試験栽培にこぎつけた。指揮を執ったのは、国際稲研究所といくつかのパートナー機関だった。太陽がまぶしく輝く8月の蒸し暑い朝、マニラから南東に200マイル（約320キロメートル）ほど離れたフィリピンのビコール地方にある栽培試験場に研究者たちが集まっていた。彼らの目的は、背が高く育ったイネの先に小さな黄色い穂が実っているかどうかを確認することだった。何年もの時間をかけて法律や規制のハードルを乗り越え、グリーンピースが嬉々としてあおった反発と必死で戦い抜いた末に、ポトリクスとバイエルはついに自然界で育ったゴールデンライスを目にしようとしていた。ゴールデンライスの可能性を証明するために戦い続けてきた長い日々はようやく終わりを告げる。世界規模の栄養不良との戦いで、生物工学が味方になる新時代が始まるのだ。

だが、栽培場の向こう側には（地元の農家の人間のふりをした）反対派の集団がいた。彼らは竹でできた貧弱な垣根をなぎ倒し、無理やり田んぼに入り込み、あたりを踏み荒らし、イネを引き抜いて回った。田んぼはどこもかしこも荒らされて、ひどい状態になった。のちにフィリピン農務省は、この不意打ちの襲撃は過激派団体が計画したものだと報告した。これは、ゴールデンライスがフィリピンの米市場に海外企業が入り込みやすくするために作られたものだとする陰謀論が引き起こした動きだった[17]。

のちに、ジョージ・チャーチはこの日の出来事を非難して、このように発言した。「毎年、100万人の命がビタミンA欠乏症によって危機にさらされている。ゴールデンライスを実用化する準備は基本的に2002年には整っていた。実用化が1年遅れるたびに、新たに100万人の人命が失われる。これはまさに大量殺人だ[18]」。

100人以上のノーベル賞受賞者がグリーンピースによる遺伝子組み換え生物への反対運動の中止を求める文書に署名した。この文書では次のように述べられている。「私たちは、グリーンピースとその支持者に対し、バイオテクノロジーにより改善された作物や食品に関わる世界中の農家と消費者の状況を再検討し、権威ある科学組織や規制機関による発見を認め、遺伝子組み換え作物全般、特にゴールデンライスへの反対運動をやめるよう勧告する[19]」。

だが、ゴールデンライスはいまだ宙ぶらりんの状態におかれている。2019年12月にようやくフィリピン政府がバイオセーフティに問題はないとして国際稲研究所にゴールデンライスの試験栽培再開の許可を出し、食品かエサかはともかく遺伝子組み換え米の使用の道が開けた。だが、一般に販売するにはさらに商業生産の許可が必要であり、ニュージーランド、カナダ、米国で現在規制機関による承認の審査が行われている。だが、ゴールデンライスが最も必要とされている場所ではほとんど動きがない。

私たちが十分な注意を払っていなければ、いずれゴールデンライスをめぐる騒動は古い体質の官僚がからんだつまらない小競り合いだったかのように思われてしまうかもしれない。

合成生物学の未来についてのここまでの話を振り返ってみよう。IVG（生殖細胞の体外培養）で成人の細胞から精子と卵子の細胞を作り出し、人工知能が子宮内に移植する最高の受精卵を選ぶ。ことによると、人間のお腹の中に戻すのではなく、医療機関で用意された人工子宮の中で受精卵を育てられるようになるかもしれない。研究者たちはアフリカゾウのゲノムにケナガマンモスのゲノムを加えて、はるか昔に絶滅したケナガマンモスをよみがえらせようとしている。同様のやり方で、今はもういないさまざまな生物が現代によみがえることになるのではないか。さらに、どろりとした幹細胞を生物反応槽の中で培養して、分厚いジューシーなステーキを作れるようになる。別の植物や動物の組織を混ぜて、風味や触感を高めることもできるかもしれない。進化と私たちの知る生命を改善できる大きなチャンスが来ている。しかし、教育にしっかり投資し、多大な労力をかけてデマの拡散を抑えなければ、科学者たちは永遠に研究に対する世間の信頼を得られないかもしれない。

――私たちはなぜ科学者を信じるのに、科学そのものを信じないのか

ピュー研究所は、2020年に米国科学振興協会の会員と、幅広い一般の人々を対象にしたアンケート調査を実施した。調査は価値観と信頼が主なテーマだった。子供のワクチンについてどんな情報を信じているか、バイオテクノロジーについてどう思うか、動物研究についての意見から国際

宇宙ステーションに対する見方まで、質問は多岐にわたった。一般の回答者の意見と科学者の意見は多くのテーマで一致した。例えば、国際宇宙ステーションについては、科学者の68パーセントと一般人の64パーセントが投資に値する価値があったと回答した。だが、遺伝子組み換え食品に対する意見の食い違いは驚くほど大きかった。科学者の88パーセントは遺伝子組み換え食品を栽培したり、食べることにまったく危険はないと回答したが、同じように答えた一般人はたった37パーセントしかいなかった[20]。

同じ調査では、米国内で最も信頼できると思われる職業についての質問もあり、科学者は2位にランクインした（1位は軍人だった）。宗教指導者や幼稚園の先生など、多くの職業よりもずっと上の順位だ[21]。

私たちはなぜ科学者を信じるのに、科学そのものを信じないのか？

1つの理由としては、ずっと信じてきたことに反するような変化は拒否するように生物としての私たちの本能が告げるのかもしれない。新しい情報が入ってきたときに、人間はこれまで考えてきたことを前提にして情報を処理する。新たな情報をすでに信じている内容に合わせるのは、まったく新しい考え方を取り入れるよりもはるかに頭を使わずにすむ。それに、自分の間違いを認めて、かっこ悪い、恥ずかしい思いは誰もしたくないという点も重要だ。そのような状況では、人間は本能的に論理的推論と批判的思考を駆使して全力で反論しようとする。いくつかの研究で、高い教育を受けた人ほど、自分の信念に反する証拠は間違っていると思い込みやすいことが示されている。つまり、遺伝子組み換え食品に対して確固たる意見を持っている人、あるいはゴールデンライスについてどちらかの立場からの話をすでに聞かされている人がこの章を読むなら、合成生物学の可能性や、パート3で語られる内容について考えるときに、一切の先入観を捨てて読み進めてほしい。私たちはこれから、今後50年間の地球全体の進化に関わる未来のシナリオを探っていこうとしているからだ。

多くの人たちは答えがあれば安心する。私たちはあいまいさを嫌い、確かさを強く求める気持ちがある。だから、あらゆる点に説明がつけば納得する。当然ながら、感情は私たちの判断を鈍らせる。遺伝子組み換え生物のような複雑なテーマの結論がまったく見えないとき、不安と疑念にかられて想像がふくらみ、実際よりもずっと悲惨な未来が待っているように思えることがある。たとえ毎年何百万人もの人間が簡単に予防できる病気にかかり、場合によっては死に至っているという悪夢と変わらない現実が目の前にあったとしてもだ。

状況が違っていれば、ゴールデンライスには別の運命もあったのではないだろうか。特許の所有者たちが世界的な人道支援活動のためのライセンスの使用に同意し、ことによるとライセンス使用料もごく少額か、無償にしてもらえたかもしれない。一般の人々を相手にバイオリテラシー向上のための取り組みが行われ、研究の理解を得やすい状況が生まれ、さまざまな形式や言語で研究内容が公開されていたかもしれない。注目を浴びそうな公共サービスを発表したり、みんなに信頼されていて親しみの持てそうな有名人、マイケル・ジョーダンやオプラ・ウィンフリー、トム・ハンクスらを起用してゴールデンライスの素晴らしさをアピールしてもらうようなバイオリテラシーの向上のさせ方もあっただろう。そうすれば、彼らは小さな茶碗を手に持ち、スプーンでこの栄養たっぷりのライスを口に運ぶポーズをとってみせたのではないか。パントン・カラー・オブ・ザ・イヤーに「ゴールド」が選ばれたかもしれない。ドラマ『フレンズ』で夕食を作ろうとして失敗を重ねたロスがゴールデンライスを食べるようなエピソードが制作されたかもしれない。ゴールデンライスは特別でもなんでもない、ありふれた主食になっていて、栄養不足は過去の出来事になっていたかもしれない。

パート

3

未来

第9章

近い将来に実現しそうな可能性を探る

バイオテクノロジーのツールがより身近になるにつれて、合成生物学の用途はあらゆる主要産業に広がり、生活や進化のペースも変わっていくはずだ。現段階では想像もつかないような社会、経済、セキュリティの問題が起こり、飢餓や病気、気候変動の問題にこれまでの常識をひっくり返すような解決策が登場するだろう。そこにはさまざまな要素がからんでくる。中国、米国、フランス、ドイツ、イスラエル、アラブ首長国連邦、日本の研究所で、研究者たちがそれぞれ奮闘し、ベンチャー投資家はスタートアップ企業を分析して投資先を決める。さまざまな用途に特化した企業、例えば、オーダーメイドの生物を設計するギンコ・バイオワークスが上場したり、上場の一歩手前まで行く。規制機関は枠組みの見直しに乗り出すだろう。次の大きなブレイクスルーが起こる可能性を統計的に計算する方法はもちろんない。しかし、グーグルが親会社となっているAI開発企業のディープマインドは、タンパク質の立体構造予測アルゴリズムの改良に取り組んでいるし、1回打てば一生にわたって効果が続くインフルエンザワクチンの開発を進める企業も多い。

合成生物学はいまだアレキサンダー・グラハム・ベルがチッカリングホールで電話を披露したときと同じような段階にあるため、未来を予想しても無駄だという意見もある。どんな作戦を立てたところで見直しが必要になるし、他にもサイバー攻撃や失業などの差し迫った問題がある。だが、本当の理由は不確定要素があまりにも多いことと、私たちが当たり前だと思ってきたことを問い直すような（しかも簡単にはひっくり返せないような）決定が毎日のように行われていることにある。今の段階で「もしこうなったら、どうなるか」と積極的に問いかけていれば、将来的に「今度はどんな問題が起きたのか」という話にならずにすむ。そして、これらの問いかけにはさまざまな問題が関わってくる。

- もし、これらの分野の研究者たちが世間の信頼を得て、保ち続けるために必要な仕組みを作り上げることができなかったら、どうなるか？
- もし、生命の未来が少数の意思決定者にゆだねられたら、どうなるか？スキルや知識を理由として、一部の人間に地球上の生命、もしかすると太陽系のどこかにいる人類の進化をコントロールする力が集中することはないだろうか。それに、生命の書き換えに手を出すのは誰になるのか？
- もし、意図的な生命のデザインにより、家族や妊娠・出産に関する考え方が変わったら、どうなるか？
- もし、将来的に、一部の人々が他人の遺伝子情報を「所有」したら、どうなるか？米国を含む多くの国では、人を奴隷として所有することが法律で認められていたという醜《みにく》い過去がある。自分や勤務先が、誰かの遺伝子配列に対する権利を所有することで、人間を所有することはありえるのだろうか?

▨もし、体のハッキングができるようになったとしたら、どうなるか?悪意を持った人間が体にいい細菌やウイルスに手を加えて、胃腸疾患を起こして体を弱らせるようにしたら、どうなるか?もし、DNAデータベースが持ち主の明確な同意のないままにDNAのデータを第三者に売り渡したら、どうなるか?遺伝子のプライバシーにはどんな要素がからむのか?自分の遺伝子データを自分だけのものにして、第三者から守る権利は私たちにあるのだろうか?

▨もし、私たちが生まれつきの体をアップグレードすることが認められるようになったら、どうなるか?許可されるアップグレードを決めるのは誰になるのだろうか?その結果、新たな人間と動物のキメラが登場したら、どうなるか?例えば、カニクイザルと同じような長く、力の強い指を持った人間が現れるのだろうか?

▨もし、金持ちにしか出せないような金額で我が子をアップグレードできるようになったとしたら、どうなるか?このような格差が未来の社会をどのように分断することになるのか?遺伝子操作をしていない人間は社会で差別を受けるようになるのか?

▨もし、農業の進歩が政治やデマに邪魔されたら、どうなるか?世界的な気候変動の結果、食糧不足が起こったらどのように対応するのか?

▨もし、長期的に考えて公共の利益につながらないとしても、すでに定められている兵器禁止条約に違反しない範囲で生命のデザインに関する決定を各国が行うようになったとしたら、どうなるか?

▒ もし、中国が人工知能と合成生物学の両方で優位に立ち、将来的にこれらの技術を支配するための世界標準を策定したら、どうなるか？そうなれば、米国が主要技術から締め出され、地政学的に重要なライバルの後塵を拝することになるのだろうか？

ほとんどの政府は、今という重要な時期に、合成生物学やそれを支える人工知能、ホームオートメーション、生体認証データ収集などの周辺技術を含め、新たに出現した科学技術の長期的な研究開発の投資目標をはっきりさせられるような青写真を持たない。研究者たちは立ち止まることなく新たな発見をし、新たな用途を考え出している。技術の進歩と、その進歩から意義のある何らかの方向性を見出し、うまく管理する人間の能力の差は広がる一方だ。政府機関はこのような現実をまったく見ようとせず、時代遅れのままの規制が混乱を招き続けてきた。

米国では、科学技術に関する政策が政治と強く結びついている。だから政権や議員の交代が繰り返されるたびに、常識や基準がころころ変わる。一貫性のある視点が作り上げられ、支持され続ける可能性はほとんどない。新たに登場する科学技術に関する戦略を立てることに失敗すれば、法制度や政治体制と民間セクターを対立させ、のっぴきならない結果を招くことになる。合成生物学が主流になるまで待つのは、すでに国家規模で戦略的利益を見据える中国に、米国をはじめとする先進国が後れをとるに等しい。

米国の政府と規制機関は、短期志向を推進している。だが、短期志向の危険性は、全世界を巻き込んだ新型コロナウイルス感染症の大流行で浮き彫りになった。政府は決定的な行動をとるタイミングでためらう。安全対策を義務づける代わりに、選挙を心配して世間の顔色をうかがっている。新型コロナウイルス感染症が発生した当初からウイルス否定派で感染対策に強硬に反対していたブラジルのジャイール・ボルソナロ大統領は、過去にたちの悪い感染症の流行を何度も抑えることに成功してきた同国の公衆衛生政策をひっくり返し、国家としての対応を怠った。2021年5月までに、ブラジルでは50万人近くが死亡した。[1] インドのナレンドラ・モディ首相は、最初のうちこそ新型コロナウイルス対策を拒否していたが、突如として出入国を制限した。多数の労働者に影響および、経済の混乱は大きかった。[2] わずか数カ月後に、彼は新型コロナウイルス流行の終息を自ら宣言した。さらにおかしなことに、首相はインドが「大災害から人類を救った」と発言した。[3] クリケットの試合が再開され、パレードや宗教行事は人数制限を設けずに開催することが認められた。モディ首相が所属するインド人民党でも政治集会を開くことが奨励された。ワクチンは手に入らなかったし、他の国とは違ってインドは国境の封鎖もしなかった。新たな流行の波が来たときに国から貸し出すための人工呼吸器の備蓄も持たなかった。まもなく、患者が増え始めた。対応は行き当たりばったりで、公衆衛生の指針もなかった。ワッツアップなどのソーシャルメディア・プラットフォームでは、間違った治療法、ワクチンの副作用に関する誤解を与えそうな体験談、インドで一時期新型コロナウイルス感染症が大流行し、数週間のうちに数十万人の死者が出たのは、イスラム教徒が裏で糸を引いていたというまったくでたらめな人種差別主義者による発言などのデマがあっという間に広がった。[4] 他にも、安全性を軽視して手を抜いたり、中毒性や有害性があることを知りながら製品を製造したり、社会のためではなく自社の利益を優先したりする、民間セクターの短期志向から甚大な被害が出た例があった。

こうした例を見ていれば、「もしこうなったら、どうなるか」を今考えなければいけない理由が十分にわかるはずだ。そうした問いは、合成生物学の研究にブレーキをかけたり、イノベーションを邪魔することはない。それどころか、逆の効果がある。私たちが合成生物学の次なる影響について冷静に対話を進めれば、社会的にも経済的にも一番得をするように態勢を整えることができる。

そのための方法の1つは、シナリオを作成し、それに沿ってさまざまな判断や対応、結果を考えてみることだ。シナリオでは、現在正しいとわかっている事実をもとに、世界がどのように変化する可能性があるかを書き出していく。最新の科学で示された情報と、社会に関する詳細な予測を踏まえつつ「もしこうなったら、どうなるか」を考えていけば、ふさわしい対応を見い出せるだろう。

手始めとして、例えば、受精卵を使った研究について、世論や経済などについての前提を挟みつつ、「もしこうなったら、どうなるか」を考えてみよう。

・もし、科学者たちが（1）多能性細胞を使ってマウスの受精卵を人工的に作製し、（2）組織や細胞をリバースエンジニアリングしてiPS細胞に変える体外培養により、生殖細胞を作る方法の研究に力を入れたらどうなるか?
・その通りになったうえで、（1）家族を持つことを先延ばしにするようになったことを主な理由として、生殖医療に対する市場の需要が高まり続ける、（2）CRISPRによる受精卵の編集が受け入れられるようになり、体外受精が利用しやすくなる、（3）貧富の差が広がる、（4）ミレニアル世代やZ世代の求人市場は厳しい状況が続く、(5) 数値が出るフィットネス・トラッカーの利用を技術企業が消費者に促し続ける、という前提に立って考える。

これらの前提がその通りになるなら、10年から50年先にはどんな未来が待ち受けているだろうか?

シナリオは、企業の幹部やチームが見当もつかない不確定要素を迎え撃つための効果的な戦略ツールになる。未来をあらかじめ、なぞることができるからだ。役員会や経営管理チームはシナリオを利用して、自分たちが何をするべきか、どのようにすればうまくいくかを突き止め、現在の戦略を成功させるために不可欠な条件を把握する。軍事戦略を考える人々も同じようにシナリオを利用して、さまざまな行動や作戦の結果を予想し、分析する。設計チームは新製品や実際の使用法、使用感を予想するためにシナリオを使う。

将来的に生じる結果を探るときには、誰でもシナリオを使うことができる。私たちは誰もが自分の頭で判断をしているが、ああなったらこうなるはずだという私たちの思い込みは、ときとして危険な場合もある。私たちは証拠を都合よく解釈し、怪しげな前提とデータを組み合わせ、自分が持っている先入観に合うような手がかりだけを拾い上げる。別の世界観で物事を眺められるシナリオなら、このような思い込みは打ち砕かれ、さらに現実を新たな目で再認識するという何物にも代えがたい能力も身につく。

判断力に頼ろうとせず、好奇心だけで不確定要素に立ち向かうのがむずかしいときもある。特に

「もしこうなったら、どうなるか」が自分の政治的な意見や信仰、理性と対立するような問いかけの場合はそうなりやすい。だが、「再認識」という行為は、現在の予想とは違った未来の可能性に目を開かせてくれる。そうすることで、どんなときでもすべてを知るのは不可能だということ、現時点で認識していることを頭から信じ込むよりも好奇心のアンテナを張り巡らせる方がいいことがわかってくる。

仏教では、再認識の重要性を説明するゾウのたとえ話がある。どこかで聞いたことがあるかもしれないが、再認識の大切さを忘れないためには役に立ちそうな話だ。盲人の集団が何かに出くわした。行く手に立ちはだかるものをみんなでさわって、それが何だか確かめようとしたが、誰1人として正体がわからない。1人はゾウの横に立っていたので、これは壁かもしれないと考えた。別の1人は牙だけにさわって、やりがぶらさがっていると考えた。さらに別の盲人は後ろに飛び下がって、ヘビがいると思った。盲人たちの議論はいつまでも終わらなかった。おのおのが限られた範囲で認識した現実を主張して譲らず、牙と足と鼻がすべて巨大なゾウの一部である可能性にはついに誰も思いいたらずじまいだった。

合成生物学は私たちに再認識を求めている。次の章からは、合成生物学が今後50年の間に私たちの生活のさまざまな側面をどのように変える可能性があるかを説明した、短いシナリオを見ていく。私たちは、合成生物学の広大なバリューネットワーク、すべての参加者によって価値が生み出される組織的体制や、学術研究やさまざまな市場の投資決定から得られたデータと証拠を検討した。富の分配と求人市場の進化、プライバシーに対する意識の変化、保育や教育、医療、栄養、住まいなどの社会経済的要因についても考え、現在の合成生物学のエコシステムで重要な位置を占める中国、EU、米国の政治的状況を評価した。一方で、火星のテラフォーミング（惑星改造）などの宇宙開発に向けた新たな協力関係の影響も考慮した。合成生物学は、人工知能や電気通信、ブロックチェーン、家電、ソーシャルメディア、ロボット工学、アルゴリズム監視など、周辺領域の技術と関わっている。これらはどれも、バイオ経済で存在感を増しつつある。

これから見てもらうシナリオは、答えよりも疑問を多く残すことになるだろう。私たちの意図は、どうすれば合成生物学がみんなにとってよりよい未来を作り上げることができるかについて意見を出し合い、話し合うきっかけを作ることにある。このような議論が公の場でなされなければ、合成生物学は世間の理解を得られないまま発展し、危険でいびつな認識を生みかねない。ゾウの鼻をヘビ、牙をやりだと主張する人間は後を絶たない。だが、自分たちの前に立ちはだかるものの正体を知る者が、人類の未来を左右する決定を下すことになるだろう。

第10章

シナリオその1 子作りはウェルスプリングで

ウェルスプリングへようこそ。世界的に有名な不妊治療の専門家と最新の生殖補助技術が新たな生命の誕生をお手伝いします。ウェルスプリングはこれまでに300万件以上の体外受精を手がけ、成功率は米国内でもトップクラスです。ウェルスプリングで不妊治療を受けたカップルからは10秒に1人の割合で赤ちゃんが生まれています。

「ウェルスプリングの遺伝子設計担当者は、患者の思いに丁寧に寄り添ってくれます。無理に選択を迫られることはありません。私たちは自分たちで選んだアップグレードに自信を持っており、家族が増える手助けをしてくれたウェルスプリングへの感謝は尽きません。」

ソーヤー&カイ・M

【サービス内容】

すべてのカップルには、赤ちゃん誕生までの全過程をサポートする担当ウェルスプリング・チームがつきます。チームには、遺伝子設計担当者、デジタル生殖補助担当者、遺伝暗号の専門家、代理出産仲介担当者、技術者、ウェルスプリング・コンシェルジュなどがそろっています。アップグレード、受精卵の凍結保存、人工培養などを希望される場合は、それぞれの専門家もウェルスプリング・チームに加わります。

受精卵が作製されると、担当技術者が着床前スクリーニングを実施し、受精卵がご要望に沿っているかどうかを確認します。[1] ただし、場合によっては変更もございます。スクリーニング中に単一遺伝子変異や構造異常が見つかった受精卵は候補から除かれます。最も条件のよい受精卵のリスク要因につきましては、デジタル生殖補助担当者とウェルスプリング・コンシェルジュから直接お話しさせていただきます。受精卵は1個（推奨）または2個（双子でも育てられる場合）をお選びいただき、ご自身かパートナーか代理母、あるいは厳重なセキュリティが整った受精卵培養施設の人工子宮に移植します。必要な場合もしくはご希望がある場合は、今後の体外受精で使用できるよう、残りの受精卵の暗号化と凍結と保管も承ります。

【よくある質問】

子供を作ろうとするときには、遺伝子をプログラミングし直す過程でどのような特性を選べばよいか、迷われることでしょう。ここではお客様から頂くことの多い質問とその回答をご紹介します。

――皮膚細胞の採取は痛くありませんか？

少しヒリヒリするとおっしゃられる方が多いですが、ひどい痛みはありません。ひじから手首にかけての皮膚のごく一部を消毒してから、技術者が弱い局所麻酔薬を注射します。麻酔が効き始めたら、技術者が精密メスで少量の皮膚をそっと切り出します。通常は縫うほどの傷にはならず、1週間以内で治り、跡も残りません。

——注文できる受精卵の数に制限はありますか？

当社のＡＩシステムが数百万通りのシミュレーションを行い、ご希望に沿った最適な遺伝子構造を導き出します。移植の候補となる受精卵の数は6個までとさせていただいております。数は少なくとも優秀な受精卵がそろい、ご希望通りの多様な特性が得られます。長年の研究により、ご両親の選択肢が多いほど、結果に対する満足度が下がることが明らかになっております。遺伝子設計段階であまりにも選択肢が多いと混乱を招き、後悔のもとにもなりかねません。このように選択肢が多いほど不幸を感じやすくなるという現象は、「選択のパラドックス」と呼ばれます。当社独自のアルゴリズムがお客さまの環境に最適な組み合わせでご希望の特性を選んでおりますので、どうぞご安心ください。

——どんな特性を選ぶことができるのですか？

遺伝子設計の段階で、デジタル生殖補助担当者からご本人、またはご本人とパートナーに個別にお話しさせていただきます。デジタル生殖補助担当者は面談を行い、お客様の思いやご経験、どんなことを期待されるかをおうかがいします。また、所定の遺伝子検査を受けていただき、遺伝する特性や体質を調べます。検査が終了して結果が出たところで、お客様専用の特性リストを作成し、ご希望をおうかがいすることになります。お選びいただけるのは、性別や体格、認知能力などのさまざまな特性です。[2]

――指定された組み合わせではなく、好きな特性を自由に選ぶことはできますか？

残念ながらできません。特性の選択を制限させていただいている理由は2つあります。第一に、お子様はお客様のDNAを受け継いでおられるため、お客様の遺伝的な体質がある程度まで受け継がれます。[3]第二の理由は、組み合わせることができない遺伝的特性があるためです。例えば、靴のサイズは身長に比例します。180〜200センチの身長をお選びになった場合、歩幅やバランス、姿勢を考えた最適な靴のサイズは26〜35センチとなります。背が高くて足が小さいと、お子様はかなり動きにくさを感じることになるでしょう。同じように、優れた分析力や高い記憶力のように認知能力に関わる特性をお選びになった場合、直感力や抽象的な思考を行う能力を高くすることはできません。ウェルスプリングでは、新たに誕生する命の全体的なバランスに配慮しております。

――受精卵をアップグレードさせることはできますか？

収入基準を満たしておられる方を対象に、特定のアップグレードをご用意しております。現時点では、ウェルスプリングは記憶力、BMI、骨密度、肺活量、咽頭腔の拡張（声の響きがよくなる）、足の指の間の小さな水かき（水中スポーツの能力が向上する）、遺伝子操作による嗅覚強化などの承認を受けたアップグレードを行うことができます。

――アップグレードにかかる費用負担を軽減する支援制度はありますか？

健康保険に加入されている場合は、出産にいたるまで最大で3回の生殖細胞の体外培養を行う費用の助成を受けることができます。ウェルスプリングの世界レベルの生殖補助技術は、ご本人またはパートナーのご希望、もしくはスクリーニングの結果に合わせ、標準的な遺伝子基準の範囲内で新たな生命の誕生のために活用されます。例えば、ご本人のＩＱが90から１１０の範囲であれば、受精卵がそのまま成長した場合の将来的なＩＱもその範囲になります。健康保険の適用外となるアップグレードは、全額ご両親の負担となります。申し訳ございませんが、アップグレードの費用負担を軽減する支援制度はございません。

――退役軍人は自動的にアップグレードの資格を得ることができますか？

現在の政府の5カ年計画によれば、退役軍人の皆様は自己負担なしでアップグレードをご利用いただくことができます。アップグレードに興味をお持ちの退役軍人の方は、事前に軍隊用遺伝子プログラムへの登録が必要です。軍隊用遺伝子プログラムの参加者を担当するチームには、遺伝子設計とスクリーニングの過程をモニタリングし、お子様に合わせて軍隊用遺伝子プログラム専用のアップグレードを選ぶ専門担当者も加わります。軍隊用遺伝子プログラムの適用を受けて誕生したお子様は18歳になるまでモニタリングが継続され、その後は4年間の兵役が義務づけられています。兵役期間の終了後は、そのまま軍隊の勤務を続けることも、公的機関のしかるべき職につくこともできます。軍隊用遺伝子プログラムで誕生したお子様は、生涯にわたる雇用が保証され、福利厚生もすべて利用できます。

――ウェルスプリングの非公開ベータアップグレード・プログラムはどうすれば利用できますか？

ウェルスプリングは品質にこだわりを持ち、政府が求める厳しい基準を上回るべく継続的に手順や手法を丹念に見直しています。生殖補助技術のパイオニアであるウェルスプリングは、新たな特性やアップグレードの開発に向けて日々懸命に取り組んでいます。ベータアップグレード・プログラムでは専門チームが組まれ、新たに開発された特性やアップグレードがすでに準備の整った受精卵の希望の遺伝子設計に合うかどうかをお客様ごとに判断します。ベータアップグレード・プログラムは、利用者とプログラム責任者の合意の上で実施される非公開プログラムです。ベータアップグレード・プログラムの利用が認められた場合、費用は発生しません。ただし、標準アップグレードの利用対象でない方が、それに代わるものとしてベータアップグレード・プログラムを利用することはできません。

ご注意　軍隊用遺伝子プログラムに参加される方は、自動的に軍隊用遺伝子プログラム専用のベータアップグレード・プログラムをご利用いただけます。申し込み手続きは不要です。

――生殖細胞の体外培養サイクル中に利用できるベータアップグレード・プログラムには、どのようなものがありますか？

お客様の遺伝子構造に適合するベータアップグレード・プログラムにつきましては、遺伝子設計担当者にご相談いただくことをお勧めいたします。現在、ウェルスプリングでは以下のようなベータアップグレード・プログラムをご用意しております。

・呼吸器系のアップグレード――右肺は3つの葉（上葉、中葉、下葉）、左肺は2つの葉（上葉と下葉）にそれぞれ分かれていて、気管支でつながっています。このアップグレードプログラムでは、左右の肺に肺葉を1つずつ追加し、気管支を広げて、心臓の容量を増やします。運動能力を重視される場合、このアップグレードを行えば心肺機能の強化が期待できます。

・暗視力の改善――普通の目では、（月明りやろうそくの火のように）少しの光があれば視界が確保されます。しかし、網膜の指向性ニューロンをプログラムし直して、脳に送る情報量を増やすこともできます。そうすることで、真っ暗な部屋やクローゼットの中のように暗い場所での視力が向上します。森の中や夜中の田舎道のような自然光がほとんどない場所でも、アップグレードした網膜があればはっきりと細部まで見えるようになります。
重要なご注意　このベータアップグレードでは、網膜を過度の光から守るため、茶色の色素が多く作られるようになります。そのため、目の色に青、薄紫、青緑、緑、橙、桃色をお選びいただくことはできません。

・皮膚の改善――ホモ・ネアンデルターレンシスこと、ネアンデルタール人には、ホモ・サピエンスよりもはるかに多くのケラチン（繊維状のタンパク質）を作る能力がありました。ネアンデルタール人の皮膚や、髪や、爪は私たちに比べてとても丈夫で、寒い気候での生活に適していました。このプログラムはまだ試験段階ですが、ネアンデルタール人特有の遺伝子を取り入れて、ケラチンの産生を増やします。これは主に美しさを追求したアップグレードで、皮膚がふっくらとなめらかになり、年をとってもしわができにくくなります。また、一般的には髪がふさふさになり、丈夫な爪を（もし希望されれば）長く伸ばすこともできます。[4]

――自分で代理母を見つけられなかった場合はどうなりますか？

厳重なセキュリティが整い、暗号化されたウェルスプリングの受精卵培養施設で、妊娠の代わりとなる安全な手段をご用意しております。人工子宮の専用区画はお客様の遺伝子プロファイルに合わせてカスタマイズされ、デジタル生殖補助担当者2名とウェルスプリング受精卵培養専門家1名により、継続的なモニタリングが行われます。お客様専用のダッシュボードにアクセスすれば、超音波画像をいつでもお好きなだけ撮影できます。赤ちゃんに聞かせる音もお選びいただけます。お客様の声、ホワイトノイズ、ピンクノイズ、ブルーノイズにブラウンノイズ、さらには音楽まで、発達段階の最適な時期にお聞かせします。お誕生の日には、ご本人様と3人までのご家族が手術室に入り、自動化出産の専門家チームがコンパートメントを開けて赤ちゃんを取り出す瞬間に立ち会うことができます。ご自宅での新しい生活が軌道にのるまで、担当のウェルスプリング・コンシェルジュが育児に必要なあらゆるサポートをいたします。[5、6、7]

第11章

人間が老化しなくなったら

1990年代半ばから2000年代前半に生まれたZ世代に孫ができ始める2050年代後半には、高齢者の見た目に関する常識も変わった。手の皮膚はなめらかではりがあり、髪の毛はふさふさで、年齢からは考えられないほどきびきびと動き回る。加齢に伴って起こると考えられている分子レベルの変化――遺伝子の不安定化、ミトコンドリアのダメージ、組織の劣化、炎症、細胞膜のひび割れなどはまったく見当たらない。前の世代に影響を及ぼしていたわずかな変異や代謝障害はすべて、今や問題にはならなくなった。Z世代は年を取ったが、老化はしていない。

老化はあまりにも当たり前の現象だったため、人間の体が老化する理由に科学者たちはあまり注目してこなかった。老化が起こる基本的な理由はみんなが知っていた。人間の細胞が分裂できる回数に制限があるという単純な理由だ。細胞分裂が起こらなければ、体は成長も、修復も、生殖もできない。さらに細胞は年をとるとゾンビのようになる。つまり、まだ死んではいないが、正しく機能しない。それなのに、適切なタイミングで死滅して体外に排出されたり、再利用されることもない。老化した細胞が分泌する分子は、組織や器官にダメージを与える。

それ以外にも、老化の過程についてはいくつもの説がある。炎症レベルや、細胞の修復や再生に関わる幹細胞を活性化できなくなることが老化に関係しているとする説もあるし、老化は全体のバランスの乱れだと考えれば説明がつくという意見もある。内分泌系や呼吸器系や微生物叢はばらばらの速度で劣化が進む。そのために体内のバランスが崩れ、体の仕組みがやがてうまく機能しなくなる。他にも、単なる進化遺伝学の問題だという考え方もある。自然選択の結果として形成された人類のゲノムは、早い時期に思春期を迎え、子供を作るようになっている。そして、子孫ができれば、生物学的な観点から見てそれ以上長生きする理由はない。

とはいえ、老化がどうにも避けようがない現象ではないことは数十年前から複数の生物で証明されている。ラットなどの生物でカロリー摂取を厳しく制限すると、平均寿命が延びる。年をとったマウスと若いマウスを手術で結合し、血流を共有させるパラバイオーシス（並体結合）の研究では、年をとったマウスの細胞や組織の再生がうまい具合に促されることが示された[1]。老化した細胞がゾンビに変わる前に自殺するよう遺伝子を組み換えたマウスを使った興味深い研究では、おどろくべき結果が出た。普通なら老年に達しているはずの生後22カ月が経過したマウスは、見た目も動きも若々しく、健康そのものだったのだ。さらに遺伝子を組み換えることで、マウスの寿命は最大42パーセントも伸びた。

結果を見ると期待がふくらむが、人間に応用するのは簡単ではない。マウスと人間は生理学的に大きく異なっている。２０２０年代にブームになったカロリー制限ダイエットは、老化を遅らせるいくらかの効果があった。ただし、そのようなダイエットをすると体力が落ちて疲れやすくなるし、長生きに強くこだわる人々でも絶食を日常的な習慣として続けることはむずかしい。最先端のアンチエイジング治療として、20代の血液と血漿を高齢者に輸血する治療法が行われていたこともある。だが、輸血には高額な費用がかかるうえ、感染症をもらうリスクもある。いずれにせよ、そのような治療を手がけていた健康スタートアップ企業はどこもほどなくしてつぶれた。わざわざ金を出してリスクのある医療を受ける実験用モルモットになる特権を富裕層は望まなかったからだ。

中国科学院と傘下の北京ゲノム研究所、北京大学の研究チームが数年間で10万人の高齢者を対象とした長寿研究を終えた後も、議論には決着がつきそうになかった。これは類を見ないほど野心的な研究で、最終的には２０２７年に結果が発表されたが、いくつかの確かな糸口を残したように思われる。[2,3]

少なくとも、そう思われていたことは確かだ。数人の科学者たちが、報告書の中に埋もれていた老化細胞に関する非常に早い時期の研究成果を見つけ出し、研究を続けた。彼らは、老化細胞を狙い撃ちにする低分子薬や、送達にウイルスやナノ粒子を使った遺伝子治療でそれらの細胞を不活性化する方法の研究に乗り出した。２０３５年には、健康を促進し、寿命を延ばせるというふれこみで老化細胞除去薬と呼ばれる新たな治療薬が発売された。[4,5]

このうたい文句の正しさを立証してＦＤＡの承認を受けるため、研究者たちは細胞療法も併用しながら、これらの薬を最初は高齢のマウスに、次は高齢のイヌに、最後は人間に投与して大規模な「若返り」実験を行った。この治療法では古い細胞が取り除かれて、新たな細胞の成長が促される。被験者のバイオマーカーの値がほとんど若者に近いレベルにまで戻るという結果に、科学者たちは心を躍らせた。だが、世間を興奮させた非常に説得力のある証拠が何だったかと言えば、治療を受

けた高齢者の見た目が若々しくなり、本人たちにも若返ったという実感があったことだ。[5,6]

ある主要研究では、日常的な活動で衝撃を吸収する膝の半月板を形成する、ぐにゃぐにゃしたコラーゲンを分泌する細胞に照準を合わせた。老化が進むと、十分な量のコラーゲンが作られなくなって半月板が劣化し、膝にかかる力の多くが膝関節の骨に伝わるようになる。力を吸収するときに骨がこすれ合うと、関節がすり減ってもろくなり、神経に損傷を与える。手術をしないまま放置して半月板がすり減ると、椅子から立ち上がったり、部屋を歩き回るといった単純な動作でさえつらくなる。若返り実験で1回注射を打つと、細胞が再びコラーゲンを分泌し始め、ぼろぼろになっていたひざの関節も若さを取り戻した。治療を受けた被験者は、数日後には走ったり、ダンスをしたり、テニスやバスケットボールも楽しめるまでに回復した。

加齢に伴って自然に衰える聴力にも、若返り治療は優れた効果を発揮する。生涯にわたって大きな音を聞き続け、さらに細胞の老化や、音を感じ取る内耳の有毛細胞の減少も重なって、聴力が低下していくことをかつては避けられなかった。聴力の低下が招く影響は深刻だ。歩行に問題が生じたり、転倒したり、認知機能の低下につながることもある。人工知能が自動的に波形を調整してくれる最高の補聴器を使うにしても、耳の周りに機械を装着するわずらわしさがある。どんな装置にも言えることだが、補聴器にも欠点がある。メンテナンスや、バッテリーや、アップグレードが必要だし、なくすこともある。だが、若返りの注射を1回打てば、たったの数週間で聴力は若い頃と同じくらいまで回復し、使い古した補聴器は無用の長物になる。

化粧品業界の大手企業も、すぐに新たなアンチエイジング技術に飛びついた。しわの改善に昔から用いられてきた神経毒素のボトックス（ボツリヌストキシン）の改良版を業界はずっと探し求めてきた。すべての始まりは、CRISPRの塗り薬が開発されたことだ。よく知られているように、CRISPRクリームは皮膚のすぐ下にある細胞を活性化することで肌のはりを取り戻してしわを減らす効果があり、そもそもは最も一般的な性感染症であるヒトパピローマウイルスの治療のために開発された。最初に発売された子宮頸部に直接塗るタイプのCRISPRクリームは売れ行きもよく、研究者たちは他にも使い道がないか調べ始めた。まもなく、中国の研究チームがCRISPRジェルに特定の遺伝子を不活性化する効果があることを発見した。健康に害をおよぼす副作用も見当たらない。眉間のしわを消したり、髪の成長を促したり（あるいは成長を止めたり）、髪や皮膚の色を変えたり、微生物叢を調整してニキビを治療するCRISPRクリームが発売されるまでに時間はかからなかった。これらの最新の治療薬には、麻酔も、注射針も、医師もいらない。治療したい場所に正確に塗れるし、塗るだけで見た目が変わるだけでなく、皮膚が若い頃の状態を取り戻す。

しかし、効果は美容面に限られる。業界が強く望んでいたのは、健康と長生きの効果がある全身治療薬で、市場では数百兆単位の価値が見込まれていた。彼らはその実現に向けた長期的戦略を考え、着々と準備を進めた。

最初に選ばれたのは、何十年も前から長寿研究の実験に最適だと考えられてきたイヌだ。人間と同じように年をとるにつれて認知能力が低下するし、人間の環境をイメージしながら行動と活動性を調べやすい。2040年代に入ると、ロレアル・エスティー・ローダーのような化粧品大手企業が、遺伝子組み換えラブラドールレトリバーやジャーマンシェパードを使った長寿研究に数十億ドルを投じ、その裏側では映画や、小説や、コラムでこっそりと人間が長生きすることの素晴らしさを宣伝していた。[7]

すべては順調だった。だが、加齢に関連するさまざまな病気を治療する効果がCRISPRにあることが証明された後も、研究者たちは全身に効果のある薬を探し続けた。実験では、ラットが年をとるにつれて、ニコチンアミドアデニンジヌクレオチド（NAD+）と呼ばれる分子が減っていくことがわかった。NAD+分子がDNAの修復を担う7個の遺伝子で構成されたサーチュイン遺伝子を活性化することも明らかになった。NAD+が60パーセント増えると、細胞のエネルギーと代謝が刺激されて細胞が修復モードに切り替わり、加齢に関連する病気が発生しにくくなる。

さらに別のアプローチもある。一般的に、細胞はオートファジーと呼ばれるプロセスで有害なタンパク質を取り除いて遺伝物質をリサイクルしながら、生きるために必要なエネルギーを獲得している。状況次第では、オートファジーによってプログラムされた細胞死が誘発されることもある。しかし、必要に応じてオートファジーを停止させることで、細胞の老化を止められることが研究によって突き止められた。やがて、ミレニアル世代（1980年頃から1990年代半ばまでに生まれた世代）の寿命を大幅に伸ばす、免疫低下や副作用のない薬として、NAD+治療薬とオートファジー治療薬の両方が用量制限つきで承認された。[8]

2045年には、ミレニアル世代とX世代（1960年代半ばから70年代終盤までに生まれた世代）が1年間で再生医療製品や治療薬にかける金額は1500億ドルに達していた。データを集めたり新たなブランドを立ち上げたりするのにコストがかかったため、これらの治療薬は原価に近い価格で販売されていても、かなり値が張るものが多かった。だが、2040年代の終わり頃には、ミレニアル世代とX世代——少なくとも金銭的に比較的余裕があり、健康志向が高いこれらの世代の人々の見た目は20代の頃のように戻り、検査では体内に老化細胞はほとんど見当たらないことが示された。それも新たな混合薬が市場に出回るようになったおかげだ。これらの薬は、イヌの研究でも老化を止める素晴らしい効果を発揮し、平均寿命が60パーセント近くも伸びた。もっと素晴らしかったのは、数十年前から続くマウスの研究から生み出された遺伝子治療薬だ。これらの治療薬を投与されたイヌの中には、平均寿命の2倍も生きたものもいた。[9,10]

超長寿時代の到来が社会に与える影響を察知していた人は少なかった。経済的な困窮者や退職者を支える米国社会のセーフティネットは破綻した。2020年代初めに新型コロナウイルス感染症が大流行した頃から、米国のセーフティネット制度は医療危機に弱いことが明らかになり始めた。新型コロナウイルスの流行が終わってからも、米連邦議会は失業、収入の減少、無保険など困ったときのための制度を時代に合わせて作り変えることをしなかった。米国は新型コロナウイルス流行後も経済を立て直すことができず、2025年に補助的栄養支援プログラム（SNAP、別名フードスタンプ）、補足的保障所得、失業保険が相次いで破綻した。一部の州や都市では独自の制度による救済があったが、支援を必要とする対象者があまりに多く、財源が追いつかなかった。社会保障制度は何年も赤字が続き、不足分は給与税で賄われることになった。

だが、新型コロナウイルスによる危機をきっかけに、人々の働き方には大きな変化が起こっていた。運用に回されていた社会保障の歳入は減り始め、クリントン政権時代の1990年代にはかなりの金額がたまっていたはずの財政調整基金も、2020年代の終わりまでにはすっかり底をついた。同様に、S&P500で上位の企業数十社、ゼネラル・エレクトリックやIBM、ゼネラル・モーターズなどが負担する年金債務は2兆ドルに近づいた。[11] かつては米国郵便公社や、コカ・コーラなどの大企業で長く働いた従業員の特権だった年金の支給額は、ほとんどがやむなく減額された。新たな加入者を十分に確保できなくなった年金の運営は費用がかさむばかりだった。[12、13、14]

さらに悪いことに、自動化の波が経済のあらゆる分野に押し寄せた。労働経済学者たちは最初のうち、自動運転車、倉庫の作業を担当する物流ロボット、繰り返しの多い単純作業を行うサービスロボットの普及によって、まっさきに職を失うのは大勢の肉体労働者だろうと考えていた。だが、学者たちの予想の少なくとも一部は裏切られた。彼らのように、高い給料をとり、法律や保険や会計に関わる仕事をしていたホワイトカラーも自動化のあおりをもろに受け、仕事を奪われたのだ。

元の仕事にとどまることができたとしても、今や90歳を超えても働き続けることが当たり前になっている。労働組合に加入している従業員の雇用契約に、定年はほとんど規定されなくなった。そのせいで、21世紀半ばの就職や昇進にからむ競争は熾烈を極めている。

このような社会の混乱に、低賃金の在宅ワークや単発の仕事が常識となった状況が重なり、Z世代は次第にどのような生き方を目指すべきかを見失っていった。Z世代は職にありつけないか、見合わない仕事をするしかなく、旅行をしたり、家や車のような大きな買い物をする余裕はない。Z世代の子供世代にあたるβ世代の大学進学率は、急降下した。いい学校に入るために努力を重ね、多額の費用をかけて学位を取ったZ世代は、この状況に納得しかねている。だが、彼らが本当に腹を立てているのは、これまで勉強してきたことや、努力してきたことが、すべて無駄になってしまったからだ。こんなにひどい話はない。長寿医療と労働市場の状態は、キャリアアップを狙う彼らの前に大きな壁となって立ちはだかった。キャリアの第一歩を踏み出すことさえむずかしかった。

再生医療と若返り薬のおかげで、高齢者たちが学校の先生や電気・水道・ガスなどの生活インフラの維持管理、工事関係の仕事を続けられるようになり、多くの公務員職から新卒の学生ははじき出される形になった。取締役級になると、問題はさらに大きくなった。非上場企業のＣＥＯはいつまでも退任しようとしない。上場企業のＣＥＯもその立場にしがみつき、身内ばかりの役員会で自分たちがいつ頃身を引くかというやぼな話を持ち出す人間もいない。年齢が問題にならなくなると、家族経営企業のトップも跡継ぎのことを考えなくなった。男女格差を是正し、多様性を推進するという米国トップクラスの企業各社の約束は、ほごになった。古株は60代の若手に持ち場を譲ることを拒み、ＡＩシステムに任せられる業務も増えた。

長寿高齢化と経済的機会の葛藤は米国に限った話ではない。平均寿命が世界最長となっている日本は、「二次会人」なる人間であふれている。「二次会人」とは、平均の2倍の長さに相当する人生を生きる人々のことだ。70歳を超えても元気で、さらにその先70年の人生設計を考える。[15] 経済政策ではロボット工学のイノベーションが推進され、国を挙げて看護や介護を自動化する体制の構築を目指しているが、そのために女性が働く場所が奪われている。学校や病院やお寺ではロボットが雇われ、女性は家にいて料理や家事や育児にいそしむべしという考え方が根強く残っている。結果として、女性は自立してキャリアを積むか、結婚して子供を産むかの選択を迫られることになった。21世紀の最初の25年間は1億2500万人前後で推移していた日本の人口は、いずれ1億人を切るだろうと予測されていた。現在の日本の人口は1億3000万人だが、その86パーセントは40歳以上だ。少子化も進んでいる。東北地方の農村地域では、通う子供がいなくなった学校が続出している。

2065年には、100歳近い長寿者と50代から80代の「若者」の間の対立はさらに悪化し、抗議運動があちこちで行われるようになったため、社会不安が広がった。「まだ若手」が団結して立ち上がり、ネットワークを妨害したり、バーチャル世界で座り込みデモを展開し、高齢者が仕事をできないようにしたのだ。すべての業界に影響が出た。かつてシカゴ・カブスがワールドシリーズを制覇する立役者の1人となった一塁手のアンソニー・リゾは、いつまでも引退せずに現役を続けているため、あちこちで非難を浴びている[16]。ファンも、リゾと、ワールドシリーズに出場したかつてのチームメイトであるクリス・ブライアント、ハビエル・バエス、カイル・シュワーバー、ジェイク・アリエータ、デイビッド・ロスがカブスを買収し、フィールドに戻ってきた日の浮かれ騒ぎを後悔するようになった。

大学も昔から受け継がれてきた終身在職権制度（定年なしで教職員の終身雇用を保証する制度）に深く頭を悩ませていた。100歳を超えた教授たちは授業計画の見直しを嫌がり、辞める気配も見せない。テレビの画面に映るのは代り映えのしない高齢のニュースキャスターやコメンテーターばかりで、歌手や俳優は年をとっても表舞台を去ろうとしない。科学者たちでさえ、引退して斬新なアイデアを持った若手に研究室を譲ることを拒む。才能あふれる大勢の若者には、技術を磨いたり、選んだ職業でキャリアを積むチャンスすら与えられない。

米国では、新たに75歳を定年として法律で定めることを求める声が上がった。これは、1967年に連邦議会で可決された雇用における年齢差別禁止法の定年制を違法とする規定に真っ向から対立する。だが、この新たな定年制が導入されていれば、そのような変更をまったく歓迎しない(特に議員年金基金が使い果たされたとあってはなおさら)連邦政府と議会に適用されることになっただろう。かつてよりもスリムで健康そうになった95歳の共和党議員、テッド・クルーズは、議員になって52年目を迎えるが、テキサス州選出の上院議員としていまだにリベラル派を悩ませている。フォックス・ニューラル・ニュース・ネットワーク(FNNN)への出演時間も相変わらず長い。少なくとも、彼よりも年上のランド・ポール上院議員がFNNNに出演していないときには、彼がよく出てくる。フォックスチャンネルの視聴者たちは、お気に入りの番組に100歳前後の同世代が出てくると喜ぶ[17]。

若さが採用決定と職務階級に影響する逆差別の要因になったとして、連邦職員が裁判を起こした事例もあった。申し立てによれば、50代から60代前半の若手の職員には昇進の機会や昇給の条件についての説明がなかったという。条件のいい職は、制度に詳しく、個人的なコネもある70代から80代の職員に優先的に回された。地方裁判所は、労働者には年齢による差別から守られる権利があるとする判決を下したが、控訴審ではその判決が覆された。現在は、年齢が雇用条件を決める要因になったかどうかを争点として、米国の最高裁判所が原告側と被告側の主張を聞き取る準備を進めている。残念ながら、111歳になったばかりのジョン・ロバーツ長官や、105歳のエレナ・ケイガン判事のような最高裁判所の裁判官たちが、原告の苦しみを理解できるかどうかは疑わしい、というのが有識者たちの意見だ。もちろん、そのような見解を示した有識者たちも80代後半を超えていて、ある程度の先入観にとらわれている可能性は否めない。

第**12**章

シナリオその3 アキラ・ゴールドの2037年版「おすすめレストラン」

世界一の都市で今人気の料理は何だろうか？おいしさと楽しさにあふれ、あえて注文をつけるなら斬新で、癒しと栄養を与えてくれる一皿。こだわりの料理記者がたっぷり半年かけて、大胆な味わい、由緒ある定番、ときにはとんでもない味の料理に出くわしながらも、いろんな料理を食べて回った。[1]

ニューヨークのイーストサイドには、ベトナム料理の店があちこちにあり、新米の料理人たちが機能性フォーを作っている。香りがよく、だしがきいたスープに麺を入れた最先端の機能性フォーは、人工ジインドリルメタン（毒素や過剰なエストロゲンを排出する効果があると言われている）や、カロテノイド（目の健康を保ち、免疫力を高める）がたっぷり加えられ、カルシウム（炎症を抑え、集中力と記憶力を高める）が強化された遺伝子組み換えターメリックも使われている。豆腐とひき肉を使い、辛さがくせになる四川風麻婆豆腐が好きなら、レイクショア地区に行くことをお勧めする。ここには最近、生物反応槽が新たに設置され、ウシの幹細胞を使った培養肉が生産されている。本物の牛肉のようなしっかりした香りと、きめ細かい脂肪の層がとろけるようなおいしさで、後にはほのかな辛味としびれるような感触が残る。例によって、水辺沿いの多くの新しい店では、給料のかなりの金額を食いつぶしても構わないと思えるような素晴らしいニューコーストの眺めを楽しめる。

伝統的なレストランの食事を店内以外の場所で楽しむ特別な時間が欲しい人もいるだろう。バレー地区に点在するデリバリー専門のゴーストレストランはロボットスタッフを増員し、最近になって垂直農場と料理技術者も増えてきたため、農園から食卓までの選択肢が充実してきた。[2] 隣の人の皿にのっているクルトンをうっかり突き刺してしまいかねないほどテーブルがぎゅうぎゅうに並んだ在りし日のレストランを恋しいとは思わない。大音量の音楽が流れる中に食事をする客たちの大声が響き、遺伝子操作をした人々でさえ我慢の限界を超えそうなほど騒がしい食堂を懐かしいとも思わない。どこでも好きな空間を確保して、ゴーストレストランのクルーにテーブルと椅子をセットしてもらい、自動化サービスにどのくらいのカジュアルさを求めるかをあらかじめ指定すればいいだけというのは、本当に素晴らしい。

冬の間中、私はベイビューのゴーストレストランから地元の食材で作った寿司を取り寄せては、数えきれないほどの友達にふるまった。ゴーストレストランの屋外スペースを予約したこともある。柳の木が日差しをさえぎる、素敵な木陰だった。[3] 担当のサービスボットが私たちのテーブルにやってきて、培養されたばかりの新鮮なネタを使ったにぎりがのった竹皿を私たちの前に丁寧に並べ、「ドーゾ、メシアガッテ クダサイ」と日本語で言い残して、車輪を回転させながら去っていった。私たちはサシを追加したトロを注文したが、やってきたのは注文通りの品だった。AMCエンターテイメントのスペースを借りて、20人以上の友人を招いたディナーパーティを開いたこともある（2時間の映画を見るために大勢の人間が集まるときに、かつてはどうやっていたのだろうか？謎だ）。このときはスカンジナビアン・ゴーストレストランの真夏の特別テイスティングメニューを取り合わせた。きらびやかなデジタルのバラとチューリップで飾られた長いテーブルに緑の植物が彩りを添え、デジタル豆電球で装飾したホログラムの天蓋とユーカリが頭上に映し出される。私たちはかりっと歯ごたえのいいライ麦パンと酢漬けの機能性ニシンに、地元の地下農場で栽培されている甘みのあるディルを合わせて楽しんだ。あらかじめ、付け合わせに欠かせないプレスグルカ（きゅうりのピクルス）も注文しておいた。各自の好みに合わせて味付けを変えたプレスグルカは好評だった[4]。

年に一度は自分に課したガイドの義務として、最高の生物反応槽のリストを修正し、新たにお気に入りになったレストラン、ゴーストテーブルにおすすめの場所、一杯やりたいときにぴったりの場所を書き加えている。私が上位に選んだ場所には異論もあるだろうが、伝統という過去の都会生活の象徴が崩れ去ることもいとわない、食道楽のつつましい私見であることを忘れないでいただきたい。

最高の生物反応槽、その最新版

ご存知のように、細胞農業の人気は高まっている。だが、バイオ技術者たちは人気に甘んじることなく、豊かな想像力を発揮している。彼らは、生物反応槽に入れる細胞の種類が違っても、細胞の成長過程にあまり差がないことにようやく気がついた。それならば、これまで食べられてきたのと同じような肉にこだわる必要はないのではないか?特に面白いところでは、シマウマやゾウやトラ、ハチドリやコウモリ、ヘビなどの変わった動物の細胞が生物反応槽で培養されている。フロリダのウエストサイド生物反応槽では現在、数千種類の生物の細胞のストックがあり、培養が行われている。ラ・プティ・サヴールは、少量培養の肉を専門に扱う。はっきりした味わいのポークチョップを家族が好むなら、香りと味の強さを強めに指定することもできる。だが、私のお気に入りを生み出しているのは、レザレクション（生き返り）ラボの天才たちだ。[5,6,7]

1 最高の品ぞろえ　フローリア

フローリアの創立者が初めて生物反応槽を設置したとき、ここではまずまずの量の鶏ひき肉が生産されていた。だが、チームは常に未知の味を求めて冒険を続けた。フローリアは数年の時間をかけてひっそりと巨大な細胞ライブラリを作り上げると、今年の初めに世界でも類を見ないほど充実した品ぞろえの培養タンパク質の販売を始めた。メキシコ・ビールのネグラ・モデロとスパイスで味つけした仔羊肉を直火でローストした料理、ボレゴが好きなら、柔らかくジューシーな食感のとりこになること請け合いだ。私はフランスで初めてミシュランの星を獲得した生物反応槽、ＦＬＡＢでジャコウネコやヤマアラシ、コウモリを試食したことがあるが、これらをまだ試したことがない方にはフローリアがその場でグリルしてくれる角型コウモリ肉から始めることをお勧めする。[8]

2 最高の少量生産肉　ラ・プティ・サヴール

味にうるさい家族がいるご家庭でも、ここなら間違いない。培養肉は味気ないと思っているかもしれないが、食感も味もしっかりしている。我が家の子供たち――お宅のお子さんたちも同じかもしれないが――は、いつだってまったく肉抜きの食事を要求してくる。風味を高め、色鮮やかになるように遺伝子操作された野菜に慣れている彼らは、私たちが子供の頃によく食べていたチキンナゲットには見向きもしない。ラ・プティ・サヴールでは、牛肉、豚肉、鶏肉、仔羊肉など、昔から食べられてきた肉に家族が喜びそうな味わいを指定して注文し、培養してもらえる。自宅で料理をしたくないときは、姉妹店のラ・プティ・アシェットが種類も豊富な手作りのソースやスパイスを組み合わせて肉を調理してくれる。[9, 10, 11]

3 最高の先史時代の肉　レザレクション・ラボ

初めてケナガマンモスのステーキを口にしたときのことを私は今も覚えている。肉はバイソンのような野性味とミネラルの風味が残り、食べ応えがありながらもかすかな甘みを感じる。食感はやゼラチンっぽい。そのままでは硬くて食べにくいマンモスの肉を柔らかくするためだ（肉は柔らかくはなっていなかったが、努力の跡は見られた）。

マンモスのステーキは、サンバレーに住む金持ちの友人たちと参加した食いしん坊のためのパーティで出された。彼らはわざわざ合成生物学者たちを雇って、絶滅動物のゲノムを培養させていた。だから、芸術家が多く暮らすアート地区にレザレクション・ラボがオープンしたとき、私は不安になった。最初に私が何度か注文したマンモスのステーキは、ひどいものだった。最初のステーキはおしっこのようなにおいがしたし、次に注文したステーキは固すぎて嚙み切れなかった。彼らが生物反応槽のくせを飲み込むまで私は数カ月待つことにした。その間に、レザレクション・ラボは最高バイオ責任者を交代させた。これは賢明な判断だった。それまでの責任者は科学には関心があったが、明らかに肉汁の多さには興味がなさそうだったからだ。こうして、今のレザレクション・ラボではピレネーアイベックスやリョコウバト、ドードー鳥といった絶滅種の限定こだわりメニューを提供している。うれしいことに、ここのケナガマンモスは素晴らしくおいしい[12]。

――うんざりなトレンド

1 とんちんかんなサービスボット

ときどき、私は人間のサービススタッフがなつかしくなる。おしゃべりが過ぎることがよくあるし、注文をすぐに忘れたり、サービスが遅かったりすることも多いのは承知している。だが、少なくとも貧しい食卓のわびしさを理解してくれるのは確かだ。安物のサービスボットは、仔牛と椅子の足を間違えたり、自分のアームとテーブルの距離をつかみきれなかったり、私たちの言葉も理解できないことが少なからずある。2週間前に、グリーンチャツネがさわやかに香る、熱くなったスチーム料理の皿と、クリーミーなビンダルーチキン、ふわふわのナンを運んでいたボットが私たちの方にアームを伸ばし、テーブルからたっぷり5インチ（約12・7センチメートル）は離れた高さから私たちの料理を落とそうとした。連れがとっさに緊急停止ボタンを押したおかげで、私たちはことなきを得た[13、14]。

2 AI情報ラベル

何行もずらずら並ぶコードは、おしゃれなアミューズブッシュにふさわしくない。アルゴリズムの成り立ちや社内データベースの作成者まで私たちが知る必要はないはずだ。政府の規制を守り、不屈の精神ですべての情報を読む人々のためにいつもラベルを用意し、遺伝子の設計や原材料の培養に使用されたAIシステムとシークエンサーを知らせることで消費者を安心させているつもりかもしれないが、大量のデータは気を滅入らせる。

3 事前のメニュー決定

日々の代謝率、食べ物や飲み物の好み、活動履歴がわかっているからと言って、食事のメニューを勝手に決められてしまうのは嫌だ。お願いだから、食べたいものを食べさせてくれ！微生物叢マーカーや代謝スコアを元に献立を決めるのではなく、幅広いメニューから選ぶ自由が欲しい。ケトン体を増加させて体を脂肪燃焼モードにし、消費エネルギーを最大限まで増やせるとしても、私たちはそんなことのためにレストランに行くのではない。

4 流行のカクテル

1990年代のバー文化の最悪の名残りが、なぜ今もてはやされているのだろうか？モレキュラー・コスモポリタンがレパートリーに入っているバーテンダーはいないはずだが、それでもその飲み物はどこでも用意されている。マイクロシトラス・オーストラシカ（かつては非常にめずらしかったオーストラリアン・フィンガーライムの一品種で、初心者向け）の遺伝子配列を使っているおかげだろう。その味を知ったら、以前の甘すぎるクランベリージュース入りの平凡なカクテルには戻れない。[16]

5 マイクロドージング・マッシュルーム

私は幻覚作用のある上品なマジック・マッシュルームが大好きだ。創造力と想像力を解き放つこのキノコの力を認めない人間がいるだろうか？しかし、町中のすべての店のメニューに幻覚キノコを載せる必要はないだろう。ほとんどの人間がすでに毎朝マイクロドージング（幻覚剤の超微量摂取）をしている時代ならなおさらだ。

ゴーストテーブルにおすすめの場所

街に数あるゴーストレストランに新たな選択肢が加わった。ゴーストテーブルだ。バケーションレンタル事業で成功を収めたエアビーアンドビーが、やがて小規模土地所有に向かうなどと、誰が想像しただろうか？今では私の町にも時間貸しの土地が1260カ所もあり、すべての場所が配達ボットに対応している。スペースを予約すれば、レストランの方からやってきてもらうことができるのだ。ただし、どこもが素敵な場所とはいかないし、そもそも安全だとは限らない。カリフォルニアの新鮮な食材を使ったコロンビアの屋台料理が売りのゲオク・ゴーストレストランの「地平線が望める美しいベランダ」に空きがあったので、私は先払いで3時間の利用を予約した。食事は現地についてから注文するつもりでいたが、実際に行ってみると予約したスペースはひどく老朽化が進んでいた。連れの1人がしっかりしていそうな階段に足をのせると、彼女の足は板を突き抜けて、木の破片があらゆる方向に飛び散った。

真新しいスタジオでテーブルを借りたこともある。時間は夜で、白い壁に見事なホログラムが映し出されるというふれこみだった。そのときに滞在していた日本は春を迎えていて、食事の引き立て役として桜をテーマにしたデジタル演出を私たちは選んだ。近場に埋もれているゴーストテーブルを探すのもいいが、このような新しい発見に出会えるだけでも旅行する意味がある。

―アルテップ・ホテルの屋上デッキ

都市の上空に高くそびえるビルの87階には、アルテップが誇るゴーストテーブルが集まる。ここでは、なかなかお目にかかれない見晴らしのよい眺めを楽しめる。オールドコーストとニューコーストを臨み、目に見えないバーチャルパネルのおかげで、通りの喧騒に悩まされたり、ときおりの突風にあおられる不安もなく、静かで落ち着いたひとときを過ごせる。数週間前には予約を入れることをお勧めする。デザートのときには別の店に移動することを想定しておいた方がいいかもしれない。アルテップの席利用は2時間限定となっている。

―フォレスト・グレン

緑が目にも鮮やかなフォレスト・グレンと、騒がしく、せわしなく、華やかな都市の取り合わせは不思議な印象を与える。由緒ある第一世代の二酸化炭素回収プロジェクトで当初から使われていた技術は、改良の余地が見当たらないほどだ。そのおかげで私たちは素晴らしい庭園を独り占めできるのだから、文句をつける筋合いはない。ここでは時間を指定してテーブルを借り、付近にあるいくつかのゴーストレストランのサービスを利用することができる。自然がテーマになっていることを考えれば、モザイクのビーガンメニューがおすすめだ。

——ベラの地下室

以前はちょっと変わった漫画専門店だった場所が、友人と一緒にカジュアルな食事を気軽に楽しめる活気あるスポットに生まれ変わった。マーベル映画が人気絶頂だった時代、つまりブラック・パンサー映画の新作が毎夏封切られ、脇役をメインにしたスピンオフがとりとめもなく展開されていた頃のベラの地下室には、アクションフィギュアや限定グッズ、そしてもちろん漫画本が並んでいた。内装は今もほとんどが当時のまま残されている。キャプテン・アメリカの盾が天井にボルトで固定され、サンドマンに登場するモルフェウスの巨大壁画が壁を覆う。ありとあらゆる隙間には小物グッズが詰め込まれている。この店にまだ行ったことがないなら（ネタばらしではないので安心してほしい）前もって食事を注文するのはやめた方がいい。アイアンマンの人工知能、ジャーヴィスに会うまたとない機会を逃したくはないだろう。[17]

——一杯やりたいときにぴったりの場所

ご存知のように、水道から水が出なくなったあの日以来、私たちの飲み水はすべて脱塩システムによってまかなわれている。私たちの町では主に逆浸透システムが採用されているが、最高のバーの中には塩性藻をベースにした処理装置を使い始めた店もある。これらの装置は藻を利用して汽水から塩分と二酸化炭素を取り除き、残りかすは乾燥させて動物のえさとして有効活用される。新たに流通するようになった分子を使って、バーテンダーはうつを治すビール、性欲を高める薬効酒、とても口当たりのいい分子ウィスキーなどを出すようになった。連れと私はたいてい、9番街のジンゴフの二日酔い防止酵素入り薬効酒で夜をはじめる。これを飲むと、安物ブランドの酒によくある金属のような後口が不思議なほどすっと消える。[18,19,20]

仕事中の飲み物

イースト駅にあるマクハロンホテルの地下空間にあるくつろぎの隠れ家は、平日の昼間しか営業していない（ラストオーダーは午後6時となっている）。バーテンダーのエマ・ハーパーによるカクテルメニューには彼女の遊び心が発揮され、看板メニューとなっている「5ミニッツ・ブレーク（5分間の休憩）」は、自家製の分子ウィスキーに苦みのあるジンジャー・シュラブを混ぜ、廃水を再利用した氷を砕いたところに、ごく少量の乾燥オレンジを加えて作られる。私たちのお気に入りはWFHFW（仕事から帰れば在宅ワーク）で、会議に追われる日々を送る人のためにハーパーが作る人気メニューだ。人工サトウキビを加工したダークラムに分子キューバコーヒーをベースにしたリキュールを混ぜ合わせ、ちょっぴりのシロップとそれよりも少し多めの合成ビターチョコレートを加える。これを飲めば、たちどころにほろ酔いになるが、バーチャルオフィスに戻る頃には頭もクリアになっている。

スプリッツ&フィッツ・ノース

ニアショア地区で愛されている大衆酒場のスプリッツ&フリッツは、同じ通り沿いの離れた場所に2店目をオープンさせた。界隈に立ち並ぶ見た目も中身ももう少しましな店に惑わされて、この新しい店がしゃれていると勘違いしてはいけない。壁は同じ人工すすで装飾され、同じオリジナル醸造微生物が使用され、同じ200種類以上のナノ醸造酒のラインナップがそろう。予想にたがわず、店独自の酵母を開発したフィッツ・ラーソンのホログラムが店の中を誇らしげに漂っている。

シャトー・ガクト

イライジャ・コディングが2028年にシャトー・ガクトをオープンしてからというもの、オリジナルの微生物ワインを週替わりで楽しめるテイスティングメニューが地元で大人気となっている。地下に作られた広大なブドウ園は黒ブドウのテンプラニーリョとサンジョヴェーゼの遺伝子を取り入れ、注目に値する2種類のワインを作っている。レゼルバ・エスペシャルは、ミディアムボディの希少な合成赤ワインだ。比較的若く、さわやかで昼食にぴったりだ。独自の合成アシルティコ種ワインのためにコディングがオリジナル分子を使ってライムの香りがつくように改良したサントリーニの火山性土壌で育てた、ぴりっとして柑橘類の風味が香るドメーヌ・ド・ラ・アスベストスをぜいたくに味わおう。おかわりがほしくなる味だ。[21,22,23]

第13章

シナリオその4 地下の世界

バングラディシュ北部のマイメンシンの農家は代々、マスタードや黄麻《こうま》、米などの農作物を季節に合わせて作り続けてきた。だが、2030年、海面の上昇と前例のない大洪水で広い範囲の土地が浸水の被害にあい、バングラディシュ政府は中国と協定を結んだ。中国は10年以上前に中国共産党が立ち上げた大規模インフラ計画、一帯一路構想の一環として、気候変動による災害への対応に関してバングラディシュを支援することにした。ベンガル湾に人工島を建設し、さらに海水の侵入を防ぐハイテク防波堤を作って海域を変更するというのが中国の計画だった。さらに協定では、塩害に強い遺伝子組み換えイネの提供も約束された。中国が独占する遺伝子編集技術のおかげで、人間用の農作物や米も生産できるという話だった[1]。

だが、そのようなイネはいつまで経っても実現せず、2035年には海面の上昇とモンスーン（季節風）の増加の影響で、季節による水位の変動がこれまで以上に激しくなり、わずかばかりの防波堤では役に立たないことが明らかになった。バングラディシュは海面の上昇のせいで国土の18パーセントを失い、海に近い低地で暮らしていた1500万人が住居を移さざるをえなかった。洪水はますますひどくなった。汚水処理タンクはうまく機能せず、浄水場からはひどいにおいがした。

人々は家も生計を立てる手段も失った。先祖代々受け継がれてきた田んぼには海水が流れ込み、使いものにならなくなった。季節によって起こる洪水にうまく対応しながら、広大な小麦やトウモロコシ、ジャガイモの畑を代々耕してきた人々は、内陸部を目指してできるだけ北へ移動しようとした。だが、仕事の取り合いは激しく、住居の問題もあった。選べる道は少なく、多くは農業を続けることをあきらめた。気候難民として隣国のミャンマーやインドに入国を試みた人々もいたが、これらの国でもすでに生きるか死ぬかという気候難民が大量に発生していたため、入国は拒否された。[2]

サウジアラビアでは昼間の最高気温が63℃を記録し、シベリアでも30℃を超える日が続いた。異常気象が増えるにつれて、数十カ国で作物の生育に問題が生じていた。洪水と地すべりが起こったかと思えば、次には干ばつに襲われる。アフガニスタンで小麦を育てることはできなくなった。かつてはピーナッツやゴマ、サトウキビ、アワやキビなどが簡単に栽培できた南スーダンは、今では日中の気温が49℃を上回る日もめずらしくない。国全体が何度も大規模な砂嵐に見舞われ、影響は隣国のエチオピアとケニアにまで及んでいる。世界有数の天然ゴム生産地として知られるリベリアのゴム農園は、輸出の需要に応えることができなくなった。[3,4]

一方で、米国の穀物類やトウモロコシの大半が育てられてきた穀倉地帯のグレートプレーンズは、はるか北に移動した。今や、穀類の栽培に最適な地域はカナダとの国境に近い五大湖地域の北部となった。ミネソタ州、ウィスコンシン州、ミシガン州、ニューヨーク州の北部の土地は、新たな作物を育てられるように土壌が改良された。だが、世界的な温暖化は止まらず、この地域でも気温が上昇し続けた。さらには、大気の状態も不安定化し、山火事などによる炎を伴う火災旋風や、デレチョと呼ばれるハリケーンのような強風と土砂降りの雨を引き連れて直線状に進む嵐が発生するようになった。[5]

2036年11月には、国連気候変動会議が気がかりな研究結果を発表している。世界人口が90億人近くに達し、作物を育てられる土地が不足しつつあるというのだ。都市部のスプロール現象（都市が無秩序に周辺に拡大すること）が続けば、食糧生産がおびやかされ、すでに過剰な負荷がかかっている生態系が崩壊しかねない。このまま人口が増え続けるなら、選ぶ道は2つしかない。地下にも生活できる環境を作るか、地球を後にしてどこかに旅立つかだ。[6]

◆

数十年前から、テスラ社とスペースX社のCEOを兼ねるイーロン・マスクは、人類が長期的に生き延びるための最善の手段は、複数の惑星で生きる種になることだと主張し続けてきた。地球の大気中に蓄えられている炭素量の上昇、激しい干ばつ、生物多様性の低下は、迫りくる崩壊の足音だとマスクは考えた。彼は2016年に巨大宇宙船「スターシップ」の開発に取りかかった。この宇宙船は、地球と月や火星の間で貨物を運び、いずれは100人程度の人間も運ぶことを目指していた。2021年には、NASAがアルテミス計画に使用するスペースシップの改良版の開発を、スペースXに委託する契約を結んだ。マスクは、最終的に人類が生き延びるために必要となる主要インフラの構築に力を入れてきた。その場所は地球上かもしれないし、月や火星、あるいはその先にあるどこかかもしれない。だが、マスクは自分の力だけでは地球外で人間が生きていける環境を作り上げることは不可能だとわかっていた。派手な演出を得意とし、1兆ドルに迫る個人資産を持つマスクは、コロニー賞と銘打った大胆なコンテストの開催を発表した。100人の人間が過ごすことができる地下の密閉コロニーを建設し、2年間運用することに成功したチームに10億ドルが進呈される。要するに、究極の火星移住シミュレーションだ。[7、8、9]

人類が地球以外の場所で生きていくには、かつてない規模の再生システムを開発する必要があることをマスクは知っていた。[10] 国際宇宙ステーションには最大で13人の宇宙飛行士が滞在できるスペースがあるが、実際には同時に滞在する人数はせいぜい6人から7人といったところだ。また、コロニーの居住者たちは長期間にわたって狭い空間に閉じ込められることになる。一般的なISSミッションの期間は半年前後だ。[11] NASAの宇宙飛行士、スコット・ケリーは1年近く宇宙に滞在した。1990年代には宇宙飛行士のヴァレリー・ポリャコフがロシアの宇宙ステーション「ミール」に437日間連続で滞在したという素晴らしい記録が残っている。[12] 100人の人間が狭い空間に閉じ込められた状態を理解するには、潜水艦を思い浮かべてもらえばわかりやすいかもしれない。だが、潜水艦が無補給で潜水航行を続けた最長記録は111日間だ。[13] コロニー賞を狙うなら、700日以上もぴったりと密閉された屋内に閉じこもり続ける必要がある。

コンテストのルールは単純明快だった。応募者は、設備を整えた密閉空間を組み合わせて、閉鎖的な生活環境を作ればいい。最初はロケットの貨物室に合う大きさの空っぽの独立式モジュールのような円筒形のコンテナを用意し、これらを組み立てて居住空間、研究所、農場、学校、水処理システム、製造施設など、集団生活に必要と思われる空間を構成する。コロニーには、コンサートやスポーツなどが楽しめる娯楽施設もあった方がいいだろう。[14, 15] 組み立てが終わり、生活必需品を運び込んだら、ドアを完全に閉ざして、ミッションが始まる。目指すのは、バックミンスター・フラーの幾何学ドームの再現ではない。まったく新しいモジュール構造のネットワークを作り上げることだ。閉鎖空間をブリッジで結ぶ世界最大の連結システム、ミネアポリスの空中遊歩道システムに似た仕組みだが、最終的には都市に匹敵する規模を目指す。いずれは、異常気象が当たり前になる以前の生活がある程度まで再現されることになるだろう。

コンテストの応募者には、コンテナ再配置計画とシミュレーションに加えて、想定される居住者のリスト、居住者の選定基準、一定の生活水準を保証するための詳細な計画の提出が求められる。それに、注意しなければならない大事なポイントもある。コロニーの居住者は、かつての平和な時代ならコーチェラ（訳注：米国の有名な野外音楽フェスティバル）に参加していそうな、気楽な二十代前半の若者ばかりでは困る。コロニーの住民構成には、社会の状態がしっかり反映されている必要がある。子供のいる家族、夫婦だけの世帯、単身者などがそろっていなければならないのだ。賞の目的は、閉鎖的な空間における人口の拡大を検証することにもある。つまり、妊娠や出産、育児はもちろん、あらゆる健康状態、あらゆる年代に対応した施設を用意しなければならないということだ。[16]

思想信条、人種、民族、国籍、文化の多様性を確保するような条件はないし、コロニーから特定の人々が排除されることを防ぐための規定もない。計画を実行すれば2年間生活を続けることが可能であることをシミュレーションで証明し、さらに居住者が仕事をしたり、学校教育を受けたり、医療を利用したり、資源を培養したりして、コロニー内部のバランスを維持する方法をチームが説明できた場合に限り、その先に進む資格を得る。選ばれたチームには、システムを構築し、改良し、その中で生活するために11年の時間が与えられる。システムで不具合が起きたり、構成の大幅な変更が必要になった場合でも、期限までの時間がまだ十分に残っていれば、そのコロニーはその時点で期限がいったんリセットされ、また最初から始めることになる。[17,18,19] 計画を最後まで成功させて、10億ドルの賞金を手にするコロニーの数に制限はない。

コロニー建設にあたっては、マスクが所有するさまざまな企業、例えばスペースX、テスラ、ボーリングカンパニー（トンネルを掘って地下インフラを整備する会社）、チア（エネルギー効率に優れたブロックチエーンとスマートトランザクションのプラットフォーム）、ノボファーム（屋内精密農業の企業）、ニューラリンク（脳に埋め込んで機械に接続するインターフェースを扱う企業）、プログラマブル・マター（環境やユーザー入力に反応して変形する材料のメーカー）からのサポートを受けられる。[*20,21,22] 実行可能性調査が完了し、インフラ整備の見通しが定まったら、次に重要になるのは場所だ。将来の移住先が火星なら、コロニーは地下に建設する必要がある。火星には磁場がなく、地表には人体にとって危険な量の放射線が降り注ぐ。それに、気温も低い。地下で暮らせば、放射線の被ばく量を減らせるし、保温効果も期待できる。[23,24,25]

トンネルはボーリングカンパニーに任せればいい。同社の自動掘削機、プルフロックVは「ネズミイルカ」のように動く。つまり、地表から飛び上がって地下にもぐり、1日に1マイル近いペースでトンネルを掘り進む。しかも、トンネルが完成したところで、装置は地上に戻ってくる。テスラ社は、ボーリングカンパニーが掘ったトンネルにぴたりとはまるステンレススチール製の円筒（キャニスター）を生産している。輸送コンテナのようなものだが、違う点といえば、ポテトチップの缶のような形をしていて、自前の電動システムでゆっくりと動くところだ。キャニスターの内部を自由にカスタマイズすれば、ほとんど何にでも（プライベートな居住空間にも、水耕栽培の農場にも、手術室にも）使える。短期間ならそれぞれ単独で稼働させることもできるが、通常は連結して複雑なシステムにしてから利用する。最も単純な構成は、地下鉄車両のように直線的につなげていくやり方だ。さらに、テスラはソーラー・バッテリー・システムを製造しているし、スペースXはスターリンク衛星を使った輸送と通信に対応している。これらの企業は、NASAの依頼を受けて月面にシステムを設置した実績もある。コロニーで電気や周波数帯に困ることはないはずだ。

コロニー賞に挑戦するチームは、これらの研究成果を設計に取り入れることができる。デジタルプランや、モデルや、仕様はオンラインで確認できるし、空のキャニスターは1個25万ドルでテスラ社から販売されている。チームにとって大変なのは、システムを組み合わせ、人間を住まわせ、全体を支障なく稼働させる過程だ。

マスクは、コロニー賞を争うチームに対して、熱意が評価の対象になることを明言している。

＊このシナリオでは、イーロン・マスクが将来このような企業を設立あるいは所有する可能性があると想定した。

目的はただ生きていけるだけの居住空間を用意することではなく、快適に生活を送れる空間を作ることだ。自分と家族がまともな人たちと一緒にきちんと暮らせるようなコロニーを建設し、完全な自給自足で維持していけるように継続的に成長させる方法も考えてほしい。

コロニーの入居にかかる費用は、居住者が自分で積み立てることになる。コロニーの開発者の給与や、自分のコロニー滞在中の収入もそこに含まれる。受賞したコロニーに与えられる10億ドルの賞金は、出資者への還元、ボーナスの支給、場合によってはさらなる計画の拡大に向けた資金にあてられることになるだろう。マスクは、このモデルがさまざまなコロニーの間の協力を促し、イノベーションにはずみをつけ、宇宙産業を加速させ、管理と運用に関する実地経験を積み重ねることにつながると確信していた。

この非常に大きな規模の賞──さらにはどんどん住みづらくなりつつある地上の気候の変化──は、閉鎖的な生活環境の研究開発への大規模投資に世界を向かわせた。これに近い試みが過去に行われた唯一の例は、当時すでに完成から50年が経っていたアリゾナ州オラクルのバイオスフィア2だ。[26]この施設は、閉鎖空間で生態系を維持できるかどうかを検証することを目的として1991年に建設されたが、やがて食糧不足や酸素不足、内部の権力争いなどのさまざまな問題に直面し、実験は失敗に終わった。それ以来、ものすごく進歩した垂直農場、製造、センサーシステム、バイオテクノロジーを別の閉鎖系に取り入れようとする人間は現れていない。

コロニー賞には1万件を超える応募があったものの、一次選考を通過したのはわずかに180件だった。応募してきたのは、北米や西ヨーロッパ、南北統一朝鮮、中国、インドのコロニー形成ユニット（CFU）だ。最初に、CFUは水の再利用、バイオファウンドリ、医療、酸素生成、二酸化炭素回収についての綿密な計画とモデルの作成を求められる。そのためには、創意工夫を凝らし、大規模なコンピューターモデルを構築する必要がある。最終的に、72チームのCFUが優秀な研究者ぞろいのチームを結成し、コロニーを建設して地上での作業を行うために必要な土地を確保した。すべてのチームが建設にとりかかるのに十分な資金を用意していた（資金の出どころは、政府の助成金や民間企業からの投資、裕福な篤志家がサインした小切手など、さまざまだった）。

やがて、テスラからコロニーへ数千個のキャニスターと電力システムを送り出す作業が始まった。送り先は、インディアナ州のブルーミントンにアイオワ州フンボルト、カナダのダルメニーにサスカチュワン、エドモントンにアルバータ、統一朝鮮国の華城、中国の北鎮と大東鎮、インドのハルダ、ケニアのルムルティ、ノルウェーのクヌートショーといった具合に世界各地に散らばっていた。各チームは、パートナーと協力し合いながら、キャニスターのカスタマイズと連結に取りかかった。そうして完成した、遠くから見ればハイテクなハムスター用ケージと間違えそうなものを彼らはまず地上に設置し、地下への移動に向けて大々的な検証を行った。

コロニー賞では受賞者数の制限はないが、厳しい達成基準が課せられていた。基準を満たすには、肥料をやらなくても作物が育つように、細菌などの微生物の遺伝子を操作する必要がある。空調やクラウドベースのＡＩシステム、農業用センサー、産業用ロボットなどを導入した自給自足式の屋内農場は、窒素や二酸化炭素、酸素、水分量が安全なレベルに保たれることを証明することが義務づけられている。さらに、閉鎖環境で出現する恐れがある新たな病原体に備えて、DIYワクチンと治療薬の設計、作製、試験、配布をチームが行えなければならない。日常的に使用するちょっとした製品、例えば光や熱、酸によって効率的に分解されるポリマーが使われるインテリジェントパッケージなども、厳しい廃棄物管理条件を満たす必要がある。

最初のうちは、どのチームもなかなかこれらの基準を達成できず、苦労していた。一家族が数年間、自給自足で生活できるキャニスターを作るだけでも十分に大変なのに、規模をコミュニティ全体に広げ、地下深くで地上と変わらない普通の生活を送れるようにするのは至難の業だ。コロニー研究チームが、互いに協力し合うことが戦略としては最善であるとみんなが気づくまでに時間はかからなかった。何といっても、受賞者の数に制限はない。各チームが研究成果を持ち寄るようになると、コロニーの主要システムの開発スピードは驚くほどに上がった。ほどなくして、コンピューターシミュレーションが予想するコロニーの収容可能人数は、100人になり、150人になり、200人近くに達した。さらに、ある程度の余裕を持たせてコロニーを建設することが重要であることもわかってきた。設備の故障などのトラブルはつきものだ。それに、順調にいけば、ミッションの実験中にコロニーの人口は増えることが予想された。

実験が始まってからわずか6年後の2043年1月、最初のコロニーであるエンデバー・サブ・テラが、外界から完全に遮断された状態でミッションを開始する準備が整ったと発表した。エンデバー・サブ・テラのコミュニティ（エスターズと呼ばれた）は、アリゾナ州立大学キャンパスのすぐ東、マリコパ族の先住民居留地の先に居を構えた（皮肉なことに、バイオスフィア2もアリゾナ州立大学キャンパスの近くに建っていた)。大学や州政府からも、土地や税優遇という形で部分的なバックアップを受けることができた。エスターズは、アリゾナコロニーの建設にあたって形成された大規模コミュニティの中から慎重に選び出された。その多くは子供がいる家族だったが、若いカップルやそれ以外のさまざまな関係で結ばれている人々もいた。全員がすでにキャニスターの中でしばらく生活し、さまざまな作業を経験済みだった。計画を始めるということは、730日以上は誰も外に出られないことを意味する。

いよいよキャニスターが地下に移された。トンネルは密閉され、火星の大気組成に非常に近い気体で内部が満たされた。電力システムでは火星で予測される発電量が、通信システムでは地球と火星の相対的な位置によって変化する3分から最長で22分程度の通信の遅れが再現された。

エスターズは地上から完全に切り離された最初のコロニー居住者となったが、情報もインフラも広く共有されていたため、多くのチームがすぐ後に続こうとしていた。2044年春、72人のコロニー居住チーム全員が地下に移った。

コロニー形成ユニットはさまざまな経済の仕組みや管理体制を考案し、導入した。一部の住民には、賞のために働いた時間とコミュニティで生活した期間に応じて、フルタイム従業員として給与が支払われた。コミュニティの中では、国際宇宙ステーションと同様に、売り買いするようなものは何もない。支給された給与はコロニー居住者の銀行口座に入金され、地上に戻ったときに使うことができるようになっていた。別のコロニーではユニバーサル・ベーシック・インカム・モデルが導入された。全住民が最初にコミュニティ専用の通貨として使えるデジタルトークンを一定額受け取る。そのうちに、コミュニティのメンバーはこれらのトークンでコロニーの生活に必要な物品やサービスを購入するようになった。[27]

コロニーはどこでも好意的に受け止められたわけではない。コロニーを「アリの巣箱」や「ハムスター用ケージ」、あるいは「セルフサービスの監獄」呼ばわりする声もあった。だが、当の住民たちはとげのある言葉も意に介さなかった。彼らは自分たちのキャニスターとトンネルが、生活するにも、働くにも、家族を持つにも素晴らしい場所であると信じていた。病原体はいないし、地上で異常気象が起こっていても、地下にいればまったくわからない。２０４４年の夏には北米と西ヨーロッパの広い範囲が火災旋風による被害を受けたが、トンネルはまったく無事だった。

コロニーは生物工学にも秀でていた。コロニーの生命科学キャニスターには、シークエンサーや合成装置などの最高の設備がそろっていた。垂直農場や再生システムに必要な生物の開発責任者たちは、新たなアプローチを考案し、そのコロニーの自然な生態系を環境に適応させながら進化させた。さらに、汚染や変異を検出する特殊な監視システムも設計された。

地下コロニーは地上の天候が荒れて危険なときの避難場所にもなったが、実験で基本的な人間の性質が変わることはなかった。コロニーのドアを完全に閉じる前に、自分以外にたった99人しか人間がいない閉鎖的な空間での生活に耐えられるかどうかを調べるため、入居者全員の心理学データが集められた。だが、理想的なコミュニティの構成がどのようなものかは誰も正確に予想できなかった。多様性のある脳の持ち主でもメンバーになることはできたが、パニック障害や注意欠陥・多動性障害（ＡＤＨＤ）があったり、うつになりやすい傾向がある人はコロニーでの生活を避けるべきとされた。怒りをうまく抑えられない人や、自己愛性パーソナリティ障害の兆候が見受けられる人も、たいていは候補から外された。

それでも、コミュニティのリーダーの中には規則を曲げたり、公然とルールを破ったりする人間もいた。金を持っている資金提供者たちは、投資の見返りとして特権を期待した。要は、条件がそろっていたり、適性の高い候補者を差し置いてでもコロニーに入りたいということだ。資金提供者の中には、ティーンエイジャーの子供たちがいずれ一流大学に入れるようになることを期待してコロニーに入れようとする人々もいたし、究極のステータスとなる休暇が過ごせると考えたり、バーチャルメディア・チャンネルのアクセス数を伸ばす手段ととらえていたり、自分をメンバーに入れろと言い出して譲らないこともあった。

失敗もあった。いくつかのコロニーでは、ドアが閉められた瞬間から悪質な政治工作や、内輪もめや、スキャンダルが住民たちを苦しめた。例えば、ビジョナリー・バレーのコロニーでは、出資者たちがビジネスと同じようなつもりでコミュニティを運営しようとした。その結果、2カ月も経たないうちにコロニーは分裂した。出資者たちは、食糧や水などの重要な物資を利用するためのロックコードは、自分たちだけが知っていれば十分だと主張した。さらに、コロニーのあちこちに監視システムを設置し、自分たちの生体認証がなければ映像を見られないようにした。このことは事前にコロニー入居者には知らされていなかった。しかし、地下での生活が始まると、地上で我慢してきた権力と富の格差がそのまま地下の世界にも持ち込まれ、上下関係がすでに出来上がっていることに彼らも気がついた。住民たちはクーデターを起こすことを考えたが、監視システムのせいですべての言動が筒抜けになっていては、手の打ちようがなかった。そんな生活にうんざりし、ひどく腹を立てた住民たちは、ビジョナリー・バレーのドアを力づくで破り、こんなところには二度と戻ってこないと言い捨てて去っていった。

どこのコミュニティでも、みんなから孤立したり、生活スタイルが突然に変わったり、動きが制限されるといった悩みを抱える住民はいた。いつも何となく不安を感じ続け、集中力が低下したり、眠れなくなる住民もいたし、うつや不安神経症といった深刻な症状を訴える住民も出た。ちょっとしたことにおびえたり、被害妄想に苦しむこともあった。激しいかんしゃくを起こしたり、家族や友人から孤立する人もいた。コロニーの人々はこれらの症状に地下心的外傷症候群という名前をつけた。この病気を簡単に治せる治療法は存在しなかった。

うまくいったコロニーは、人間の基本的な生理と安全を求める欲求にきちんと配慮していた。人々は目的と仲間意識を求めていた。そして、どのコミュニティにも中でできる仕事はたっぷりあった。いくつかのベーシック・インカム制度は成功したが、ほとんどのデジタルトークンには何らかの欠陥があった。最初に渡されたトークンを使い果たしてしまえば、新たに貸してくれる銀行はない。そうなれば周囲の人々から借りるしかないが、金の問題がトラブルを招くのは世の常だ。あるコロニーでは、急にイチゴの需要が高まり、インフレが発生して、一時的にあらゆるものの値段が一気に上がった。

平等な仕組みがうまく機能することはまれだった。常に主導権を握りたい人間もいれば、まったくそんな気がない人間もいる。多くのコロニーは、民意を重視する社会民主主義に改良を加えた仕組みを採用した。コロニーの責任者たちは、いろんなポジションを持ち回りで担当するようにした。必ずしも完璧にはいかなかったが、少なくともごたごたを後任に丸投げするようなことは減った。試験的に運営全般をＡＩに任せたコロニーもあった。

先頭を切って稼働を開始したエンデバー・サブ・テラは、２０４５年の初めに一番乗りで10億ドルを獲得した。最終的に、72チームのうち55チームがコロニー賞を受賞することになった。マスクは、今回の賞は自分がしてきた投資の中でも最も大きな見返りを得たと考えていた。人類は、宇宙をまたにかけていくつもの惑星で暮らす生物種となるための技術的・社会的な基盤を築いてきた。エネルギーと原材料さえ手に入れれば、どこまでも規模を広げることができる。食糧や水をはじめとする必需品を必要以上に生産できるようになっただけでなく、多くのコロニーは経済の脱出速度に達した。彼らが生み出した研究、システム、製品は、地上で多額の金を稼ぎだした。望みさえすれば、もうけを再び投資に回して、成長させ続けることができた。だから、多くのエスターズはミッションが終わってからもそのまま地下にとどまることを選んだ。

昔なじみの友人に会ったり、数少ない好天の日を楽しみたくなったときに住民が気軽に地上に戻れるようにするため、彼らはエアロックと除染システムを開発した。ウイルスや病原体を閉鎖空間の共有エリアに持ち込まないために、コロニーの住民たちはセンサーを身に着けたり飲み込んだりし、コロニー全体で検査を行い、隔離されることに同意した。彼らは自分たち専用のトンネル掘削機と、さらに２０００人の人間が生活できる広さの追加のキャニスターを買った。彼らは数百万人をコロニーに迎えるための第３の計画をすでに進めていた。新たに地下の住人を増やし、地熱を利用して発電し、巨大な生物反応槽を用意し、地下に海を作ることまで考えていた。本来のマスクの意図からは外れていたかもしれないが、コロニー賞は、これまでにない持続可能なコミュニティに大規模な投資がなされるきっかけを作った。

世界各地で人々は苦しい状態に陥った農地や町を捨てて地下に移り、地上の生態系は再び野生化が進んだ。地上に取り残された建物や道路や家は、太陽の光にさらされ、水に侵食され、育っていく植物の影響を受けて、自然に劣化していった。自然は誰もの予想を超える勢いであっという間に本来の姿を取り戻した。次の世代の動物・植物学者や生態学者には、「地球の生態系の劇的な変化」いう研究テーマができた。過去100年以上の中で初めて、大気中の二酸化炭素濃度が下がり始めた。

エスターズは自由自在に生きられる未来を見据えていた。彼らの目には、宇宙船地球号でも、望めば地球外でも問題なく生活できる可能性が映っていた。個人用モジュールを火星に送って、コロニーにつなげればそのまま生活ができるはずだ。

ときどき、エスターズは夜の間に地上を訪れる。地面に寝ころび、人工的な光に邪魔されることなく、頭上を覆いつくす無数の星に感動する。星はこうささやきかけてくるようだ。人間たちよ、さあ、やってこい！

火星が、他の惑星が、待っている。

第14章

シナリオその5 業務連絡

FBI（連邦捜査局）
サンフランシスコ地方局
2026年10月11日
宛先：FBI長官
件名：新たなサイバーバイオ攻撃に対抗するための緊急支援要請

2026年10月9日午後5時23分、当サンフランシスコ地方局は23xゲノミクス構内で大量殺傷事件発生の一報を受けました。FBI捜査官の到着時、8人の研究員全員が呼びかけに反応せず、目、鼻、耳、口から血を流していました。23xゲノミクスの警備員は、化学物質の事故が起きたと報告しましたが、FBI捜査官は化学物質の存在を一切認めませんでした。捜査官は捜査のためのサンプルを採取し、検査室で厳重に保管しています。

翌日の10月10日、匿名掲示板サイト「4チャン」にダーク・カオス・シンジケートを名乗り、

23xゲノミクスの事件の犯人は自分たちだという犯行声明らしき書き込みがあったことを知らせる、匿名の電話がサンフランシスコ地方局にかかってきました。FBIも以前から目をつけていたダーク・カオス・シンジケートは、遺伝子組み換え反対運動を繰り広げる過激派組織で、イギリス、ロシア、ドイツ、スウェーデン、ブラジル、フランス、インド、アイスランド、米国など複数の国に潜伏し、活動を展開しています。シンジケートのメンバーは、テレグラムやシグナルといった以前から監視が困難なことで知られるエンドツーエンド暗号化を採用したチャットアプリを使って、陰謀論を拡散させています。

我々は、シンジゲートが遺伝子操作に関連したさまざまな陰謀論を展開するwww.gag.orgの掲示板の内容を確認しました。シンジケートは、黒人差別反対運動（BLM運動）が最高潮に達したタイミングでCIAが人々をおとなしくさせるために新型コロナウイルスワクチンを開発し、ウォルマート、CVS、ジョンソン・エンド・ジョンソンはよってたかって米国人に注射を受けさせるため、密かに政府の手先となっていたと信じていました。シンジケートのメンバーは、ワクチンが細胞核に侵入し、取り返しのつかない形でDNAに手を加え、人間をはるかに従順にしてしまうと考えていたのです。人間が生物学的に怒りの感情を奪われてしまえば、誰もが抵抗をやめ、法執行機関に従うようになると、シンジゲートは強く主張しています。捜査官は、過去にさかのぼって履歴をチェックし、2021年6月に遺伝子企業に対する訴訟をそそのかすようなチャットを発見しました。

現段階で、23xゲノミクス研究所の事件は事故ではなく、研究所のコンピューターと中国のゲノム合成企業、民間セクターのサプライチェーンを狙った悪意あるサイバー生物ハイブリッド攻撃の可能性が高いと思われます。これは、従来のサイバーハッキングと遺伝子工学を組み合わせた新たな攻撃で、多大な被害をもたらす新たな形のバイオテロです。

ダーク・カオス・シンジケートの投稿から判断すると、脆弱な施設が全国的なサイバーバイオ攻撃によって狙われ、生命維持に関わるいくつもの主要インフラが連鎖的に機能しなくなる恐れもあります。

背景

23xゲノミクスは、農薬と農業関連のバイオテクノロジーを研究する会社で、遺伝子組み換え技術とその応用技術に力を入れています。被害にあった研究所のバイオ技術者らは、バニラの人工品種の開発プロジェクトに従事していました。ダーク・カオス・シンジケートが特にバニラ、あるいは遺伝子組み換えバニラを問題視していた形跡はありません。また、23xゲノミクスが画期的な遺伝子研究を進めていたわけでもなさそうです。従って、23xゲノミクスが狙われた理由は、米国よりも安く、短期間での製造が可能な中国から遺伝子材料を調達する仕組みのあちこちにほころびがあり、ハッカーが侵入しやすかったのではないかと考えられます。

23 xゲノミクスの合成生物学研究を支えていた物理インフラとデジタルインフラ、すなわちデータやDNAをはじめとする遺伝子材料、研究設備、通信ネットワーク、サプライチェーンなどに脆弱性があり、さらに管理体制の甘さもあいまって、結果的に前例のないマルウェア攻撃の標的となりました。

――攻撃の詳細

23 xゲノミクスは、研究室で手軽に栽培できるバニラの人工品種の開発を計画していました。研究者たちは、さまざまな状況下におけるバニラの耐性を調べる実験を考案しているところでした。23 xゲノミクス内部に未知の攻撃経路を確保したダーク・カオス・シンジケートはデータを不正に外部に転送し、マルウェアを仕込むことを目的としてオペレーティングシステムに侵入することに成功しました。現時点での攻撃の分析結果は以下の通りです。

1 23 xゲノミクスのバイオ技術者がオンラインリポジトリにデータを送信する際に、合成生物学オープン言語（SBOL）を自動化するために設計されたブラウザープラグインをダウンロードした。このプラグインには脆弱性があったが、23 xゲノミクスのIT部門はプラグインをブロックせず、中間者攻撃を受けやすい状況が生まれた。

2 バイオ技術者のチームが自社のデータ配列決定ソフトウェアを使用する実験を設計した。異常を検出し、配列を検証するための通常のシミュレーションが実行された。

3 23 x ゲノミクスがすべての遺伝子材料、エンリッチメントパネル、キットなどの調達に利用していた中国のベンダー、リビボ社に、バイオ技術者が合成DNAを注文した。リビボは価格の安さと、米国の会社よりもスピーディな対応を売りにしていた（米国の会社は国際遺伝子合成コンソーシアムが策定したスクリーニング手順をすべて実施するために時間がかかる）。23 x ゲノミクスは米国保健福祉省に問題の配列に対する適用除外を申請し、一定のスクリーニング手順の実施を免除されていた。

4 23 x ゲノミクスとリビボの間でやりとりされていた遺伝子配列がマルウェアによりスクリーニング・ソフトウェアで検出されないような方法で危険な遺伝子コードに書き換えられていた。

5 リビボは、注文された合成DNAを作製して、23 x ゲノミクスに送った。バイオ技術者のチームは、23 x ゲノミクスの研究所で脆弱性のあるコンピューターシステムを利用してDNAの配列を解読した。

6 バイオ技術者チームは実験を続けている間に、他の材料と一緒に危険なDNAも使用した。彼らはいつも通りの実験をしているつもりで、知らないうちに恐ろしい病原体を作り出し、解き放った。

7 ソフトウェアやバイオセキュリティスクリーニング、エンドツーエンド・プロトコルなどのDNAサプライチェーンにいくつかの弱点があったことが、今回のサイバーバイオ攻撃を受けた原因となった。

――深刻な流行の可能性

研究所の記録によれば、23xゲノミクスは10月5日にリビボより注文品を受け取り、届いたDNAは10月6日の朝に使用されました。病原菌の潜伏期間は72時間程度だったと考えられます。病菌に暴露されてからの3日間で、8人の研究員が接触した人数は120人程度と推定されます。病原体の感染力にもよりますが、今この瞬間にも多数の感染者を出す壊滅的な状況に向かっている可能性は否定できません。

サンフランシスコ地方局は、サンフランシスコ公衆衛生局および米国疾病予防管理センターに連絡し、病原体の遺伝子配列を特定し、正確な正体を突き止めるための調査が現在進められています。死体解剖報告書によれば、被害者の1人は動脈、静脈、毛細血管からの出血と血漿の漏出があったということです。我々が話を聞いた法医病理学者は、「臓器が完全に液状化」し、「まるで細胞が勝手に破裂したように見える」という所見を述べました。

対応要請

連邦、州、地方当局による生物学的封じ込め措置をただちに実施する必要があります。他にも以下のような対策が必要です。

- 汚染の危険が考えられるため、過去5日以内にDNAまたはその他の遺伝子サンプルを受け取ったすべての研究所を完全に封鎖する。
- 上記以外で合成生物学に何らかの形で関与するすべての研究所、営利企業、政府機関は、ただちにすべてのコンピューター、シークエンサー、合成装置、その他の設備をシャットダウンし、電源を抜く。
- 情報セキュリティ担当者とIT責任者は、攻撃者が操るすべてのプラグイン、ソフトウェア、アカウントを特定して削除し、リモートアクセスを利用した持続的メカニズムを特定する。
- 移動に制限をかけるか、全面的に禁止する。カリフォルニア州には標準的な接触追跡法がない。つまり、どれほどの人が市外に出て、州内、州外、あるいは他国に移動したかを把握することができない。
- 少なくともサンフランシスコ市内では外出禁止令を出し、場合によっては他の地域にも出す。外出禁止を強制するための非常事態措置が必要とされる。

サンフランシスコ地方局の捜査官が複数の機関に連絡をとり、指示を仰ぎました。我々が受け取った回答は以下の通りです。

――支援要請

▒ 国家安全保障会議――サイバー攻撃についての調査を開始することはできるが、疾病予防管理センター、保健福祉省、国立衛生研究所からの支援も必要との回答。国土安全保障省バイオ監視プログラムへの相談を勧められる。

▒ 国土安全保障省バイオ監視プログラム――バイオ監視プログラムは、国土安全保障省大量破壊兵器対策局を経由する従来型生物兵器による攻撃のリスク評価のみを行うため、今回の事件は管轄外との回答。国土安全保障省科学技術局への相談を勧められる。

▒ 国土安全保障省科学技術局――同局はリスクに基づいた化学的・生物学的対策が中心との回答。サイバーセキュリティ案件は管轄外となる。サイバーセキュリティ・インフラストラクチャ・セキュリティ庁への相談を勧められる。

▒ サイバーセキュリティ・インフラストラクチャ・セキュリティ庁――マルウェア攻撃調査のためにサポート要員を出すことは可能だが、遺伝子関連の専門知識は持ち合わせていないとの回答。今後の改善に期待。

▒ 疾病予防管理センター（CDC）――CDCに新型ウイルスもしくは何らかの病原体がまき散らされている恐れがあることを連絡。CDCは現在、病原体の正体に関する調査の調整を進めているが、サイバーセキュリティへの直接対応は不可との回答。他の研究所に危険が及ぶ可能性も想定されるため、CDCより国家安全保障局もしくは国防総省に連絡することを勧められる。

▪ 国家安全保障局――国家安全保障会議覚書セクション5を参照の上、CDCに再度相談することを勧められる。

▪ 国防総省――国防総省化学・生物防衛プログラムの一部として化学、生物、放射性物質、核に関わる防衛装備と医学的対策への投資の管理を管轄する化学・生物・放射性物質・核防衛統合計画事務局（JPEO-CBRND）と連絡がとれた。JPEO-CBRNDは統合部隊（陸軍、海軍、空軍、海兵隊、沿岸警備隊、緊急対応要員）を大量破壊兵器から守ることが任務であり、政府が所有する軍事資産が攻撃されない限り、介入はできないとの回答。今回被害にあった研究所は民間所有のため、JPEO-CBRNDは関与しない。国防総省からはエネルギー省への相談を勧められる。

▪ エネルギー省――エネルギー省ゲノム科学プログラムの管轄はバイオ燃料の研究と再開発だが、米国の核備蓄が攻撃の危険にさらされない限り、支援はできないとの回答。

▪ 連邦緊急事態管理庁――最後に連邦緊急事態管理庁に連絡。命に関わる攻撃により、何も知らされていない米国民の死亡を招く恐れがあることを警告することが主な目的。国家対応フレームワークがあるので心配はいらないとの回答。仮に他の研究所が危険にさらされた場合、自然災害やその他の非常事態によって連鎖的に生じる問題にフレームワークが対応するとのこと。サイバー攻撃と生物兵器を組み合わせた攻撃を受けた場合の具体的な措置について質問すると、FBIへの相談を勧められる。当方がFBIであることを再度伝える。

現時点で、サイバーセキュリティとバイオセキュリティの両方を管轄とする部門や機関はない様子です。最初に悪意あるコンピューターコードを送り込み、生物兵器を生み出す遺伝子配列を潜り込ませるという高度な攻撃に対応できる措置や計画を準備した機関を見つけることはできませんでした。現在は米国を襲う大規模なバイオテロ攻撃の初期段階にあるように思われます。今回のような差し迫った脅威を封じ込めるための対応先も、確たる対応も、戦略もありません。

本件についてのご意見をお聞かせいただきたく存じます。[1]

パート

4

未来に続く道

第15章

新たな始まり

ＦＢＩのサンフランシスコ地方局からハーフムーンベイに向かって国道1号線を南に車を走らせると、息をのむほどに美しいサファイアブルーの渦とギザギザの岩場が海から突き出した光景が広がる。太平洋の海岸線は、起伏の激しい砂丘と、背の高い草むら、セコイア、糸杉、松の原生林に縁どられている。モンテレーの近くで道路は枝分かれし、黄色とオレンジ色の野の花々の合間を縫うように道が続く。やがて道の先に見えてくるのが、アシロマ・カンファレンス・センターだ。背の高い木に囲まれたこの建物は、自然の環境と人間が設計した環境を統合しようというアイデアを生かして建設されている。

19世紀も終わりに近づいた頃から女性の社会進出が始まり、工場勤務や事務職のような給料の低い仕事に女性も従事するようになった。当時、キリスト教女子青年会（ＹＷＣＡ）のサンフランシスコ支部の先頭に立っていたのは、ジャーナリストのエレン・ブラウニング・スクリップス、慈善活動などさまざまな活動に取り組む作家のメアリー・スルーフ・メリル、女性参政権運動と慈善活動で名を知られ、出版界の大物ウィリアム・ラドルフ・ハーストの母でもあったフィービー・アパーソン・ハーストという3人の女性解放論者たちだった。彼女たちはＹＷＣＡの拠点として、この海沿いの地を選んだ。彼女たちには大きな志があった。3人はともに資産家で、建設にあたっては当時の最高の男性建築家をいくらでも雇うことができた。しかし彼女たちはそうせず、ほとんど無名だった技術者で建築家のジュリア・モーガンにこじんまりした施設の設計を任せた。センターの名前を決めるコンテストで優勝したのはスタンフォード大学の学生だったヘレン・ソールズベリーだった。

「アシロマ（Asilomar）」という名前は、保護や避難を意味する「アシロ（asilo）」と海を意味する「マール（mar）」という2つのスペイン語を合わせた言葉だ。１９１３年にアシロマで最初の女性会議が開かれたとき、ここは単なる「海辺の隠れ家」やＹＷＣＡの一拠点を超えた場所になっていた。アシロマは希望の光だった。ここで女性たちはお互いに学び合い、進歩的な考え方をする人々と関係を築き、やがて男性のエリート集団も仲間入りするようになった。アシロマに集まった人々は、米国社会のあらゆる要素を極限までそぎ落とし、丸裸になったところに、平等で誰もが受け入れられるような、よりよい未来を築くための土台を作り直そうとしていた。[1]

スクリップスも、メリルも、ハーストも、自分たちの生活を支配する強大なシステムに疑問を投げかけるのは誰もが背負う義務だと信じていた。たとえその先に待ち受けているのが大いなる未知だとしてもだ。彼女たちは、科学と技術がどんどん進歩すれば、そのたびに生命についての認識を繰り返し改めなければならないことを知っていた。

1973年、アシロマからそれほど遠くない場所で、まもなく多大な影響を及ぼすことになる研究が進められていた。カリフォルニア大学サンフランシスコ校とスタンフォード大学の研究チームは、制限酵素を使ってヌクレオチドの長い鎖を切断して短い遺伝子断片を作り、他の細胞に挿入する実験に取り組んでいた。彼らの狙いは、異なる生物種の間でDNAを取り替えるプロセスを確立することだった。そうやって誕生した遺伝子組み換え技術が持つ意味は、非常に奥が深かった。細菌のDNAを置き換えることができたら、次のターゲットになる生物は何だろうか？ここで1つの問題がある。マウスのがんを引き起こすような病原菌は、理論的には例えばウマなどの他の動物に感染する可能性がある。では、そこからさらに人間に感染するウイルスが出現したらどうするのかということだ。

遺伝子組み換え技術は恐るべき新たな可能性の扉を開いた。意図してか偶然かはともかく、研究者たちは正体がまったくわからない、予防法も治療法も存在しない新たな病気を作り出すことができるようになったのだ（この時代には遺伝子配列を解読する装置がまだ存在せず、新たな病原体の遺伝子配列を読み取るには長い時間と膨大な手間が必要だった）。それに、遺伝子操作された生物が自然界でどのようにふるまい、どのように進化するかは予測がつかない。ただし、確かなことが1つある。人間は神に近づきつつあるということだ。人間は生命とは何かという認識を変えただけではない。生命をまったく新しいものへと作り変える再創造に成功したのだ。

この発見に関わったスタンフォード大学の生化学者ポール・バーグは、1972年に初めて遺伝子組み換え分子を合成してからすぐに、サイエンティスト誌に注意喚起の文書を送った。「現在、複数の研究グループがこの技術を用いてさまざまなウイルス、動物、細菌の遺伝子を使った組み換えDNAを作製しようとしている」と彼は書いている。「そのような実験は重要な理論や実用に関わる生物学的問題の解決を容易にするかもしれないが、結果として新種の感染性DNA要素を生み出す恐れもあり、その生物学的性質を前もって予測することはまったく不可能である[2]」。

バーグに加え、マキシン・シンガー、デイビッド・ボルチモア、ノートン・ジンダー、そしてジェームズ・ワトソンといった著名な生物学者たちが集まって、会議が開かれた。当時、ワトソンは世界最高峰の生物学研究所だったコールド・スプリング・ハーバー研究所の所長を務めていた。彼らは遺伝子組み換え分子に秘められた危険性を危惧していた。この技術は、自己複製能力を持ったウイルス、危険な細菌、壊滅的な結果をもたらす可能性のある生物兵器の誕生につながりかねないことを彼らは知っていた。しかし、同時に彼らは遺伝子組み換え技術の将来性も認識していた。このまま研究が続けられ、安全に使いこなす方法がわかってくれれば、この技術は生活を改善し、長生きを実現するためのとてつもない力になる。人工インスリンを合成し、抗生物質を作り出し、これまでに誰も思いついたことがないような新たな治療薬を開発できる可能性だってある。バーグらは、遺伝子編集研究の使用に関する原則が決まるまで、実験を一時的に停止するよう求めた[3]。

ここで彼らは2つの大きな問題に直面した。遺伝子組み換え技術にふさわしい原則とはどのようなものか?そして、誰がそれを決めるのか?地政学的な問題も無視できない。折しも米国がベトナムに派遣していた部隊を引き上げたばかりの時期で、ソ連が東南アジアや中南米、アフガニスタンで共産主義政権の足固めを進めていた[4、5]。米国と中国の間ではまだ外交関係が樹立されていなかった[6]。遺伝子編集研究の原則を決めるグループが米国の科学者ばかりでは、出来上がった原則を他の国々が受けつけない可能性は高い。道徳的な要素も、倫理的な要素も、宗教的な要素も考えなければならない。イギリスでは医師たちが「試験管」の中で受精卵を作製する新たな医療技術の実験を進めていた[7]。この動きに神学者たちは動揺した。そんな技術が実現すれば、ややこしい倫理問題が持ち上がってくる。彼らにその類の問題に立ち向かう準備はまったくできていなかった[8]。原則ができたところで、生命の成り立ちに関する昔からの信仰——特に遺伝子に関わるものに手を加えたり、破壊することは暗黙の罪だと主張する人々が強く信じる信仰——を増長させるような結果になれば、研究の助けどころか、むしろ邪魔になる。もし原則を決めるグループが科学者ばかりだったとしたら、後で政治家が問題にするかもしれない。彼らは生命に関する法律を含め、あらゆる法律は、科学者ではなく政府が決めるものだと言い出すだろう。

バーグらは、この類の研究につきもののリスクを減らすには、幅広く関係者を集めて、原則に関する意見を一致させるしかないことを承知していた。そこで、彼らは1975年2月24日に会議を開催し、テーマを2つの基本的な問題に絞ることに決めた。

1. 学問の自由を守ることと、公共の利益を守ることのバランスをどのようにとるか？
2. 特に不透明な状況の中で、科学研究と、社会におけるその技術的応用についてどのように決定するか？[9]

彼らは、遺伝子組み換え生物誕生への道を開くため、国際的にも一流の分子生物学者、ジャーナリスト、医師、法律家などの主な専門家を、抜本的な意識改革を象徴する地であるアシロマに招くことにした。[10]

アシロマ会議の開会式の壇上に向かうバーグとボルチモアは、この場に出席している全員が遺伝子組み換え技術がどのようなものかを知っているわけではないことを理解していた。そこで、彼らは誇張や煽情的な表現は抜きにして、わかりやすい言葉で遺伝子組み換え技術について説明するところから始めた。難しい表現は避けながら、この技術がもたらす影響の大きさが明確に伝わるように心がけた。米国、ソ連、西ドイツ、カナダ、日本、イギリス、イスラエル、スイスなど世界各国から参加者が集まったこの会合は、すでにバイオテクノロジー版の憲法制定会議と呼ばれるようになっていた。[11] それを知っていたボルチモアは、もしこの会議で遺伝子組み換え技術をどのように利用するかについて意見の一致をみることができなければ、今後も話がまとまることはないだろうという不吉な予言で開会式を締めくくった。

会議の主催者たちには、もう1つの目的があった。今回問題になっている遺伝子組み換え技術だけでなく、これから登場する他のバイオテクノロジーもいずれは政治家たちの目を引くことになるだろう。政治家にしても、一般市民にしても、遺伝子組み換え技術がどんなものかを理解するのは簡単ではないはずだ。理解が足りない人々の間では、すぐにデマが広がる。科学には独立性が求められるが、それを得るためには研究者たちが世間の信頼を勝ち取り、安全性に不安を抱く政治家たちを納得させる必要がある。多数の分野から周到にアシロマに集められたこのグループが各自の意見を自由に述べ合い、合意にいたることができれば、科学の利益と自制のバランスをとる能力を科学者たちが持っていることを証明できるはずだ。

そのために、ニューヨークタイムズからウォールストリートジャーナル、カナダ放送協会、フランクフルター・アルゲマイネ、ローリングストーンまで含む、10人を超えるジャーナリストがこの場に招待されていた。[12] ジャーナリストたちは会議の最終的な結論だけでなく、あらゆる議論についても記事を書くことになっていた。つまり、科学者たちの間で言い争いや、誹謗中傷や、礼を失したやりとりがあれば、政治家や一般人も目にする記事にその事実が載ることになる。普段は研究所でひっそりと難解な学術論文を書いている科学者たちが表舞台に立つことはめったにない。そのため、彼らは公開討論のせいでバイオテクノロジーが世間に散々につつきまわされるのではないかと心配していた。しかし、バーグらの予想は違った。世間で遺伝子組み換え技術とは何たるかの理解が深まり、科学者たちが最悪のシナリオを避けるために奮闘していることがわかってもらえれば、科学者に対しても科学に対しても信頼が得られるはずだと考えたのだ。

主催者たちの考えは正しかった。会議の参加者たちは、規制と安全対策が設けられるまで遺伝子組み換え研究の停止を継続することで合意した。正式なガイドラインが発表されたのはそのすぐ後だった。ローリングストーン誌は、さまざまな角度から記者の視点で見たアシロマ会議の記事を載せた。同じ号ではミュージシャンのスティービー・ワンダーと遺伝学者のジェームズ・ワトソンの特集も組まれていた。表紙を飾ったのは、１９７０年代らしいサイケデリックなワンダーのイラストだ。サングラスに抽象的な図形をカラフルに反射させたワンダーは、ヘッドフォンをつけ、ふわふわした茶色のコートを着込み、ビーズ飾りを首に巻いて、膨らんだ色とりどりの帽子をかぶっている。

ページをめくると、よれよれのセーターを着たワトソンが映ったモノクロ写真が現れる。彼はぶすっとした顔でコーヒーブレイク中に会議の参加者の話を聞いている（この相手のセーターのよれ具合はワトソンよりもちょっとだけましだった）[13]。ここで強調しておきたいのは、この40年ほどの間に遺伝子組み換え技術は多大な科学の進歩をもたらしたが、公衆衛生には一切の悪影響を与えなかったこと、特にごく最近になるまでは、デマが流れることもなかったことだ。科学者たちはリスクを分析し、意見をすり合わせることで世間の信頼を獲得し、研究の独立性を確保してきた。科学と、透明性と、公共政策の新時代は、アシロマから始まったのだ。

ＣＲＩＳＰＲを使った賀建奎《フージエンクイ》の実験、ｍＲＮＡワクチンに関するデマ、人間と動物のキメラが登場する可能性などを考えると、アシロマに新たな関係者のグループを集めて、合成生物学が避けて通れないリスクやメリットについて話し合う時期が来ているのではないか[14]。だが、１９７５年と今では状況が大きく変わっている。今は生命を根本から変えるようなバイオテクノロジーが数多く存在する。さらに、人工知能や、コンピューターネットワークインフラ、５Ｇ・６Ｇ移動通信技術の進歩は、これまでにない種類の技術開発を実現させる。イノベーションを加速させ、新たな商業製品を安定的に供給する準備はもうできている。だからＣＲＩＳＰＲの影響について考えるためだけに会議を開くのではなく、ＡＩのディープニューラル・ネットワークのリスクとメリットについても議論をするべきだろう。合成生物学を構成する技術全般について意見をまとめようとするのは、かなり大変だ。それに、現段階で特許をめぐる状況は混乱し、法廷闘争が続いている。合成生物学の未来に関する合意を形成するために集まるべき科学者たちの中には、今は互いに裁判で争っている者同士もいる。

技術は進歩したが、同時にその発展をけん引してきた各国の世界戦略、そして混迷の度合いも変化しつつある。ロシアはもはやバイオテクノロジーの協力者ではない。中国は世界の科学技術の主導権を握るべく合成生物学に力を入れている。ホワイトハウスの主が目まぐるしく変わる米国政府は、科学技術政策に関して一貫した姿勢を維持することができていない。さらに、研究に資金を出す投資家も以前に比べてはるかに増えている。ベンチャー投資家やヘッジファンド、プライベートエクイティにとって生命科学は規模が大きく、非常に魅力的な分野だ。現代版アシロマ会議が開かれるとしたら、製品を商品化するまでのスピードに成功が左右されると信じ、長期的なリスクモデリングに偏見を持っていることが多い、投資会社のトップも招く必要があるだろう。

１９７５年にアシロマ会議が開かれたとき、リチャード・ニクソン大統領の演説原稿を書いていたスピーチライターは報道への不信を植えつけることを目的として、軽蔑的なニュアンスで「メディア」という単語を使い始めたばかりだった。[15] 現在、メディアへの信頼はかつてなく低下し、注目度や影響力を求めてソーシャルメディアに煽情的でいやらしいコンテンツが投稿されている。[16] もしこれから新たなアシロマ会議が開かれたとして、会議の内容が報道されたら、あっという間に前後関係を無視した断片的な発言ばかりが1人歩きすることになるだろう。新たなアシロマ会議の主催者は、会議に関する記事がどれほど忠実に書かれていたとしても、インターネット上に出回れば歪曲されて真実とは異なる情報になることを覚悟しなければならない。

一方、私たちがこの原稿を書いている間に、生命の未来を形作ることになりそうな3つの出来事が起こった。まず、カリフォルニア州議会がＤＮＡの受託合成をしている企業に対し、バイオセキュリティに関するスクリーニングを実施することを義務づける新たな規制の案を打ち出した。次に、ギンコ・バイオワークスが評価額１５０億ドルで上場した。そして２０２１年の秋には、新型コロナウイルスワクチンを接種していない学生の登校を認めないとする新たな学則に反ワクチン派が抗議し、大学のキャンパスを占拠した。[17,18] 合成生物学分野の進化はあまりにも速く、それを支える基盤である法的な枠組みやバイオ経済、世間の信頼はまだ固まっていない。

現代版アシロマ会議はまだ開かれていないが、合成生物学の未来を指し示す詳細なロードマップを欲しがっている政治家たちもいる。合成生物学のロードマップは、直線の時間軸に沿って経済の発展やマイルストーン、数字で表せる結果などを予測した経済ロードマップをなぞったようなものになりがちだが、科学の進歩には波がある。特に新たな技術が出現したときの変化は著しい。画期的な大発見は進歩につながるが、ほとんどの実験は失敗に終わる。発見とは、多くの紆余曲折と挫折を経た末にたどりつけるものだ。

合成生物学を明るい未来に向かわせる道はすでにできている。バーグらが根本にかかわる問題を提起し、スクリップスとメリルとハーストが模範を示したおかげだ。合成生物学の未来がどのようなものになるのか、今の私たちにはわからない。だが、私たちは未知の未来に立ち向かうことができる。「これはどうするべきか?」、「こうだったら、どうなるか?」、「自分たちにはこれができるのか?」、「これはみんなのためになることか?」と問いかけ、そこから学んでいくことができる。そうすることで、今の自分の信条に反する未来の自分を想像しなければならなくなるかもしれない。心穏やかでいられなくなるかもしれない。勇気も必要だ。十分な情報を持った上で未来を決められるようにするために視野を広げ、進むべき先がどこであれ、そこを目指して踏み出すのは、革命にも等しい行動だ。

合成生物学の危険なリスクを最小限に抑えながら、その可能性を最大限に引き出すには、規制アプローチ、地政学的な合意、投資戦略が一変した、今とはまったく違う未来にいる自分を想像する必要がある。そのような未来では、誰も置き去りにすることなくコミュニケーションをとり、丁寧な説明を行うことによって信頼が築かれる。誰もが科学の知識を持ってその意味を理解し、宗教と科学が共存し、政治はイノベーションの実現に向けた道をつける(社会がすっかり変わらなければならない、実現不可能なとんでもないプランのように聞こえることは私たちも承知している)。

この本は、私たちなりのアシロマ会議だ。私たちは、世界中の関係者、つまりこの本を読んでいる読者のみなさんに、今この瞬間につながる合成生物学の技術や出来事を紹介してきた。みなさんは研究者たちに出会い、彼らの言い争いを聞き、その視点を知った。私たちは、バイオ経済に関わる投資家や企業も紹介した。ここまでの各章で、私たちは読者に問いかけてきた。科学研究はどのように行うべきか、合成生物学技術の将来的な用途はどのように決定すればいいのかについて、これまでの考えを問い直してきた。

学問の自由を守ることと、公共の利益を守ることのバランスをどのようにとるか？特に先が見通せない状況の中で科学研究と、社会における技術の応用についてどのように決定するか？これから述べていくのは、国際的な連携、規制、ビジネス、合成生物学のコミュニティに関する私たちの提言だ。これはあくまで出発点にすぎない。この先も疑問を投げかけ続け、合意を形成するきっかけにしてほしい。

――共通項を見つける

画期的な技術が登場するたび、競争が起こる。技術の発展が経済と国家安全保障に大きな影響を与えるような場合にはなおさらだ。（米国とソ連が主導権争いをしていた）宇宙開発でも、（米国と中国が競い合っている）人工知能でもそうだ。そして、合成生物学でもそのような争いが起こりつつある。勝者があずかる恩恵は大きい。直接の資本投資ができるのはもちろん、トップクラスの頭脳を集め、イノベーションをリードし、グローバルスタンダードの構築を主導できるかもしれない。

第3章で私たちはＡＩの歴史を簡単に紹介した。１８２０年代にその概念が誕生し、ＡＩという名前がつけられたのは１９５６年のことだ。ＡＩ技術の最初の波は１９６０年から１９８０年にかけてやってきた。それを受けて、新たなビジネスエコシステムが形成され、人材と投資が集まり、今も見えないところで日常生活を支える自動車のアンチロックブレーキ、クレジットカードの不正検知システムなど、多くのものが誕生した。だが、ＡＩはこれまでとはまったく違った方向に向かって動き始めている。米国にはＡＩに関する目標や成長の方向性を決める戦略も、総合的な政策も、計画もない。そのため、民間企業はあらゆる決定において公共の利益よりも株主の利害を優先することが多い。結果として、消費者のプライバシーが犠牲になったり、データが悪質な業者に売り渡されたりすることもある。フェイスブックやユーチューブなどの主要な製品やサービスでバイアスのかかったアルゴリズムが横行するのもそのせいだ。

大企業は政策や規制に口出しができるようにロビー活動を欠かさない。だが、巨大技術企業はかつては思いもよらなかったほどの権力と富を手にした。そうした中で、彼らは外交や地政学的状況に大きな影響を与える決定を下している。企業の中には独自の外交政策部門を設置しているところもある。マイクロソフト社長のブラッド・スミスは州知事や海外首脳と定期的に会談し、新たなサイバー攻撃の脅威について話し合ったり、発展途上国の経済におけるデジタル格差の縮小といったテーマについて情報を集めたりしている。２０１７年、彼はデジタル版ジュネーブ条約への実現に向けて協力を呼びかけた。目指すのは、国家が背後にいるサイバー攻撃から民間人を守る国際協定だ。[19]マイクロソフトのデジタル外交グループは外交政策に対する技術重視のアプローチに積極的に取り組んでいる。数十人規模の外交の専門家がさまざまな活動と並行して、サイバーセキュリティに関する国際協定の作成と、地域ごとの規制の準備を進め、外交官を集めて人権に関する非公開会議を開くこともある。[20]

マイクロソフトは企業外交政策が損にはならないことをわかっている。信頼を築くことができるし、長期的な計画を立てるときの役にも立つ。フェイスブック、アップル、グーグル、アマゾンは、すべて同様の戦略を取り入れている。次に地経学を左右する技術企業の長期的な影響力について考えてみよう。もしフェイスブック（メタ・プラットフォームズ）のような企業の優先順位が、その国の政府の優先順位と違っていたら、どうなるだろうか？もし外交会議の場で政治家がまだ手をつけていない政策をどこかの企業が推進したとしたら、さらに困ったことにそれが米国の政策と対立するような内容だったとしたら、どうなるのか？以前よりも現実味を増しているこれらのシナリオのせいで、企業が州議員や連邦議員から説明を求められたり、規制機関の調査を受ける機会が増え、米政権の怒りもかった。今では、それらの企業、特に脅威となりそうな米国のＡＩ企業は過剰な力と富をたくわえていることで非難を浴びている。技術業界、投資家、政府は今後10年間でそれらについての話し合いを進めるだろう。

一方、中国のＡＩはＢＡＴと呼ばれるバイドゥ、アリババ、テンセントの大手企業3社と、国内のさまざまな研究機関によってけん引されている。ＢＡＴ3社は株式を上場する可能性もあるが、経営方針は中国共産党が決めるため、プライバシーや監視、人権に対する考え方は米国やその同盟国の企業とはかなりのずれがある。中国政府は、国内だけでなく、急激に発展する新興国で債務と引き換えにインフラ整備を支援する一帯一路構想などの政策を通して、独裁体制を強化するためにＡＩを導入している。中国と米国は強大な力を持ったＡＩを国防、経済成長、軍事力の要に位置づけている。だが、際限のないＡＩ競争がリスクをはらむことは明らかだ。米国と中国がウィンウィンの関係を築く方向に向うべき理由は少なくない。

合成生物学が発展する道筋は、ＡＩのそれと重なる。実際に、これまでＡＩ経済の構築に関与してきた企業が、今はバイオ経済に深く関わっている。マイクロソフトはＤＮＡストレージの研究とバイオファウンドリを支援する自動化技術の構築を進めている。ここ数年間で、ビル・ゲイツは世界の飢餓や気候変動とたたかうために合成生物学への投資に前向きな姿勢を見せている。[21] ジェフ・ベゾスは複数の合成生物学企業をバックアップし、所有する航空宇宙企業ブルーオリジンに、人間が地球外で生きていくためのツールや技術の恩恵が受けられることを期待している。[22] グーグルの元ＣＥＯエリック・シュミットは、ＡＩと生物学の融合を加速させるためにブロード研究所に1億5000万ドルを投資した。[23] 研究をするのは学術機関だが、資金を出して新たなイノベーションを加速させるのは営利企業だ。資金はすなわち影響力、特に研究の方向性に関わる影響力を意味する。

中国が合成生物学と人工知能の両方の分野で国際的な覇権を握ろうとしていることは火を見るよりも明らかだ。中国は国策として2050年までに「科学技術のイノベーションにおける世界的な大国」になることを掲げている。[24] この10年ほどの中国共産党は、長く続いた技術面での米国の優位を何とか崩そうと粘り強い努力を続けてきた。[25] 中国政府は世界最大の遺伝子情報データベースの構築を目指して2016年に国家遺伝子バンクを設立した。[26] 中国共産党が見据えるのは、ＤＮＡの戦略的価値、すなわち創薬、農業分野における進歩、社会秩序の維持だ。そして、本書にも登場した安価な遺伝子解析サービスを提供する大手企業のＢＧＩがその取り組みを支える。

ＢＧＩの研究と中国の人民解放軍は無関係ではなさそうだ。人民解放軍は遺伝子情報を処理するためのスーパーコンピューターを保有している。また、人民解放軍がさまざまな攻撃能力に加えて遺伝子操作と能力向上の研究を支援していることには十分な裏付けがある。特に人民解放軍の上層部は合成生物学がいずれは戦争にも関わってくる領域だと考えている。脳を操る兵器の開発について堂々と口にする人々もいる。中国人民解放軍の傘下にある医療機関ではおどろくほどたくさんのＣＲＩＳＰＲ研究が行われている。[27,28]

はっきりさせておきたいのは、中国で研究に取り組む科学者の多くは、中国共産党や人民解放軍と意を同じくしているわけではないということだ。合成生物学の世界には国境の壁にとらわれず、互いに協力し合う懐の深さがある。そこには名前を挙げきれないほど多くの中国人研究者たちもいる。１９７０年代に農学者の袁隆平《えんりゅうへい》はアジアやアフリカの飢餓を解消することを目指して、ハイブリッドイネを開発した。[29] 彼は研究室にこもったり、中国共産党の一員となって要職につくことよりも、飢餓の現場で農夫たちと話をして、飢餓の撲滅に人生を捧げることを選んだ。彼は世界各地で後進の指導にもあたった。[30] 武漢の病院に勤務していた眼科医の李文亮《りぶんりょう》を覚えておいでの読者もおられるかもしれない。彼はＳＮＳのウェイボーで新型コロナウイルスの情報をいち早く他の医師たちに警告していた。しかし、中国によるウェイボーの監視は厳しかった。[31] 投稿が拡散すると、彼には政府から厳しい処罰が科せられた。それでも、李は投稿をやめなかった。やがてウイルスに感染してベッドから動けなくなっても、死の間際まで彼は情報を発信し続けた。張永振《ちょうえいしん》の研究チームは、新型コロナウイルスのゲノムを解読し、あらゆる手をつくして——公開フォーラムに投稿してまで——生物学界に広くこの情報を伝えようとした。

開かれた科学の世界に国境の壁はないが、中国共産党は中国が輩出した優秀な人材を中国に取り戻そうとしている。本書の執筆時点で、25万人以上の生命科学の専門家がそのような要請に応じた。[32]中国は今や特許出願件数でも発表された論文数でも世界トップクラスに躍り出た。「メイド・イン・チャイナ」産業政策のおかげで、ハイテク機器製造の分野でも中国は躍進した。ここにもバイオテクノロジーの進歩の影響が表れている。[33]中国政府は積極的にバイオ関連企業の生産能力を高め、教育体制を整え、全土に生命科学関連の施設を作った。ただし、中国の知的財産権に関わる法律や規制環境は国際標準には追いついていないのが現状だ。賀建奎がCRISPRでヒト胚の遺伝子を操作し、赤ちゃんたちを誕生させたというニュースは世界を震撼させたが、中国共産党がこの研究のことを知っていた可能性は高い。彼は研究を特に秘密裏に進めていたわけではなかったし、中国は世界屈指の優秀な監視システムを持ち合わせている。中国は、他では考えられないような遺伝子組み換え実験が認められる場所、むしろそれが推奨されかねない国だ。

中国に世界のバイオテクノロジー工場になるつもりはないことははっきりしている。かの国が目指すのは、合成生物学とAIの両分野で世界的な覇権を握ることだ。2030年には、経済力を示すGDPで中国が世界のトップになることが予想される。2050年には、特許と知的財産権の保有件数が世界最大となり、誕生した赤ちゃん全員に遺伝子解析が行われる初めての国になる可能性もある。独自路線のバイオ経済を作り上げることには、大きなメリットがある。中国の人口はとてつもなく多く、世界は気候変動に伴う移住や食糧生産の問題に直面している。中国の思惑通りに事が進めば、シークエンサーや医薬品、主食となる農作物、それに汚染や異常気象の影響を緩和するソリューションの輸出で中国は世界のトップに立てるだろう。[34]

遺伝子操作やバイオテクノロジー、個人情報の取り扱いを取り決める法律が国際的な常識からかけはなれた国でも、重要な進展がみられる。2050年には人口が世界一になるとみられているインドは、世界屈指の経済大国の仲間入りをするかもしれない。さらに、食糧生産においても重要な位置を占めるようになるだろう。世界的な食糧生産におけるインド市場の規模と重要性は、合成生物学が発展する上で避けて通れない道筋に影響する。インド政府は遺伝子組み換えをはじめとするバイオテクノロジーの将来的な戦略を立てるため、1980年代にバイオテクノロジー庁を設立した。[35]だが、規制の枠組みを設け、適用しようとする取り組みは、同国の悪名高い官僚制度に阻まれた。同じ頃、収益目標を達成するために製造の手抜きやデータの偽造をしていた医薬品製造工場が摘発された。[36]現在、インドには数多くの優秀な科学者、技術者、起業家がそろっているが、質の高いバイオテクノロジーを開発・製造するために必要な国家戦略と世界からの信頼が欠けている。インドの甘い監視体制は周囲に不安を与える。投資を呼び込み、製品を販売する市場を見つけるためにインドがさまざまな規制を設ける可能性はあるが、歴史を振り返れば、法律による取り締まりはうまくいっていない。

イスラエルとシンガポールは諸外国と協力してバイオテクノロジーに取り組み、海外からの投資を募っている。イノベーションを加速させるような政策を導入しているのが両国の共通項だ。イスラエルは、税優遇と助成制度で国際企業が研究開発拠点をイスラエル国内に移転（あるいは国内の共用施設を利用）することを促す「イノベーション・ボックス」プログラムを導入した。[37]同国のツァタム・プログラムは、合成生物学の研究開発に必要な設備などの支援を行う[38]。生殖細胞系列の遺伝子編集は禁止されているが、動植物を使った研究は推奨され、厳しいリスク評価を経て商品として販売できる製品が決定される。シンガポールはバイオテクノロジーのイノベーションを推進するために最先端を行く政策を打ち出し、教育、経済、医療、農業などの分野に取り入れている。バイオファウンドリで培養された人工肉の販売が世界で初めて認可された国がシンガポールだったのも当然と言えるだろう[39]。

では、EUはどうだろうか？1997年に遺伝子組み換え食品に対する厳しい規制が導入され、合成生物学に対する世間の不信感は根強い。2020年に実施された世論調査のユーロバロメーターでは、ヨーロッパ人の3分の2はたとえ普通の果物よりもおいしく、自然に優しい方法で栽培できるとしても、遺伝子組み換え果物は買わないと回答した。2018年にフランスはCRISPR技術に対する規制を強化し、遺伝子組み換え作物と同等の規制を課した[40]。しかし、植物に放射線を照射してランダムな変異を誘発するといったやや古い技術は規制の対象になっていない。この規制強化がヨーロッパの研究者たちに与えた影響は深刻だった。CRISPRを使って植物の遺伝子を操作する国際研究プロジェクトは、ただちに中断された。食用油がとれる植物、カメリナ・サティバから健康によいオメガ3油がより多くとれるように遺伝子をCRISPRで操作する研究をしていたある科学者は、試験栽培に対する規制が変わったと告げられ、彼の研究対象はそのまま土の中に取り残された。

科学と科学政策がかみ合わないことははっきりしている。合成生物学の力で解決できる可能性がある世界的な問題、異常気象や生物多様性の低下、食糧不足、新たな病原体の出現に対応するには、世界が一致団結しなければならない。それでも、市場シェアの獲得を優先したがる国もあるし、国際条約の範疇に入らない生物兵器の開発を進めている可能性を否定できない国もある。自然の勝手なふるまいを止める方法はないし、人間が技術のどんなデュアルユースを考えつくかは予想もつかない。しかし、合成生物学に関するリスクを小さくするため、私たちはここで世界に向けた3つの提言をしようと思う。

提言その1　機能獲得研究を禁止する

新たな技術が発明されると、当初の目的から外れた用途を人間は考え出す。合成生物学でも同じことが起こるという前提で、私たちは備えておくべきだ。だからこそ、機能獲得研究は禁止する必要がある。機能獲得研究でウイルスの危険性が高まることを思い出してほしい(第7章)。率直に言えば、これは生物兵器開発にも等しいのだ。

地球上のあらゆる国や研究所、DIY生物学者が合成生物学技術の利用をやめることに同意したとしても、自然は独自のデュアルユースの問題を生み出すだろう。1340年代にモンゴルの国王、ジャニ・ベグの軍隊を襲ったペスト菌を例にとって説明しよう。ジャニ・ベグの軍は、西側の敵との戦いを有利に進めていたが、体内での免疫力を駆使したこの恐ろしい病原菌との戦いに敗れ去った。ペストはコンスタンティノープルの軍隊の間でも流行し、シチリアを経由して、マルセイユにまで広がった。ペルシア帝国に到達したペストは、黒死病と呼ばれるようになった。ペスト菌は数百年の時間をかけて進化し、ノミ、土、哺乳類と住処を変え、やがてヨーロッパ人のところにたどり着いた。その結果、当時のヨーロッパの人口の3分の1が黒死病によって凄惨な死を遂げた[41]。他にもマラリアや狂犬病、結核、エボラなど、似たような例は枚挙にいとまがない。新型コロナウイルスも自然に生まれたと考えるなら、この仲間に入るだろう。どう考えても、この手の研究で人間が自然をわざわざ手助けするいわれはない。

モデリングと遺伝子の解読が簡単に行えるようになった今、機能獲得研究でウイルスの流行に備える必要はほとんどないはずだ。2012年にロン・フーシェがH5N1鳥インフルエンザ菌を変異させた目的は、研究目的でウイルスのモデルを構築することだった。当時は、新たな病原体が発見されたときに、ゲノムを解読するまでに時間がかかりすぎるのではないという不安が一部の科学者の間でささやかれていたからだ。もし感染力も病原性も非常に高い新型ウイルスのゲノム情報を流行前から科学界が握っていれば、ワクチンや治療薬の開発を迅速に進められるに違いないと彼らは考えていた。だが、フーシェの研究が公になると、大多数の合成生物学界の科学者とその他の関係者たちは不安を募らせた。合成生物学のツールが継続的に改良されていることを考えると、この類の研究の危険度は以前に比べて増しているはずだ。しかも、私たちはそれを不要だと考えている。

フーシェの実験から10年が経ち、私たちのコンピューターシステムは飛躍的に性能が向上し、遺伝子データベースははるかに巨大化した。シークエンサーはものの数時間で遺伝子配列を解読できるようになった。可能性のある変異の分析とモデルは、すべてコンピューターでシミュレーションできる。一方、米国をはじめとする各地では、非常にセキュリティが厳しいはずの生物研究所でさえ、在庫管理の不備や廃水の不十分な除染処理など安全性の問題で名前が挙がる。それに、新型コロナウイルスが武漢で行われていた機能獲得研究の産物である可能性を私たちは簡単に否定できない（2021年半ばの本書執筆時点の話）。その事実は、このような研究が社会に与える影響は、安全よりもリスクがはるかに大きいことを告げている。さらに新型コロナウイルスの登場により、人類はある程度の感染力とある程度の致死性を持ったウイルスに対する備えがまったくできていないことが示された。このウイルスの感染力がもう少し強く、致死性がもう少し高ければ、どんな結果になっていただろうか？

2017年12月、トランプ政権は政府が出資する機能獲得研究プロジェクトへの道を開く新ガイドラインを発表した。このガイドラインでは、機能獲得研究の目的を新たな病原体出現の可能性を監視することに限定せず、機能獲得のための意図的な変異を積極的に研究することも推奨されていた。他の国々は、この発表を米国がウイルス生物兵器を研究しているというメッセージとして受け止めた。今、私たちにとって最も不要なのは、生物兵器の開発競争だ。ワクチンを製造する企業が機能獲得研究を公然と求めておらず、今後のワクチンの供給網の強化にそのような研究が役に立つとも発言していないことは注目に値する[42]。

機能獲得研究が禁止されるからといって、人工ウイルスやワクチンの研究、抗ウイルス薬の開発、ウイルス検査が全面的にストップするわけではない。私たちはウイルスに取り囲まれている。ウイルスは重要であり、生態系を維持するためにもその存在は欠かせない。ウイルスの能力をうまく利用すれば、ほとんどの薬が効かない微生物を狙い撃ちする抗生物質やがん治療薬を開発したり、遺伝子治療で遺伝子を運ぶベクターとして利用することもできる。だが、このような研究は核技術の開発と同じように、しっかりと監視の目を光らせながら、進めなければならない。

――提言その2　バイオテクノロジー版ブレトン・ウッズ協定を作る

平時にはそうでもないが、危機的な状況がやってくると、たいてい各国は一致団結する。非常時には合意も成立しやすい。ビジョンを共有し、大幅な転換についての意見を一致させるのはかなりの大仕事だが、公共の利益のために各国を協力する気にさせることはできるはずだ。例えば、生物戦争のための新たな武器を作るために手間や資金をかけるよりも、バイオ経済の開発で協力し合う方が手にする利益は大きい。

１９４４年に第二次世界大戦の連合国の間で締結され、新たな国際通貨体制の基礎を築いたブレトン・ウッズ協定は、１つのお手本になるだろう。この協定の条項の中には、新体制を監視し、経済成長を促すことを目的として、世界銀行と国際通貨基金（ＩＭＦ）という2つの新組織を設立することが盛り込まれた。ブレトン・ウッズ協定参加国は互いに協力し合うことで合意した。どこかの国の通貨の価値が大きく下がりそうになったら、他の国が介入して支援する。一定以上の通貨の切り下げが行われた場合は、ＩＭＦが救済に乗り出す。また、協定では貿易戦争を避けることも明記されていた。

しかし、ＩＭＦは世界中央銀行とは役割を異にし、どちらかと言えば参加国が困ったときに自由に貸し付けを受けられるような機関となった。このような体制を継続的に運営していくためには金と通貨のプールを用意する必要があった。最終的にブレトン・ウッズ体制には44カ国が参加し、国際貿易の規制と推進について合意した。協力関係はうまくいった。もし協定に違反すれば、すべての参加国が運命をともにすることになるからだ。ブレトン・ウッズ体制は1970年代に崩壊したが、IMFと世界銀行は今でも為替相場をしっかりと支えている。[43,44]

世界の資金プールを監視し、規制するのと同じように、遺伝子情報を世界レベルで管理する体制の構築を私たちは提案したい。参加国は、一度作成されると変更できないブロックチェーン台帳と追跡システムを利用して遺伝子配列や標準部品、注文、製品を記録することに合意する。絶滅したタスマニアタイガーをよみがえらせるにせよ、CRISPRを使用して成人のコラーゲン産生を促すにせよ、新たな病原体を発見するにせよ、遺伝子情報を利用したり、作成したときは、すべてこのグローバル共有システムに入力する。施設や製品が厳しい基準を満たしているかどうかを確認する点検も義務づけられ、結果をシステムに入力する。そうすることで、説明責任を切れ目なく確保できるようになる。例えば、今でもきちんとした企業は厳しいバイオセキュリティ安全対策を実施している。ツイスト・バイオサイエンス社が1カ月間に学術研究所、製薬会社、化学メーカーから注文を受けてスクリーニングを実施する遺伝子配列は数千個ほどだが、ときどき危険な注文が見つかることがある（たいていは注文主の不注意が原因だ）。だが、私たちがFBIのシナリオを書いた理由は、ツイスト社の同業者がみんな同じような対応をしているわけではないからだ。私たちが提案するグローバルシステムは、合成注文を受けた人工遺伝子を規制対象の病原菌やすでに知られている有毒物質の情報が保存されたさまざまなDNAデータベースと照合するスクリーニングを実施し、注文主の素性を確認し、公開データベースに取引を記録することを企業に義務づける。

遺伝子情報のグローバルプールには、私たちの最もプライベートな部分に関わる秘密を抱えたＤＮＡが保存される。保険会社や警察、それに敵対する相手は、このような情報に強い関心を見せるだろう。現時点で70カ国を超える国がＤＮＡの国内データベースを保有しており、中にはきちんと説明をしないまま情報を集めている国もある。国内データベースに対する現在のアプローチでは、ＤＮＡを取り締まりのためのツールとして位置づけている。そのせいもあって、人類全体にメリットをもたらす世界規模の研究プロジェクトのために遺伝子情報をプールする機会は失われている。[45]

人口わずか１３０万人の北欧の小国では、進んだ方法が実践されている。[46,47] 敵対するロシアと国境を接するエストニアは、世界で最も進んだデジタルエコシステムを擁する国として昔から知られてきた。国が発行するデジタルＩＤにより、国民は政府機関や税務署、登記所などさまざまな官民サービスをオンラインで安全に利用することができる。２００５年からはデジタルＩＤを認証に使用して電子投票もできるようになった。このデジタルＩＤはエストニアの医療制度を支える柱にもなっている。利用者のＩＤがあれば、1カ所にまとめて保存されている個人の健康と医療に関する記録を医師や医療機関が閲覧できるのだ。エストニアのデジタルエコシステムがあれば、データ頼みの遺伝子研究も進めやすくなる。同国のバイオバンクには、遺伝子研究プログラムに参加する意思を示した成人の遺伝子情報と健康情報が保存されている。その割合は国内の成人の20パーセントに達する。エストニアの制度はジェノタイピング（遺伝子型判定）とそれに関連する教育コースを無償で提供し、素晴らしいエストニア精神の表れとして国民が実際に参加している。このデジタルＩＤ

システムは参加者のセキュリティと匿名性も保証する。[48]

バイオテクノロジー版ブレトン・ウッズ体制では、参加国がブロックチェーンをベースにした同様のデジタルIDシステムを構築し、研究プログラム用に個人の遺伝子情報を変更できない形でまとめた台帳を作成することになるのではないだろうか。エストニアのインフォームド・コンセント・モデルは、私たちが提案する制度の参加国にとっていいお手本になる。参加国は自国の一定割合の国民の遺伝子情報をグローバルプールに提供することになるだろう。そのような制度があれば、遺伝子情報の責任ある利用と開発が促され、説明責任を果たす理由も生まれる。遺伝子配列を保存し、検索するための標準システムは、監査がしやすく、規模の拡張も簡単になるにちがいない。

提言その3　免許の取得を義務づける

現在の自動車は、強力な技術だ。どこの国でも、自動車を運転するには教習を受けて運転免許を取得することが義務づけられている。さらには、運転者と自動車メーカーの両方を対象として認可された安全対策、登録、監視、規制制度が設けられている。各国は国内の免許取得者のデータベースを有し、情報は随時更新される。さらにバイクや大型トラック、運搬車両には専用の運転免許が必要だ。近い将来に普及するはずの自動運転車にもそういう特別な免許ができることが予想される。車を運転するには、筆記試験と実技試験を受けて、交通規則を知っていることを証明しなければならない。現時点で、国内で車を運転する外国人に母国で有効な免許を持っていれば申請できる国際免許の保有を義務づけている国は150カ国にのぼる。[49]一方、自動車メーカーが自動車を販売するには、エアバッグがきちんと開くか、ブレーキが常に作動するか、シートベルトが外れたりしないかどうかなど、数十種類のさまざまな点検項目を満たす必要がある。自動車の試験はまずコンピュータシミュレーションによって実施され、次に衝突試験用のダミー人形を使った閉鎖環境でのシミュレーション、最後に人が立ち入らない屋外コースで人間が乗った状態で行われる。自動車はナンバープレートと検査標章をしっかり見えるようにつけなければならない。これらの車が道路を走ると、レーダーを使った速度違反自動取締装置（オービス）がスピードを、赤信号カメラが赤信号で停止しているかどうかを監視する。また、警察による危険運転や飲酒運転の取り締まりも行われる。中古車を誰かに売ろうとすれば、点検や使用許可や登録などの事務手続きを全部やり直さなければならない。

合成生物学にも自動車免許と似たような免許制度を取り入れてはどうだろうか。アマチュアのバイオ科学者からプロの研究者まで合成生物学の製品や処理に携わるあらゆる人間を対象として厳しい試験を義務づけ、取引や売買をしっかり監視しようというわけだ。アプローチとして悪くないと思う。ちなみに、これは私たちが出したアイデアではなく、発案者はジョージ・チャーチだ。チャーチは著書『再創世記』の中で「現在の自動車の安全対策に匹敵する一連の安全対策」を勧めている。[50]

私たちはそれをちょっと先まで押し進めてみた。国際免許制度で資格を与え、現在はある程度ＡＩと競合しているこの分野に参入する人材を増やす。生物学は固定化された学問ではないため、資格を継続するには学びを続けなければならない。つまり、アマチュアでも最新情報に精通していることをきちんと示す義務を負うことになる。国が免許取得にかかる費用を助成したり、政策を発展させて教育プログラムに仕立て上げ、バイオ経済に若手を呼び込むのもいいかもしれない。免許は参加国であればどこでも有効になるようにすれば、研究者同士も協力しやすくなる。

国際免許制度は、合成生物学で使用する機器のメーカー、バイオファウンドリ、合成生物学のあらゆる分野に関わる民間企業の安全基準も対象になる。未来のシークエンサーや合成装置では、ハードウェアに直接スクリーニングシステムが内蔵されるようになるかもしれない。理屈としては、意図的にせよ偶然にせよ、害を及ぼすような生物を設計するのは今よりもむずかしくなるはずだ。未来の安全対策には、緊急停止装置も含まれるようになるかもしれない。細胞に自爆機能を組み込み、研究所の外に持ち出されると作動するようにしておくのだ。免許制度は標準システムの推進や相互運用性の向上にもつながる。そうなれば、各国でバイオ経済が成長しやすい環境が整う。

確かなことが1つある。私たちが現在のままの道を進めば、地政学的な緊張が高まり、競争のタガが外れ、矛盾する規制があちこちに登場する。行きつく先は世界的な紛争だ。チャーチが提示し、私たちなりに整備した道を行けば、協力することで安全面でも経済面でもメリットが得られる。

――米国には科学技術政策の改善が必要とされている

米国は今や世界の合成生物学をけん引する立場にあるが、研究者と投資家と国内各地の規制機関の間では緊張が生まれている。第一に、米国の規制の枠組みはイノベーションを妨げているうえに、将来的な危険から国民を守ることもできない。バイオテクノロジー規制の調和的枠組みは、環境保護庁、食品医薬品局、農務省の3つの機関が、バイオテクノロジーの規制においてそれぞれ役割を分担するように定めているが、この体制はあまり見直されていない。そのため、私たちの管理体制は大きな穴が開いたままになっている。

私たちは、合成生物学の生成物と想定される遺伝子情報のハッキングを監視する政府機関を取材した後で、FBIのシナリオを作成した。[51] 2020年11月に、イスラエルのネゲヴにあるベン＝グリオン大学の研究者たちが、シナリオに登場したような危険な毒物を生成する遺伝子配列を科学者に作り出させる新たなサイバーバイオ攻撃の開発に成功した。[52、53] 当然ながら、その話を聞いて私たちは危機感を持った。まるまる3日間かけて米国土安全保障省の政策と国家安全保障会議の文書をじっくり読み、生物学がらみのマルウェアをどこが管轄することになるのかを調べた。私たちは国防総省、会計監査院、CDCの消息筋、さらには国防アナリストや議会関係者からも話を聞いた。私たちはあちこちの担当者やさまざまな機関をたらい回しにされたあげく、ようやく要職にある職員から答えを聞き出した。米国はサイバーバイオ攻撃に対してまったくの無防備だ。

トランプ政権は2019年に調和的枠組みを緩和した。現在は、商業目的以外の実験には厳しい監視はなく、進化するさまざまな合成生物学技術のための具体的な指針も設けられていない。手をこまねいていれば、調和的枠組みに補足や追加条項をつけ足していくばかりになり、やがては混乱と法的闘争を招くことは必至だ。このような状況は、インターネットの土台が時間とともに組み立て上げられ、現在のようなシステムになったことを思い出させる。インターネットプロトコルは、DNAと同じくらい基本的で欠かせない要素だ。だが、一元的な計画管理が行われなければ、できあがったシステムは脆弱性を抱え、権力が独占され、ビジネスモデルは人間よりも利益を追求するようになる。このような有機的な学習曲線を合成生物学にたどらせてはならない。

第7章で紹介したマッシュルームの問題を引き起こしたような状況を今後発生させてはならないが、それを防ぐための取り組みはほとんどなされていない。私たちは合成生物学技術とバイオ経済の責任ある開発を推進するシステムを作り上げる必要がある。その手始めは、サイバーセキュリティ専門の省庁を設立し、規制政策を策定する党派の枠組みを超えた取り組みになるのではないか。そのような取り組みは、バイオテクノロジー・エコシステムの安全性と長期的な研究開発の投資目標の実現性を高め、合成生物学技術がどのように経済の発展を加速させるかという米国のビジョンを明確にし、未来の労働力を確保し、国防を強化し、国民の快適な暮らしを実現する役に立つ。ここで重要なのは、長期的という点だ。どんな取り組みであれ、議会で多数派を占める政党（2年ごとに変わる可能性がある）や大統領（4年または8年ごとに交代する可能性がある）が変わったらつぶれてしまうようでは意味がない。

ややこしい社会問題が持ち上がった場合、連邦政府は各州のしたいようにさせることが多い。これは民主的な統治体制を保ち、イデオロギーによる支配を防ぐためのやり方だ。さらに、誰も手を出したがらない問題を別のところに押しつけるにも便利な方法と言える。新型コロナウイルス感染症が流行し始めたばかりの頃、個人防護具や人工呼吸器が全国的に不足していたが、連邦政府はそれらの購入や配布には踏み切らず、各州の間で奪い合いになり、価格が高騰した。流行の早い時期からマスク着用は政府の方針となったが、着用義務化については州ごとに大きな格差が生じ、各地で抗議デモが起きた。トランプ政権もバイデン政権も、米国の法律でマスクの着用を義務化することを嫌がり、州知事にその役割を押しつけた。知事が有権者の反発を恐れて、地方自治体の長や議会に判断を任せた州もあった。マスクの着用は政治問題に発展したが、科学が語ることはシンプルだ。ウイルスはくしゃみや会話、せき、呼吸をするときに呼吸器から出る飛沫を介して広がる。飛沫の出どころを覆っていれば、ウイルスを広げたり、吸い込んだりしにくくなる。

科学的な知見がもっと複雑な場合はどうなるだろうか？フロリダ州のキーウェストは深刻な蚊の問題を抱えている。この地域の蚊はジカ熱を媒介し、感染を広げる。それを防ぐ手段の1つとして考え出されたのが、蚊の遺伝子操作だ。ある研究グループは、オスの蚊の生殖細胞系列遺伝子を操作して、生まれた（人間を刺す）メスが成虫まで育たないようにする方法を提案した。蚊の生殖細胞系列遺伝子の操作には環境保護庁の許可が必要だったが、そこはクリアできた。地域社会への対応はイスラモラダ村議会に一任された。当時の村議会は、写真家、不動産専門の弁護士を引退した兼業漁師、地元の実業家2人、引退したフェデックスのパイロットの合計5人で構成されていた[54]。科学者が1人もいない村の議会が公聴会を開き、遺伝子操作に関わる複雑な問題についての決定を下すことになった。彼らにとっては到底割の合わない話だった。小さな村の住民が反対の声を上げるかもしれないし、計画が目を覆いたくなるようなひどい結果に終わる可能性だってある。キーウェストの環境に思いがけない影響が及ぶかもしれない。議会は困った立場に追い込まれた。リーダーシップと合成生物学についての国としての一貫した長期的なビジョンがあれば、地域社会にもたらされる混乱が減り、地方の役職者がまともな判断を下せるようになり、責任あるバイオ経済の成長のための機会が増える。

企業は混乱に向けた備えを

合成生物学はいずれありとあらゆる産業セクターに関わってくる。つまり、あらゆる企業が関わりを持つようになるのだ。合成生物学が進歩すれば、工業材料、コーティング、リサイクル、パッケージ、食品、飲料、美容、製薬、医療、エネルギー、輸送、供給網が変化する。さらに、合成生物学は設計（どんなものをどのように作るか）、働き方（従業員の具合の悪い日が減る）、法律（保護する対象）、ニュースやエンターテインメント（語られる物語の種類）、教育（教えられる内容）、宗教（信じる内容）も変えていくだろう。最終的には、事業活動全体がすっかり様変わりする。

例えば、肉ができるまでの過程を考えてみよう。まずは家畜を繁殖させ、飼育場所を用意し、エサを与えて育てる。ある程度育ったところで処理し、食肉として加工してから流通に乗せる。このようなやり方は時間もコストもかかる。近いうちに、培養肉がこのような過程を大幅に圧縮することになるだろう。採取して保管しておいた細胞を培養し、肉の質感を調整し、流通に乗せるだけでおしまいだ。すべてをたった1カ所の施設で済ませられるようになる日も遠くないかもしれない。このような進歩による影響は、冷蔵輸送会社や低温貯蔵倉庫、肉のパッケージに使用される材料を製造するメーカーなど広い範囲におよぶ。食肉処理場に勤務する数万人の雇用にも影響が出る。私たちは、バワリー・ファーミング、プレンティ、エアロファームズといった企業がコンピューターで制御された屋内農場を都市の中心部に持ち込み、実際にこのようなシナリオが展開された様子を目にした。

しかし、私たちの経験では、普及し始めて5年から10年ほどしか経っていない技術に関するビジョンや戦略について考えたがる企業は少ない。さまざまな可能性を想定したシナリオについて考える作業を企業が先延ばしにするほど、生じるリスクは大きくなり、リスクが深刻な影響を及ぼすようになったときに対応しきれなくなる。大きな転換をもたらすあらゆる技術がそうであったように、合成生物学も、イノベーションと失敗と成功が交錯する荒波の中を進むことになるだろう。企業は今すぐにでも、インフラやプロセス、人材のスキルを評価できるように準備しておくべきだ。いずれビジネスモデルをどのように進化させるべきかを判断するために、それらを評価する必要が出てくる。企業の経営幹部からよくこんな質問をされる。「合成生物学が私たちのビジネスや業界をぶち壊すのは、正確にはいつ頃になるのか?」。私たちはこう答える。「『いつ』というのは重要ではない。変化が実際に起こる前に企業はそれを把握し、来るべき変化に合わせて態勢を整えておかなければならない」。

バイオ経済の中で事業を展開する企業は、最終的に合成生物学の恩恵や悪影響を受けるのは地球の生態系であり、あらゆる生物がその中に含まれているという事実も肝に銘じておく必要があるだろう。学問の世界には査読という伝統的な制度がある。企業にはそれがない。有名な格言を持ち出すなら、企業とはさっさとイノベーションを進め、ルールを破り、後で謝るものだ。基礎研究は投資家の期待に応えられないことが多い。投資家や取締役会、市場は、研究者たちに研究や調査や試験のための余裕と時間を与えるべきだ。結果が確定しないうちから時期尚早に中途半端な情報を公開しようとしたり、製品化を急がせることはやめた方がいい。合成生物学のエコシステムにおけるビジネスの成功（あるいは失敗）は、すべての企業に影響する。私たちは、発表からわずか数日後にギンコ・バイオワークスが上場したことについてシンバイオベータの創立者であるジョン・カンバースの話を聞いた。彼の声は弾んでいたが、不安そうな響きも聞き取れた。「たいしたことなのは間違いがない」と彼は言った。「製造業界に革命を起こす新たなプラットフォームについてこのような結果はみんなが予想していたが、評価額は予想外だった。これは未来への本当に大きな賭けだ。この分野にいる誰もが影響を受ける」[55]。

バイオテクノロジー企業は、一般人にもはっきり理解できるようなデータ管理指針を作成する必要もあるだろう。2018年にスタートアップ企業の23アンドミーは、以前から交渉が進められていたグラクソ・スミスクライン（GSK）との提携を発表した。世界的な大手製薬会社のGSKは23アンドミーに3億ドルを出資し、23アンドミーが保有する貴重な遺伝子情報をGSKが新薬開発に利用できるようにすることで合意した。両社はこれを「協力」と呼んだが、提携の成立によって数百万人の23アンドミー利用者はGSKの創薬研究に巻き込まれることになった[56]。当然ながら、消費者は腹を立てた。製薬会社が大儲けをするための医学研究にボランティアとして参加した覚えは彼らにはないし、それをさせないための手続きは簡単ではない。かなりの非難の声が上がった後でも、消費者と直接取引をする遺伝子解析企業のほとんどは顧客の情報を第三者に売り渡している。こうなることは彼らのビジネスモデルにとっくに織り込み済みで、ただし書きに目立たないように小さな字で重要な説明が書かれている。DNAの情報は大手小売業者にも販売され、食品のオンライン

ショッピングの営業に利用されている。[57、58]

消費者の遺伝子サンプルを集めて保存している企業がどこかに買収されたらどうなるのだろうか？（ルーツを調べる家系調査、臍帯血、不妊治療などの業界ではそのようなことが実際に起こっている）。民間企業の買収はめずらしい話ではないし、他業界からの参入もある。買収元は裕福な資産家、プライベートエクイティや投資信託、あるいは他企業など、多種多様だ。買収の際に消費者のデータはどうなるのだろうか？そのようなデータが売買されるとどうなるか？最終的に海外の政府にデータが売られたら、どんなことが起こるだろうか？情報管理方針は明確で、わかりやすいものではなければならない。あらゆる取り組みは、消費者の信頼を獲得し、維持することを目的として行われる必要がある。

科学をもっとわかりやすく伝える

世間の信頼は、わかりやすいコミュニケーションの上に成り立っている。２００７年にカーネギー・メロン大学、スタンフォード大学、ＭＩＴの研究者たちが、買い物に行ったときに人間の脳で活動が活発になる部位を調べる共同研究を行った。研究者たちは成人の被験者に20ドルを渡し、機能的磁気共鳴画像法（ｆＭＲＩ）検査装置をつけた状態で研究専用のオンラインストアで買い物をしてもらった。プロジェクト終了までに、システムは人間が商品を買おうか迷っているときに脳のどの部位が活発になるかを突き止めることができた。最終的に購入を決めるかどうかを予想することまでできた。研究グループは発見の内容をまとめたお堅い論文をニューロン誌で発表した。すぐに眠りたいときでもない限り、ベッドに入る前の読み物に向いているとは言えない。

論文は「購入は消費者の好みと価格によって決定される」と主張するミクロ経済学理論の説明から始まる。説明は回りくどく、ややこしかったが、研究成果は素晴らしかった。[59] 研究に注目を集めたいと考えたカーネギー・メロン大学の広報室は、まったく違ったニュアンスでこの論文のことを伝えた。その見出しは「商品を買うかどうかを脳検査で予測する」というものだった。[60] 最終的にこの研究はMTVで紹介され、「セックスと買い物、どちらがいいか?」といううたい文句がついた。MTVは、脳が買い物について考えるときに、一夜かぎりのセックスのようなワクワク感を感じると説明した。[61] 研究に携わる人間と、それを世間に公表する人間の意図がなかなか一致しないという例は他にもある。

科学者は、自分たちの研究や論文が、詳しい内容を理解できるだけの基礎知識がなく、その研究を取り巻く状況を知らない人々にも読まれることを意識した方がいい。科学論文は、プレプリントサーバー（従来の学術雑誌に掲載されるための査読がまだ終了していない論文を集めたオンラインデータベース）を経て査読雑誌に掲載され、広報室やジャーナリスト、規制機関、ライバル（同じような研究をする科学者や企業、国家、犯罪者）、活動家、投資家、それからもちろんソーシャルメディアで見出しをこまめにチェックしている人々の知るところとなる。合成生物学という分野が発展していけば、科学者は自分たちの研究についてわかりやすく伝えていかなければならなくなる。

だからと言って広報室を相手にしなくていいというわけではなく、研究の紹介が誇張されていたり、不明確な部分があったり、あるいは単に間違っているときは、訂正を申し入れるべきだろう。

1つの方法は、誤解されそうな部分を想定して、あらかじめ手を打っておくことだ。例えば、生物学のプレプリントサーバー「biorxiv.org」に遺伝子と学校の成績の関連を示した研究結果を投稿する直前に、平易な言葉づかいでわかりやすく書かれたFAQをオンラインに掲載する。FAQでは、思いつく限りのあらゆる質問に回答していく。実際に、FAQが論文よりもずっと長くなることもある。[62] 長さよりも重要なのは、とにかく読みやすさにこだわることだ。これは、研究者や、プレプリントサーバーや、査読雑誌の常識になるかもしれない。すべての論文はオンラインで公表されるときに、その分野に詳しい研究者に向けて書かれた要旨に加えて、研究者以外の一般人のために段落1つ分を割いて概要を説明するようになることもありえる。この仕組みとFAQを組み合わせれば、誤解はずいぶんと避けやすくなる。

――科学には人種差別の問題がつきまとう

遺伝子と地域社会で猛威をふるう病気との関連を調べるために、血液を採取する科学研究への参加に同意すると、何が起こるのだろうか？ 提供した遺伝子サンプルがその研究以外で使われることはないとあなたは思うだろう。何年も経ってから、その予想が裏切られ、別の研究者があなたのDNAを利用していて、そのことが持ち主であるあなたには一切知らされないことがわかったとしたら、どうだろう。現在のアリゾナ州で何百年も前から暮らしていた先住民のハバスパイ族は、実際にそのような忌まわしい体験をした。[63]

20世紀後半、ハバスパイ族に糖尿病患者が増え、対策が進められた。部族の中で糖尿病をなくすため、彼らは1990年にアリゾナ州立大学の研究に被験者として協力することにした。研究チームはハバスパイ族の血液サンプルを集めた。しかし、彼らのあずかり知らぬところでプロジェクトの範囲が変更され、アルコール依存症やさまざまな精神障害の遺伝子マーカーも研究対象になった。アリゾナ州立大学の研究者たちは多数の論文を学術雑誌で発表し、研究成果を強調した。これらの論文をきっかけに、部族の中で行われてきた近親婚と統合失調症についてニュースでも取り上げられた。

当然ながら、ハバスパイ族は恐怖と屈辱を感じ、2004年にアリゾナ州立大学を相手に部族として初となる訴訟を起こした。アリゾナ州立大学は調査費用を負担し、裁判は2010年に和解に至った。血液のサンプルは部族に返却され、それ以上の研究結果は公開されないことが約束された。[64]だが、この出来事はハバスパイ族をはじめとする先住民に深い遺恨を残した。米国で2番目に人口が多い先住民居留地のナバホ・ネイションでは、住民を対象とした遺伝子の解読、分析、および関連研究がすべて禁止された。このような拒否の意思は全面的に尊重されている。だが、今度は別の問題が出てきた。米国の遺伝子情報データベースには先住民が含まれていない。[65]

さらに言えば、そこには黒人のDNAもあまり入っていない。初めて研究に使われた人間の細胞株が黒人女性のものだったことを考えれば、ちょっとしたおどろきだ。1951年、ボルチモアのジョンズ・ホプキンズ病院で治療を受けていたがん患者のヘンリエッタ・ラックスからがん細胞が採取された。彼女の子宮頸部には大きな悪性腫瘍ができていて、当時は治療にラジウムが使用されていた。この治療を受けたほとんどの患者の細胞はすぐに死滅したが、ラックスの細胞は死ぬことなく、20時間から24時間ごとに2倍に増えていった。ホプキンズ病院の研究者たちは、さまざまながん治療薬の研究に彼女の細胞——彼女の名前からＨｅＬａ（ヒーラ）細胞と呼ばれるようになった——を使い続けることにした。だが、この決定がラックス本人や家族に伝えられることはなかった。がん治療の進歩に対する彼女の絶大な貢献に対する埋め合わせもなかった（２０２０年の後半に、家族はようやく非営利医療研究団体から多額の謝礼を受け取った。[66]）

無断で医学研究に利用された黒人は、ラックスだけではない。１９３２年には、歴史的に黒人の教育機関となってきたアラバマ州のタスキギー大学で米公衆衛生局が梅毒の研究を開始した。研究には当初、６００人の黒人男性が参加した。被験者のうち、３９９人は梅毒に罹患しており、２０１人は未感染だった。[67] 研究者たちは被験者全員に「悪い血」の治療をすると告げた。この言葉は現地で、梅毒だけでなく貧血や倦怠感などいくつもの病気を指して使われていた。研究に参加すると、無料で医学検査を受けることができて、食事も無償で提供される。縁起の悪い話だが、葬儀費用も出してもらえる。

１９４３年には梅毒の治療に広く手に入るようになったペニシリンが使われるようになった。しかし、被験者に薬は投与されなかった。少なくとも28人が研究中に死亡し、他にも数百人が避けられたはずの痛みや発疹、体重減少、倦怠感、臓器の機能低下などに苦しんだ。ヘンリエッタ・ラックスの話やタスキギーの梅毒研究の件だけでなく、あまり知られていない多くの例を合わせて考えると、黒人の中には病院に行ったり、医学研究への参加をためらう人がいるのも納得できる。

その結果、米国の遺伝子データベースはほとんどがヨーロッパにルーツを持つ人々の情報で構成されることになった。同様の問題はイギリスでも起こっている。２０１９年にＭＩＴのブロード研究所とハーバード大学、マサチューセッツ総合病院が行った研究で、身長、ＢＭＩ、２型糖尿病などの特性や病気の予測スコアを出すために、イギリスのバイオバンクの遺伝子情報がチェックされた。これらのスコアは、医師が患者を治療する際に基準値として使用したり、製薬会社の新薬開発を支援することが目的だった。危険なパターンはすぐに見えてきた。ヨーロッパにルーツがある人々のスコアは、アフリカにルーツを持つ人々のそれに比べて４・５倍も精度が高かったのだ。英語圏最大の２つの国で、黒人の健康と病気に対する理解は恐ろしいほどに遅れていた。[68]

遺伝子情報が健康に関する研究に使われる機会は増えている。遺伝子データベースで公平性が保たれていなければ、知識と治療に短期間では解消できない、大きな格差が生じる。公平のために言えば、研究の多様性を改善するためにいくつかの対策がすでに講じられている。オバマ政権時代に発案されたオール・オブ・アス研究プログラムは、１００万人（あるいはそれ以上）の米国人からサンプルを集めることを目標として２０１８年に国内登録が始まった。２０２０年12月時点で27万人がバイオサンプルの提供に協力し、そのうちの80パーセント以上がこれまで生物医学研究にあまり関与してこなかった層だった。[69]だが、遅れを取り戻すためにはまだまだやるべきことが残っている。

大学、出版社、政治家なども含めた幅広い科学コミュニティも、同じく多様性と平等性と包括性の問題を抱える。米科学振興協会（ＡＡＡＳ）や英王立学会、誰でも読める非営利の雑誌出版元ＰＬＯＳといったバイオ科学を支える組織は、おどろくほどよく似ている。ＡＡＡＳの上層部の80パーセント近く、王立学会の編集委員会の90パーセント、ＰＬＯＳに雇われている編集者の74パーセントが白人だ[70]。バイオ科学で権威のある査読雑誌の編集委員会はたいていが多様性に欠ける。中東や北アフリカ系、ラテン系の人々が占める割合はものすごく低い。合成生物学の学術論文がよく投稿される査読雑誌セルの発行人欄には、編集者15人、スタッフ7人、編集諮問委員119人の名前がある。そのうちで黒人はたったの1人だ[71]。一流雑誌で論文を発表するのは学問の世界で通用するという証であり、一般的に論文が掲載されるまでの過程で研究者と原稿をチェックする雑誌編集者の間に個人的なコネが必要とされる。分け隔てのない合成生物学の未来を築くなら、このようなエコシステム全体に多様性を取り入れる必要がある。

――生命とは何かを問い直すとき

ジェネシスマシンは動き始めた。社会と人類の大きな転換点は、容赦なく私たちに迫っている。今後数年のうちに、新たな遺伝子技術により私たちの常識は覆されることになるだろう。自分のDNAの解読をするかどうか、メッセンジャーRNAを使ったワクチンを我が子に受けさせるかどうか、選ばなければならないときがやってくる。遺伝子の選択、それに操作を認めるべきかどうか、生物の改良を約束する技術を誰が使えるようにするべきかについても、たくさんの情報を耳にするようになるはずだ。さらに、これらの問題について自分がどのように考えるか、しかるべき時期が来たら自分自身の遺伝子を操作するかどうかについても判断を迫られる。気候変動は仕事や、生活環境や、地域社会に変化をもたらし、日々の暮らしにも影響する。培養肉が一般的になったら、自分も食べようと思うだろうか?遺伝子組み換え作物を信用できるか?もし信用できないなら、どんなきっかけで考えがかわると思うか?

社会の他の人々と一緒に何度も何度も繰り返し、人間にとって最もむずかしく、時代を超えた疑問についてあなたも考えることになるだろう。生命とは何か?。答えを探していくうちに、合成生物学の多くの進歩、例えば人工インスリン、ベンターの最小限のゲノムで生きていける生物、ケナガマンモスに近いゾウ、サルの体内で培養される人間の膵臓細胞、ひょっとすると自分自身の皮膚の細胞からヒト胚が作られる可能性などが目に入ってくるにちがいない。

世界的な対話は今も進められている。それがあらゆるコミュニティにおける合成生物学の軌跡を形作る。あなたも今、その対話に加わっている。あなたはジェネシスマシンの一部であり、人類の大いなる問い直しに加わっているのだ。

エピローグ

バイオテクノロジーは私たちに家族を与えてくれた。

私たちは、自分たちが抱える不妊の問題を解決するために、合成生物学の分野で起こっていることについてかなり突っ込んだところまで調査し、治療に取り組んだ。同僚に相談し、専門家のネットワークをたどって話を聞き、最先端の技術を採用した。アンドリュー夫妻は体外受精で娘のロザリンド、息子のダーウィンという2人の健康な子供を授かった。ダーウィンは出生前遺伝子検査も受けた。遺伝子検査と排卵誘発剤と鍼治療を併用したエイミー夫妻のところには、娘が生まれた。

私たちはとても幸運だった。願わくは、こんな苦労をするのは、私たちの世代が最後であってほしい。遺伝子スクリーニングや遺伝子配列の解読、受精卵の選択、多種多様な妊娠の選択肢がすべての人に与えられ、妊娠を助ける未来の技術が社会に受け入れられて、どこでも利用できるようになってほしい。子供を授かることができなかった金持ちが、最後にすがる手段のようにはなってほしくない。それが私たちの願いだ。

生命の大きな転換が今、進んでいる。ジェネシスマシンはまもなく、私たちが子供を作る方法、家族の定義、病気の治療法、どこでどのように暮らすのか、何を食べるのかを変えていこうとしている。それは異常気象との戦いで私たちに味方し、人類が繁栄するための生物多様性を実現するはずだ。子供たちのためによりよい世界を作り上げ、おそらくは別の世界への道を探る助けにもなってくれるかもしれない。彼らのためにも、私たちは合成生物学が最高の未来を実現してくれるという希望を持ち続ける。

謝辞

合成生物学そのものと同じように、本書も過去数十年にわたるバイオテクノロジーのさまざまな様相や未来を探りながら変化を重ね、進化してきた。この場を借りて、多くの方々に感謝を伝えたい。

エイミー――『ジェネシスマシン』は数百回におよぶ会議や電話、インタビュー、メールのやりとり、おいしい食事をしながらさまざまなテーマについて交わされた議論の末に誕生した。本書で取り上げたテーマ、人工知能、バイオテクノロジー、戦争、地政学、世界経済、世界の供給網、米国政府の最高レベルの意思決定、さらに合成生物学の倫理的問題、地政学的な影響、経済的機会について、知る機会を惜しみなく与えていただいたアルフィヤ・エリ、ジェイク・ソティリアディス、ジョディ・ハルパーン、ジョン・カンバース、カラ・スネスコ、フランシス・コロン、ノリユキ・シカタ、ジョン・ヌーナン、マサオ・タカハシ、キャサリン・ケリー、クレイグ・ビーチャム、ジム・ベーカー、ビル・マクベイン、シューエル・チャン、ロス・ディーガン、アルフォンソ・ウェンケル、ジュリア・モスブリッジ、カミラ・フルニエ、パオラ・アントネッリ、クリス・シェンク、ハーディ・カギモト、マギー・ルイス、ジェフ・リー、メーガン・パルマー、アンドレア・ウォン、マット・チェッセンの各氏にお礼を申し上げたい。中には、生物学の複雑な部分について根気よく説明したり、初期段階の原稿を読んだり、当該分野の別の方を紹介してくださった方々もおられる。

パートナーでもある夫のブライアン・ウルフ博士は、私が考えた仮説に耳を傾け、下書きを読み、いくつものアイデアに疑問を呈してくれた。本書の執筆中に、私は何度も彼に学術研究についての質問を投げかけ、遺伝子編集の細部について議論し、生物の瞬間移動は可能なのかどうか（あるいは私がただひたすらにハイテクファックス機の説明をしているだけなのか）について延々と話し続けたが、そのたびに彼は辛抱強く付き合ってくれた。新型コロナウイルス感染症の流行が始まってから最初の1年間、一緒に生活した父のドン・ウェブは、書き始めの下書きを何度も読んでくれたし、娘のペトラはシナリオの章のブレインストーミングに協力してくれた。

素晴らしいスパーク・キャンプの仲間たちも、最初の頃に私が思いついたアイデアやコンセプトに耳を傾けてくれた。特に、エスター・ダイソンはいつもひらめきの種を与えてくれた。彼女のおかげで私は自分の思い込みを改めて問い直し、自らを振り返り、より分別を持って考えられるようになった。ハーバードのジェームズ・ガーリーとアン・マリー・リピンスキーは長年にわたり、私が未来について話し合うための会合を開くために尽力し、将来予測法をさらに発展させるために労を惜しまず協力してくれた。

私が研究員として参加する日米リーダーシップ・プログラムは、よりよい未来を築くために全力を尽くす素晴らしい方々がそろっている。ケリー・ニクソン、ジェームズ・ウラク、ジョージ・パッカード、トモユキ・ワタナベ、アヤ・ツジタ、皆さんのひたむきな姿が私の世界の見方を変えた。平日を大統領委員会代表として、週末を研究員として過ごし、日米リーダーシップ・プログラムのメンバーと会話を重ねたことによって、『ジェネシスマシン』と『BIG NINE』の両書は方向性が変わった。

合成生物学学会「シンバイオベータ」はとても和気あいあいとした雰囲気で、最先端を行く研究者の皆さんからそれぞれの研究について教わる機会をいただいた。新型コロナウイルス流行のさなか、シンバイオベータは私たちが本書の執筆に取りかかったばかりの2020年秋にオンライン形式を変更して年次大会を開催した。オンラインとオフラインで講演者や参加者と話ができたことは、かけがえのない経験になった。さらに、外交問題評議会メンバーとの内輪の話は、リサーチを進めるうえで重要な役割を果たした。

ビジネスや未来のための計画策定に関する私の研究の場となっているニューヨーク大学スターン経営学部で戦略的将来予測についてたくさん考えることができたことは、私にとって幸運だった。私をMBAプログラムに招き、数年間にわたって助言し続けてくれたサム・クレイグ教授に感謝する。私の授業を受けてきた、驚くほど聡明で創造性にあふれたMBAの学生たちは、言葉では言い尽くせないほど素晴らしかった。2020年秋と2021年春の学期には、授業で何度か再認識演習を行い、合成生物学のシナリオを検証する機会も得た。学生たちからはいくつもの鋭い指摘をしてもらった。

ウーバー・コネクトの配達人、ダニー・スターンと知り合えたことも幸運だった。彼は、もっと自由に思考を飛躍させるようにアドバイスしてくれた。メル・ブレークは、良き相談相手となり、私のアイデアを形にし、これまでの殻を破って視野を広げる手伝いをしてくれ、私が当初考えていたよりももっと大きな目的のために役に立つはずだと言ってくれた。さらにアンドリューと私を引き合わせてくれた彼には、感謝してもしきれない。フォティア・パブリック・リレーションズのマーク・フォティアとリサ・バーンズ、それにパブリックアフェアーズのジェイミー・リーファーとミゲル・セルバンテスにも感謝する。彼らはどこまでも辛抱強く、取材記者に私の本が読んでもらえるように取り計らい、私が常に有意義な会話ができる状態を保てるように力を尽くしてくれた。過去に私の著書を2冊出版し、意欲的なテーマに取り組ませてくれたクライブ・プリドルに深く感謝する。コロンビアの大学院生時代に私が執筆活動を始めるきっかけを作ってくれたサム・フリードマン教授にも変わらぬ感謝を捧げる。

フューチャー・トゥデイ研究所のチームの存在なくして、私はこの本を書き上げることはできなかった。シェリル・クーニーはクライアントプロジェクトの手配と作業の流れの整理を担当し、私が研究と執筆にあてる時間を確保できるようにしてくれた。素晴らしく有能な同僚のエミリー・コーフィールドは、私が最後の数章のまとめにかかっている間に、当研究所の年次トレンドレポートの構成と作成をやりくりしてくれた。モーリーン・アダムスは、リモートワークで大忙しだった時期も研究所のあらゆるスケジュールを管理し、私が必要とする情報を常に把握できるようにしてくれた。

最後に、ジョン・ファイン、キャロル・フランコ、ケント・ラインバック、ジョン・マヘイニーにも感謝を伝えたい。ジョンは長年にわたって私の担当編集者を務め、私の声を誰よりもよく知る人物だ（さらに、彼は私が本書でも随所に登場させたダッシュ記号（—）を快く思っていない）。本書のストーリーが生き生きと描き出されているのは彼の力だ。彩りとディテールを表現することにこだわり、科学について説明することも忘れない。ジョンは（文字通りに）パンク・ロック・スターで、才能に恵まれた編集者だが、私の個人的な友人でもある。私が新たなプロジェクトに取りかかるたびに、出版エージェントのキャロルと彼女の夫のケントがサンタフェにあるすてきな自宅に私を招いて、アイデアを検討し、テーマを絞り込み、本の「成算」を忖度なしに見定める。私たちは何日間も研究や、コンセプトや、登場人物や、アイデアを煮詰めてメインテーマを決定し、作業の合間には街を散歩して、素晴らしいレストランで意見をたたかわせた。キャロルのおかげで、私は編集者のジョン・マヘイニーに出会い、今では彼が手がけた私の著書は3冊になった。ここまで来るには、特に最初の締め切りを乗り越えるまでには、思い切った決断と、少なからぬ信頼が必要とされた。私はジョンと知り合い、長年付き合ってこられたことをうれしく思っているし、彼と一緒に仕事ができた幸運をいまだに信じられないでいる。

アンドリュー——この本が完成するまでには、名前を挙げきれないほど大勢の人々が関わってくださった。私の至らぬ部分を補ってくださった皆さんに感謝の意を表したい。特に私を励ましてくれたベティ・マカフリー。フランク・ハーバート、アーサー・C・クラーク、ジェームズ・キャメロン、リドリー・スコット、マイケル・クライトンをはじめとする、素晴らしいストーリーを作ってくださった多くの方々。私に細菌とゲノムマッピングの神秘を教えてくれたケン・サンダーソン博士、大規模科学技術と大手製薬会社の世界をのぞかせてくれたタック・マック博士とアムジェン社。ゲノムの解読と書き込みに向けて時代の最先端に立って行動し続けているクレイグ・ベンター博士とハム・スミス博士。世間知らずの科学者がまったく知らなかった人生や、愛や、スピリチュアルの別の一面を教えてくれたステファニー・セリグ。心は細胞と同じようにプログラムできることを教えてくれたトム・レイ博士。素晴らしいiGEMプログラムとコミュニティの誕生に尽力したドリュー・エンディ、ロブ・カールソン、トム・ナイト、ランディ・レットバーグ、メーガン・リザラゾをはじめとする多くの方々。

長寿と老化の最新の研究について教えてくれたオーブリー・デ・グレイとケビン・ペラット。テッドメッドのマーク・ホドシュ。アルバータでカナダの合成生物学界をけん引するクリス・ダンブロウィッツ、ハンス＝ヨアキム・ワイデン、クリスチャン・ジェイコブ、マイケル・エリソンをはじめとする多くの方々。私とともに共同バイオテクノロジーを研究するジョン・カールソンとジェイソン・ティムコ。シンギュラリティ大学とXプライズ財団のピーター・ディアマンディス。ジョナサン・ノウルズ、カール・バス、ジェフ・コワルスキー、カルロス・オルギン、ラリー・ペックをはじめとする、生物CADを駆使するオートデスクの皆様方。バラエティに富んだ思考をするアリシア・ジャクソン。ゲノム書き込み計画を立ち上げたジョージ・チャーチ、ジェフ・ボーケ、ナンシー・ケリーと、その陣頭指揮をとるエイミー・シュワルツ。長い話に付き合ってくれたワイヤードとネオ・ドット・ライフのジェーン・メトカーフ。

ヒューメイン・ゲノミクスの設立に力を貸してくれたラジェーブ・ロナンキ、チャド・モールズ、ピーター・ウェジマルシャウセン、２０４８ベンチャーズにも感謝したい。マイケル・ホプマイヤーの友情と意見とミサイル格納庫にも感謝する。あえて困難なことに挑戦しているNASA、ほとんど不可能だと思われることを何度も繰り返し成し遂げているイーロン・マスク、驚くばかりに多才なミッキー・マクメイナス。それから無償の愛とよりよい未来を築く理由を与えてくれるハニとローとダックスほか大勢のホンファミリー。みんなから許可をもらえるなら、全員のクローンを作りたいくらいだ。だが何といっても、広い範囲にわたって調査を進め、原稿を書き、出版業界の事情に精通したエイミーの力なくしては『ジェネシスマシン』は誕生しなかった。彼女と、私たちの間に立ってくれたメル・ブレークとダニー・スターンには感謝してもしきれない。初めて本を書いたにもかかわらず、私はこの上ないほどの幸運に恵まれたと思う。

著者紹介

エイミー・ウェブ　科学技術の未来をテーマにしたベストセラーを何冊も世に送り出している作家。フィナンシャル・タイムズ／マッキンゼー年間最優秀ビジネス書の候補に入った『BIG NINE　巨大ハイテク企業とＡＩが支配する人類の未来』の著者であり、イギリスのコンサルティング会社Thinkers50のデジタル思想アワードで最終候補入りし、ビジネスと技術に関する最も優れた本に贈られる２０２０年ゴールド・アクシオム・メダルを受賞した。過去の著書『シグナル：未来学者が教える予測の技術』でも、２０１７年Thinkers50レーダー賞と２０１７年ゴールド・アクシオム・メダルをダブル受賞し、２０１６年ファスト・カンパニー最優秀ビジネス書、２０１６年12月のアマゾン・ベスト・ブックスにも選ばれた。世界トップクラスの企業のＣＥＯや海軍中将や軍司令官、中央銀行や政府間組織のコンサルティングも手がける。首脳陣や各種組織が複雑な未来に備えるための支援を行う戦略的将来予測企業の大手、フューチャー・トゥデイ研究所の設立者でもある。

自ら戦略的将来予測のＭＢＡコースを発展させ、教鞭をとるニューヨーク大学スターン経営学部の教授、オックスフォード大学サイード・ビジネス・スクールの客員フェロー、太平洋評議会ジオテック・センター非常勤上級フェロー、日米リーダーシップ・プログラム研究員、米国会計監査院戦略的将来予測センターの将来予測フェローも務める。外交問題評議会の終身会員およびブレトン・ウッズ委員会の会員に選出され、会員となっている世界経済フォーラムでは、メディア・エンターテイメント・文化に関するグローバル未来協議会および同フォーラムのスチュワードシップ委員会メディア・エンターテイメント・文化の未来形成プラットフォームにも参加している。ハーバード大学の客員ニーマン・フェローとしてシグマ・デルタ・カイ賞を受賞し、元米露二国間大統領委員会代表として技術・メディア・国際外交の未来について研究していた経歴も持つ。

小さい頃からSFを愛し、科学、技術、未来がテーマのハリウッド映画やテレビ番組、CMを手がける脚本家やプロデューサーに協力することもある。フォーブス誌の「世界を変える女性」、BBCが選ぶ2020年に「世界中に感動と影響を与えた」100人の女性、Thinkers50レーダーの「未来の組織の運営・統率の形を作り上げる可能性が高そうな思想家30人」のリストにも名を連ねる。活動拠点はニューヨークシティ。

アンドリュー・ヘッセル　遺伝学者、起業家、科学コミュニケーター。完全ゲノム合成を中心としてデジタル生物学の最前線を探っている。アムジェンとオートデスクに研究員として勤務したのち、ニューヨークシティを拠点とし、がん細胞を標的にする人工ウイルスの設計に特化したバイオテクノロジー企業ヒューメイン・ゲノミクス社を共同設立。ヒトゲノムをはじめとする大型ゲノムの設計、構築、試験を推進する国際的な科学プロジェクトとなるゲノム書き込み計画（GPW）も共同で設立し、責任者に就任した。現在は、バイオテクノロジーやブロックチェーン技術、オンラインバイオファウンドリ、持続可能な閉鎖生態系のプロジェクトに関わっている。活動拠点はカリフォルニア州サンフランシスコ。

索引

さ〜そ

た〜と

ま〜わ

67. "The Tuskegee Timeline," The U.S. Public Health Service Syphilis Study at Tuskegee, CDC.com, www.cdc.gov/tuskegee/timeline.htm.
68. "Need to Increase Diversity Within Genetic Data Sets: Diversifying Population-Level Genetic Data Beyond Europeans Will Expand the Power of Polygenic Scores," Science Daily, March 29, 2019, www.sciencedaily.com/releases/2019/03/190329134743.htm.
69. Data from the All of Us Research Program, National Institutes of Health, https://allofus.nih.gov.
70. Katherine J. Wu, "Scientific Journals Commit to Diversity but Lack the Data," *New York Times*, October 30, 2020, www.nytimes.com/2020/10/30/science /diversity-science-journals.html.
71. "Staff and Advisory Board," *Cell*, www.cell.com/cell/editorial-board, accessed May 15, 2021.

(December 2020): 1379–81, https://doi.org/10.1038/s41587-020-00761-y.

54. Islamorada, Florida, town council website: https://www.islamorada.fl.us /village_council/index.php.
55. Amy Webb interviewed John Cumbers on May 20, 2021.
56. Megan Molteni, "23andMe's Pharma Deals Have Been the Plan All Along," *Wired*, August 3, 2018, www.wired.com/story/23andme-glaxosmithkline-pharma -deal.
57. Ben Stevens, "Waitrose Launches DNA Test Pop-Ups Offering Shoppers Personal Genetic Health Advice," Charged, December 3, 2019, www.charged retail.co.uk/2019/12/03/waitrose-launches-dna-test-pop-ups-offering-shoppers -personal-genetic-health-advice.
58. Catherine Lamb, "CES 2020: DNANudge Guides Your Grocery Shopping Based Off of Your DNA," The Spoon, January 7, 2020, https://thespoon.tech /dnanudge-guides-your-grocery-shopping-based-off-of-your-dna.
59. Brian Knutson, Scott Rick, G. Elliott Wimmer, Drazen Prelec, and George Loewenstein, "Neural Predictors of Purchases," *Neuron* 53, no. 1 (January 4, 2007): 147–56, https://doi.org/10.1016/j.neuron.2006.11.010.
60. "Researchers Use Brain Scans to Predict When People Will Buy Products," Carnegie Mellon University, January 3, 2007, press release, posted at EurekAlert, American Association for the Advancement of Science, www.eurekalert.org/pub _releases/2007-01/cmu-rub010307.php.
61. Carl Williott, "What's Better, Sex or Shopping? Your Brain Doesn't Know and Doesn't Care," MTV News, www.mtv.com/news/2134197/shopping-sex-brain -study.
62. "FAQs About 'Resource Profile and User Guide of the Polygenic Index Repository,' " Social Science Genetic Association Consortium, www.thessgac.org / faqs.
63. Nanibaa' A. Garrison, "Genomic Justice for Native Americans: Impact of the Havasupai Case on Genetic Research," *Science, Technology and Human Values* 38, no. 2 (2013): 201–23, https://doi.org/10.1177/0162243912470009.
64. Amy Harmon, "Indian Tribe Wins Fight to Limit Research of Its DNA," *New York Times*, April 21, 2010, www.nytimes.com/2010/04/22/us/22dna.html.
65. Sara Reardon, "Navajo Nation Reconsiders Ban on Genetic Research," *Nature* 550, no. 7675 (October 6, 2017): 165–66, www.nature.com/news/navajo -nation-reconsiders-ban-on-genetic-research-1.22780.
66. "The Legacy of Henrietta Lacks," Johns Hopkins Medicine, www.hopkins medicine.org/henriettalacks.

Meat in World First," Reuters, December 2, 2020, www.reuters.com/article /us-eat-just-singapore-idUKKBN28C06Z.

40. Patrice Laget and Mark Cantley, "European Responses to Biotechnology: Research, Regulation, and Dialogue," *Issues in Science and Technology* 17, no. 4 (Summer 2001), https://issues.org/laget.

41. Jenny Howard, "Plague Was One of History's Deadliest Diseases—Then We Found a Cure," *National Geographic*, July 6, 2020, www.nationalgeographic .com/science/article/the-plague.

42. Nidhi Subbaraman, "US Officials Revisit Rules for Disclosing Risky Disease Experiments," *Nature*, January 27, 2020, https://doi.org/10.1038/d41586-020 -00210-5.

43. Sandra Kollen Ghizoni, "Creation of the Bretton Woods System," Federal Reserve History, November 22, 2013, www.federalreservehistory.org/essays /bretton-woods-created.

44. Michael Bordo, Owen Humpage, and Anna J. Schwartz, "U.S. Intervention During the Bretton Wood Era, 1962–1973," Working Paper 11-08, Federal Reserve Bank of Cleveland, www.clevelandfed.org/en/newsroom-and-events/publications /working-papers/2011-working-papers/wp-1108-us-intervention-during-the -bretton-woods-era-1962-to-1973.aspx.

45. "DNA," Interpol, www.interpol.int/en/How-we-work/Forensics/DNA.

46. "Population, Total—Estonia," World Bank, https://data.worldbank.org /indicator/SP.POP.TOTL?locations=EE.

47. "Estonia," Place Explorer, Data Commons, https://datacommons.org/place / country/EST?utm_medium=explore&mprop=count&popt=Person&hl.

48. "The Estonian Biobank," EIT Health Scandinavia, www.eithealth -scandinavia.eu/biobanks/the-estonian-biobank.

49. "International Driving Permit," AAA, www.aaa.com/vacation/idpf.html.

50. George M. Church and Edward Regis, *Regenesis: How Synthetic Biology Will Reinvent Nature and Ourselves* (New York: Basic Books, 2014).

51. "FBI Laboratory Positions," Federal Bureau of Investigation, www.fbi.gov / services/laboratory/laboratory-positions.

52. "New Cyberattack Can Trick Scientists into Making Dangerous Toxins or Synthetic Viruses, According to BGU Cyber-Researchers," Ben-Gurion University of the Negev, November 30, 2020, https://in.bgu.ac.il/en/pages/news/toxic _viruses.aspx.

53. Rami Puzis, Dor Farbiash, Oleg Brodt, Yuval Elovici, and Dov Greenbaum, "Increased Cyber-Biosecurity for DNA Synthesis," *Nature Biotechnology* 38, no. 12

innovation-dragon.

26. Ayala Ochert, "National Gene Bank Opens in China," BioNews, September 26, 2016, www.bionews.org.uk/page_95701.
27. See, for example, a sample of search results from ClinicalTrials.gov, US National Library of Medicine, https://clinicaltrials.gov/ct2/results?cond=cancer +&term=crispr&cntry=CN&state=&city=&dist=.
28. Elsa B. Kania and Wilson Vorndick, "Weaponizing Biotech: How China's Military Is Preparing for a 'New Domain of Warfare,'" Defense One, August 14, 2019, www.defenseone.com/ideas/2019/08/chinas-military-pursuing-biotech /159167.
29. "Yuan Longping Died on May 22nd," *The Economist*, May 29, 2021, www .economist.com/obituary/2021/05/29/yuan-longping-died-on-may-22nd.
30. Keith Bradsher and Chris Buckley, "Yuan Longping, Plant Scientist Who Helped Curb Famine, Dies at 90," *New York Times*, May 23, 2021, www.nytimes . com/2021/05/23/world/asia/yuan-longping-dead.html.
31. Li Yuan and Rumsey Taylor, "How Thousands in China Gently Mourn a Coronavirus Whistle-Blower," *New York Times*, April 13, 2020, www.nytimes.com / interactive/2020/04/13/technology/coronavirus-doctor-whistleblower-weibo .html.
32. Shannon Ellis, "Biotech Booms in China," *Nature* 553, no. 7688 (January 17, 2018): S19–22, https://doi.org/10.1038/d41586-018-00542-3.
33. James McBride and Andrew Chatzky, "Is 'Made in China 2025' a Threat to Global Trade?," Council on Foreign Relations, updated May 13, 2019, www.cfr.org / backgrounder/made-china-2025-threat-global-trade.
34. "The World in 2050," PricewaterhouseCoopers, www.pwc.com/gx/en /research-insights/economy/the-world-in-2050.html.
35. Renu Swarup, "Biotech Nation: Support for Innovators Heralds a New India," Nature India, April 30, 2018, www.natureasia.com/en/nindia/article/10.1038 / nindia.2018.55.
36. Meredith Wadman, "Falsified Data Gets India's Largest Generic Drug-Maker into Trouble," *Nature*, March 2, 2009, https://doi.org/10.1038/news.2009.130.
37. "New Israeli Innovation Box Regime: An Update and Review of Key Features," Ernst and Young, Tax News Update, May 31, 2019, https://taxnews.ey.com / news/2019-1022-new-israeli-innovation-box-regime-an-update-and-review-of -key-features.
38. Endless Possibilities to Promote Innovation brochure, available as a PDF from https://innovationisrael.org.il.
39. Aradhana Aravindan and John Geddie, "Singapore Approves Sale of Lab- Grown

11. Institute of Medicine, *Biomedical Politics*.

12. Institute of Medicine, *Biomedical Politics*.

13. Michael Rogers, "The Pandora's Box Congress," *Rolling Stone*, June 19, 1975, 37–42, 74–82.

14. Dan Ferber, "Time for a Synthetic Biology Asilomar?," *Science* 303, no. 5655 (January 9, 2004): 159, https://doi.org/10.1126/science.303.5655.159.

15. Richard Harris, "The Presidency and the Press," *New Yorker*, September 24, 1973, www.newyorker.com/magazine/1973/10/01/the-presidency-and-the-press.

16. "Edelman Trust Barometer 2021," Edelman, www.edelman.com/trust/2021 -trust-barometer.

17. Tomi Kilgore, "Ginkgo Bioworks to Be Taken Public by SPAC Soaring Eagle at a Valuation of $15 Billion," MarketWatch, May 11, 2021, www.marketwatch com/story/ginkgo-bioworks-to-be-taken-public-by-spac-soaring-eagle-at-a-valuation -of-15-billion-2021-05-11.

18. "New Jersey Coronavirus Update: Rutgers Students Protest COVID-19 Vaccine Requirement," ABC7 New York, May 21, 2021, https://abc7ny.com/health / rutgers-students-protest-covid-19-vaccine-requirement-/10672983.

19. Brad Smith, "The Need for a Digital Geneva Convention," Microsoft, February 14, 2017, https://blogs.microsoft.com/on-the-issues/2017/02/14/need -digital-geneva-convention.

20. Romesh Ratnesar, "How Microsoft's Brad Smith is Trying to Restore Your Trust in Big Tech," Time.com, September 9, 2019, https://time.com/5669537/brad -smith-microsoft-big-tech.

21. Bill Gates, "Here's My Plan to Improve Our World—and How You Can Help," *Wired*, November 12, 2013, www.wired.com/2013/11/bill-gates-wired-essay.

22. "News, Trends, and Stories from the Synthetic Biology Industry," Synbiobeta Digest, August 2019, https://synbiobeta.com/wp-content/uploads/2019/08 /Digest-288. html.

23. "Broad Institute Launches the Eric and Wendy Schmidt Center to Connect Biology, Machine Learning for Understanding Programs of Life," Broad Institute, March 25, 2021, www.broadinstitute.org/news/broad-institute-launches -eric-and-wendy-schmidt-center-connect-biology-machine-learning.

24. "China Focus: China Stepping Closer to 'Innovative Nation,' " Xinhua, May 5, 2017, www.xinhuanet.com/english/2017-05/05/c_136260598.htm.

25. Simon Johnson, "China, the Innovation Dragon," Peterson Institute for International Economics, January 3, 2018, www.piie.com/blogs/china-economic -watch/china-

lead the task force. If it were serious enough, the Vice President would take over leadership of the task force."

15 A New Beginning

1. "Park History," Asilomar Conference Grounds, www.visitasilomar.com /discover/ park-history.
2. Paul Berg, David Baltimore, Herbert W. Boyer, Stanley N. Cohen, Ronald W. Davis, David S. Hogness, Daniel Nathans, et al., "Potential Biohazards of Recombinant DNA Molecules," *Science* 185, no. 4148 (July 26, 1974): 303, https://doi .org/10.1126/science.185.4148.303.
3. Nicolas Rasmussen, "DNA Technology: 'Moratorium' on Use and Asilomar Conference," Wiley Online Library, January 27, 2015, https://onlinelibrary .wiley. com/doi/abs/10.1002/9780470015902.a0005613.pub2.
4. "Transcript of Nixon's Address on Troop Withdrawals and Situation in Vietnam," *New York Times*, April 27, 1972, www.nytimes.com/1972/04/27/archives / transcript-of-nixons-address-on-troop-withdrawals-and-situation-in.html.
5. Douglas MacEachin, "Predicting the Soviet Invasion of Afghanistan: The Intelligence Community's Record," Center for the Study of Intelligence Monograph, March 2003, posted at Federation of American Scientists, Intelligence Resource Program, https://fas.org/irp/cia/product/afghanistan/index.html.
6. "A Guide to the United States' History of Recognition, Diplomatic, and Consular Relations, by Country, Since 1775: China," US Department of State, Office of the Historian, https://history.state.gov/countries/china/china-us-relations.
7. Ashley M. Eskew and Emily S. Jungheim, "A History of Developments to Improve in Vitro Fertilization," *Missouri Medicine* 114, no. 3 (2017): 156–59, full text at National Center for Biotechnology Information, www.ncbi.nlm.nih.gov/pmc / articles/PMC6140213.
8. Ariana Eunjung Cha, "40 Years After 1st 'Test Tube' Baby, Science Has Produced 7 Million Babies—and Raised Moral Questions," *Chicago Tribune*, April 27, 2018, www.chicagotribune.com/lifestyles/parenting/ct-test-tube-babies-moral -questions-20180427-story.html.
9. Institute of Medicine (US) Committee to Study Decision Making; Hanna KE, editor, "Asilomar and Recombinant DNA: The End of the Beginning," *Biomedical Politics*, Washington (DC): National Academies Press (US), 1991, www.ncbi .nlm.nih.gov/ books/NBK234217.
10. Institute of Medicine, *Biomedical Politics*.

other-worlds-earth.

25. Derek Thompson, "Is Colonizing Mars the Most Important Project in Human History?," *The Atlantic*, June 29, 2018, www.theatlantic.com/technolog y/archive/2018/06/could-colonizing-mars-be-the-most-important-project-in-human-history/564041.
26. "What Is Biosphere 2," Biosphere 2, University of Arizona, https://biosphere2 .org/visit/what-is-biosphere-2.
27. Our thinking about the EST economy and governing structure was loosely informed by Norway and Sweden. Interview with Dr. Christian Guilette, Scandinavian Faculty at University of California, Berkeley, April 23, 2021.

14 Scenario Five: The Memo

1. After reading a few papers, we were curious about which part of the US government would respond in the event of a cyber-bio attack. (The papers included Dor Farbiash and Rami Puzis, "Cyberbiosecurity: DNA Injection Attack in Synthetic Biology," ArXiv:2011.14224 [cs.CR], November 28, 2020, http:// arxiv.org/abs/2011.14224; and Antonio Regalado, "Scientists Hack a Computer Using DNA," *MIT Technology Review*, August 10, 2017, www.technologyreview .com/2017/08/10/150013/scientists-hack-a-computer-using-dna.) We began by asking contacts at the US Department of Homeland Security and the Cybersecurity and Infrastructure Security Agency, discovering that neither organization had developed any protocol for such a situation. We pressed on, speaking with contacts in the US Air Force, US Navy, US Department of Defense, US State Department, US Government Accountably Office, and Centers for Disease Control and Prevention, as well as national security analysts and congressional staffers. A few contacts did walk us through the step-by-step process that would be involved in the event of a cyber-bio attack. Here was a representative response, and it's worth noting that no two people gave us the same answers:

   "It's a great question. I suspect this would look quite similar to COVID's response, in that an interagency task force would be created at the National Security Council. Your top officials there would likely be the 4-star general who dual-hats as US Cyber Command's commander and runs the National Security Agency. That's for the cyber element. The CDC, HHS, and NIH would be brought in, the State Department to see what we knew about the Chinese lab that did the [work], and ultimately the FBI to conduct any necessary domestic investigations (assume this left-wing group is US based). The US national security advisor, or more likely the Deputy NSA, would

Million People to Mars by 2050 by Launching 3 Starship Rockets Every Day and Creating 'a Lot of Jobs' on the Red Planet," *Business Insider*, January 17, 2020, www.businessinsider.com/elon-musk-plans-1-million-people-to-mars-by-2050-2020-1.

10. Wall, "Elon Musk, X Prize Launch $100 Million Carbon-Removal Competition."
11. "Astronauts Answer Student Questions," NASA, www.nasa.gov/centers /johnson/pdf/569954main_astronaut%20_FAQ.pdf.
12. Eric Berger, "Meet the Real Ironman of Spaceflight: Valery Polyakov," Ars Technica, March 7, 2016, Valery Polyakov held the record for a single mission, spending an impressive 437 days on the Mir station in the 1990s.
13. "Longest Submarine Patrol," *Guinness Book of World Records*, www .guinnessworldrecords.com/world-records/submarine-patrol-longest.
14. Jackie Wattles, "Colonizing Mars Could Be Dangerous and Ridiculously Expensive. Elon Musk Wants to Do It Anyway," CNN, September 8, 2020, www .cnn.com/2020/09/08/tech/spacex-mars-profit-scn/index.html.
15. Gael Fashingbauer Cooper, "Elon Musk's First Name Shows Up in 1953 Book About Colonizing Mars," CNET, May 7, 2021, www.cnet.com/news/elon -musks-first-name-shows-up-in-1953-book-about-colonizing-mars.
16. Ali Bekhtaoui, "Egos Clash in Bezos and Musk Space Race," Phys.org, May 2, 2021, https://phys.org/news/2021-05-egos-clash-bezos-musk-space.html.
17. Sean O'Kane, "The Boring Company Tests Its 'Teslas in Tunnels' System in Las Vegas," The Verge, May 26, 2021, www.theverge.com/2021/5/26/22455365 /elon-musk-boring-company-las-vegas-test-lvcc-loop-teslas.
18. Kathryn Hardison, "What Will Become of All This?," American City Business Journals, May 28, 2021, www.bizjournals.com/houston/news/2021/05/28 /tesla-2500-acres-travis-county-plans.html.
19. Philip Ball, "Make Your Own World with Programmable Matter," IEEE Spectrum, May 27, 2014, https://spectrum.ieee.org/robotics/robotics-hardware/make-your-own-world-with-programmable-matter.
20. Neuralink website: https://neuralink.com.
21. Chia website: https://www.chia.net.
22. NOVOFARM website: https://www.f6s.com/novofarm.
23. Chris Impey, "This Is the Year the First Baby Will Be Born in Space," Inverse, May 30, 2021, www.inverse.com/science/when-will-the-first-baby-be -born-in-space.
24. Lisa Ruth Rand, "Colonizing Mars: Practicing Other Worlds on Earth," *Origins* 11, no. 2 (November 2017), https://origins.osu.edu/article/colonizing-mars -practicing-

22. Esther Mobley, "SF Startup Is Making Synthetic Wine in a Lab. Here's How It Tastes," *San Francisco Chronicle*, February 20, 2020, www.sfchronicle.com/wine / article/San-Francisco-startup-unveils-synthetic-wine-and-15068890.php.
23. Collin Dreizen, "Test-Tube Tasting? Bev Tech Company Unveils Grapeless 'Molecular Wine,' " *Wine Spectator*, February 26, 2020, www.winespectator .com/ articles/test-tube-tasting-bev-tech-company-unveils-grape-less-molecular -wine-unfiltered.

13 Scenario Four: The Underground

1. The Underground was inspired by Coober Pedy, an Australian mining town where many people live in a subterranean community because the summers now top 120° F. Atlas Obscura offers a detailed overview of Coober Pedy at www .atlasobscura.com/ places/coober-pedy. This scenario was also informed by *The Expanse* series by the writing duo James S. A. Corey and by Elon Musk's relentless desire to colonize Mars, which has been written about extensively.
2. "Climate Action Note—Data You Need to Know," United Nations Environment Programme, April 19, 2021, www.unep.org/explore-topics/climate-change /what-we-do/climate-action-note.
3. "The Paris Agreement," United Nations Framework Convention on Climate Change, https://unfccc.int/process-and-meetings/the-paris-agreement/the-paris -agreement.
4. "Transforming Food Systems," United Nations Environment Programme, April 20, 2021, www.unep.org/resources/factsheet/transforming-food-systems.
5. "Facts About the Climate Emergency," United Nations Environment Programme, January 25, 2021, www.unep.org/explore-topics/climate-change/facts -about-climate-emergency.
6. Mark Fischetti, "We Are Living in a Climate Emergency, and We're Going to Say So," *Scientific American*, April 12, 2021, www.scientificamerican.com/article /we-are-living-in-a-climate-emergency-and-were-going-to-say-so.
7. Mike Wall, "Elon Musk, X Prize Launch $100 Million Carbon-Removal Competition," Space.com, April 23, 2021, www.space.com/elon-musk-carbon -removal-x-prize.
8. Eric Berger, "Inside Elon Musk's Plan to Build One Starship a Week—and Settle Mars," Ars Technica, March 5, 2020, https://arstechnica.com/science/2020/03 / inside-elon-musks-plan-to-build-one-starship-a-week-and-settle-mars.
9. Morgan McFall-Johnsen and Dave Mosher, "Elon Musk Says He Plans to Send 1

good-meat-sells-lab-grown-cultured-chicken-in-world-first.html.

10. Emily Waltz, "Club-Goers Take First Bites of Lab-Made Chicken," *Nature Biotechnology* 39, no. 3 (March 1, 2021): 257–58, https://doi.org/10.1038 /s41587-021-00855-1.
11. Forecast for cultured meat by 2026, Source: BIS Research, April 2021.
12. Zoë Corbyn, "Out of the Lab and into Your Frying Pan: The Advance of Cultured Meat," *The Guardian*, January 19, 2020, www.theguardian.com /food/2020/jan/19/cultured-meat-on-its-way-to-a-table-near-you-cultivated-cells -farming-society-ethics.
13. Raito Ono, "Robotel: Japan Hotel Staffed by Robot Dinosaurs," Phys .org, August 31, 2018, https://phys.org/news/2018-08-robotel-japan-hotel-staffed -robot.html.
14. Global sales of service robots for professional use between 2018 and 2020. Source: IFR, September 2020.
15. James Borrell, "All Our Food Is 'Genetically Modified' in Some Way— Where Do You Draw the Line?," The Conversation, April 4, 2016, http:// theconversation.com/all-our-food-is-genetically-modified-in-some-way-where -do-you-draw-the-line-56256.
16. Billy Lyons, "Is Molecular Whiskey the Futuristic Booze We've Been Waiting For?," *Fortune*, May 25, 2019, https://fortune.com/2019/05/25/endless-west -glyph-engineered-whiskey.
17. "Morpheus," DC Comics, February 29, 2012, www.dccomics.com /characters/morpheus.
18. Alice Liang, "World's First Molecular Whiskey Expands Its Portfolio," *Drinks Business*, November 5, 2020, www.thedrinksbusiness.com/2020/11/worlds -first-molecular-whiskey-expands-its-portfolio.
19. Nicole Trian, "Australia Prepares for 'Day Zero' —the Day the Water Runs Out," France 24, September 19, 2019, www.france24.com/en/20190919-australia -day-zero-drought-water-climate-change-greta-thunberg-paris-accord-extinction -rebe.
20. Kevin Winter, "Day Zero Is Meant to Cut Cape Town's Water Use: What Is It, and Is It Working?," The Conversation, February 20, 2018, http:// theconversation.com/day-zero-is-meant-to-cut-cape-towns-water-use-what-is-it -and-is-it-working-92055.
21. Dave McIntyre, "It Was Only a Matter of Time. Lab-Created 'Molecular' Wine Is Here," *Washington Post*, March 6, 2020, www.washingtonpost.com /lifestyle/food/it-was-only-a-matter-of-time-lab-created-molecular-wine-is-here /2020/03/06/2f354ce8-5ef3-11ea-b014-4fafa866bb81_story.html.

%22colId%22:%22Location%22,%22sort%22:%22asc%22 %7D.

13. "Policy Basics: The Supplemental Nutrition Assistance Program (SNAP)," Center on Budget and Policy Priorities, www.cbpp.org/research/food-assistance /the-supplemental-nutrition-assistance-program-snap.
14. "Trust Fund Data," Social Security, www.ssa.gov/oact/STATS/table4a3 .html.
15. *Nijikai-jin* is a word Amy invented.
16. With apologies to Anthony Rizzo, who was arguably the Chicago Cubs' best first baseman of all time. Statistics from MLB.com.
17. "The Age Discrimination in Employment Act of 1967," US Equal Employment Opportunity Commission, www.eeoc.gov/statutes/age-discrimination -employment-act-1967.

12 Scenario Three: Akira Gold's "Where to Eat" 2037

1. Adam Platt, senior restaurant critic for *New York Magazine*, inspired this scenario. We imagined him in the year 2037, creating his annual "Where to Eat" guide.
2. Niina Heikkinen, "U.S. Bread Basket Shifts Thanks to Climate Change," *Scientific American*, December 23, 2015, www.scientificamerican.com/article/u-s -bread-basket-shifts-thanks-to-climate-change.
3. Euromonitor data, July 2020, www.euromonitor.com/usa.
4. "The Future of Agriculture: The Convergence of Tech and Bio Bringing Better Food to Market," SynBioBeta, February 9, 2020, https://synbiobeta.com /the-future-of-agriculture-the-convergence-of-tech-and-bio-bringing-better -food-to-market.
5. "Fermentation & Bioreactors," Sartorius, www.sartorius.com/en/products / fermentation-bioreactors.
6. Bioreactor market value data, Statista, February 2020, www.statista.com.
7. Gareth John Macdonald, "Bioreactor Design Adapts to Biopharma's Changing Needs," Genetic Engineering and Biotechnology News (GEN), July 1, 2019, www.genengnews.com/insights/bioreactor-design-adapts-to-biopharmas -changing-needs.
8. Senthold Asseng, Jose R. Guarin, Mahadev Raman, Oscar Monje, Gregory Kiss, Dickson D. Despommier, Forrest M. Meggers, and Paul P. G. Gauthier, "Wheat Yield Potential in Controlled-Environment Vertical Farms," *Proceedings of the National Academy of Sciences*, July 23, 2020, https://doi.org/10.1073 / pnas.2002655117.
9. Karen Gilchrist, "This Multibillion-Dollar Company Is Selling Lab-Grown Chicken in a World-First," CNBC, March 1, 2021, www.cnbc.com/2021/03/01/eat -just-

7. Neera Bhatia and Evie Kendal, "We May One Day Grow Babies Outside the Womb, but There Are Many Things to Consider First," The Conversation, November 10, 2019, http://theconversation.com/we-may-one-day-grow-babies-outside -the-womb-but-there-are-many-things-to-consider-first-125709.

11 Scenario Two: What Happened When We Canceled Aging

1. "CRISPR/Cas9 Therapy Can Suppress Aging, Enhance Health and Extend Life Span in Mice," Science Daily, February 19, 2019, www.sciencedaily.com / releases/2019/02/190219111747.htm.
2. Chinese Academy of Sciences, "Scientists Develop New Gene Therapy Strategy to Delay Aging and Extend Lifespan," SciTechDaily, January 9, 2021, https://scitechdaily.com/scientists-develop-new-gene-therapy-strategy-to-delay-aging -and-extend-lifespan.
3. Adolfo Arranz, "Betting Big on Biotech," *South China Morning Post*, October 9, 2018, https://multimedia.scmp.com/news/china/article/2167415/china -2025-biotech/index.html.
4. Georgina M. Ellison-Hughes, "First Evidence That Senolytics Are Effective at Decreasing Senescent Cells in Humans," EBioMedicine, May 23, 2020, www . thelancet.com/journals/ebiom/article/PIIS2352-3964(19)30641-3/fulltext.
5. "CRISPR/Cas9 Therapy Can Suppress Aging."
6. Hughes, "First Evidence."
7. Amber Dance, "Science and Culture: The Art of Designing Life," *Proceedings of the National Academy of Sciences* 112, no. 49 (December 8, 2015): 14999–15001, https://doi.org/10.1073/pnas.1519838112.
8. Ning Zhang and Anthony A. Sauve, "Nicotinamide Adenine Dinucleotide," Science Direct, n.d., www.sciencedirect.com/topics/neuroscience/nicotinamide -adenine-dinucleotide.
9. Jared Friedman, "How Biotech Startup Funding Will Change in the Next 10 Years," YC Startup Library, n.d., www.ycombinator.com/library/4L-how -biotech-startup-funding-will-change-in-the-next-10-years.
10. Emily Mullin, "Five Ways to Get CRISPR into the Body," *MIT Technology Review*, September 22, 2017, www.technologyreview.com/2017/09/22/149011 /five-ways-to-get-crispr-into-the-body.
11. We used historical S&P data and company financials from 2015 to 2020.
12. "Population Distribution by Age," Kaiser Family Foundation, 2019, www .kff.org/other/state-indicator/distribution-by-age/?currentTimeframe=0 &sortModel=%7B

Parliamentary Inquiry over Pandemic Response," CNBC, May 14, 2021, www .cnbc.com/2021/05/14/brazil-fears-third-covid-wave-as-bolsonaro-faces -parliamentary-inquiry.html.

2. Sanjeev Miglani and Devjyot Ghoshal, "PM Modi's Rating Falls to New Low as India Reels from COVID-19," Reuters, May 18, 2021, www.reuters.com/world / india/pm-modis-rating-falls-india-reels-covid-19-second-wave-2021-05-18.
3. "English Rendering of PM's Address at the World Economic Forum's Davos Dialogue," Press Information Bureau, Government of India, January 28, 2021, https://pib.gov.in/PressReleseDetail.aspx?PRID=1693019.
4. David Klepper and Neha Mehrotra, "Misinformation Surges amid India's COVID-19 Calamity," *Seattle Times*, May 13, 2021, www.seattletimes.com / business/misinformation-surges-amid-indias-covid-19-calamity.

10 Scenario One: Creating Your Child with Wellspring

1. Katsuhiko Hayashi, Orie Hikabe, Yayoi Obata, and Yuji Hirao, "Reconstitution of Mouse Oogenesis in a Dish from Pluripotent Stem Cells," *Nature Protocols* 12, no. 9 (September 2017): 1733–44, https://doi.org/10.1038/nprot.2017.070.
2. Tess Johnson, "Human Genetic Enhancement Might Soon Be Possible— but Where Do We Draw the Line?," The Conversation, December 3, 2019, http://theconversation.com/human-genetic-enhancement-might-soon-be-possible-but -where-do-we-draw-the-line-127406.
3. David Cyranoski, "The CRISPR-Baby Scandal: What's Next for Human Gene-Editing," *Nature* 566, no. 7745 (February 26, 2019): 440–42, https://doi . org/10.1038/d41586-019-00673-1.
4. Nathaniel Scharping, "How Are Neanderthals Different from Homo Sapiens?," *Discover*, May 5, 2020, www.discovermagazine.com/planet-earth/how-are -neanderthals-different-from-homo-sapiens.
5. Rachel Becker, "An Artificial Womb Successfully Grew Baby Sheep—and Humans Could Be Next," The Verge, April 25, 2017, www.theverge.com/2017 /4/25/15421734/artificial-womb-fetus-biobag-uterus-lamb-sheep-birth-premie -preterm-infant.
6. Emily A. Partridge, Marcus G. Davey, Matthew A. Hornick, Patrick E. Mc- Govern, Ali Y. Mejaddam, Jesse D. Vrecenak, Carmen Mesas-Burgos, et al., "An Extra-Uterine System to Physiologically Support the Extreme Premature Lamb," *Nature Communications* 8, no. 1 (April 25, 2017): 15112, https://doi.org/10.1038 / ncomms15112.

11. David Barboza, "AstraZeneca to Sell a Genetically Engineered Strain of Rice," *New York Times*, May 16, 2000, www.nytimes.com/2000/05/16/business /astrazeneca-to-sell-a-genetically-engineered-strain-of-rice.html.
12. "GM Rice Patents Given Away," BBC News, August 4, 2000, http://news .bbc.co.uk/2/hi/science/nature/865946.stm.
13. Margaret Wertheim, "Frankenfoods," *LA Weekly*, July 5, 2000, www .laweekly.com/frankenfoods.
14. "Monsanto Pushes 'Golden Rice,' " CBS News, August 4, 2000, www .cbsnews.com/news/monsanto-pushes-golden-rice.
15. Ed Regis, "The True Story of the Genetically Modified Superfood That Almost Saved Millions," *Foreign Policy*, October 17, 2019, https://foreignpolicy .com/2019/10/17/golden-rice-genetically-modified-superfood-almost-saved -millions.
16. Robert Paarlberg, "A Dubious Success: The NGO Campaign Against GMOs," *GM Crops and Food* 5, no. 3 (November 6, 2014): 223–28, https://doi.org /10.4161/21645698.2014.952204.
17. Mark Lynas, "Anti-GMO Activists Lie About Attack on Rice Crop (and About So Many Other Things)," Slate, August 26, 2013, https://slate.com/technology /2013/08/golden-rice-attack-in-philippines-anti-gmo-activists-lie-about-protest -and-safety.html.
18. Regis, "The True Story of the Genetically Modified Superfood."
19. Joel Achenbach, "107 Nobel Laureates Sign Letter Blasting Greenpeace over GMOs," *Washington Post*, June 30, 2016, www.washingtonpost.com/news /speaking-of-science/wp/2016/06/29/more-than-100-nobel-laureates-take-on -greenpeace-over-gmo-stance.
20. Jessica Scarfuto, "Do You Trust Science? These Five Factors Play a Big Role," *Science*, February 16, 2020, www.sciencemag.org/news/2020/02/do-you -trust-science-these-five-factors-play-big-role.
21. Cary Funk, Alex Tyson, Brian Kennedy, and Courtney Johnson, "Scientists Are Among the Most Trusted Groups Internationally, Though Many Value Practical Experience over Expertise," Pew Research Center, September 29, 2020, www .pewresearch.org/science/2020/09/29/scientists-are-among-the-most-trusted -groups-in-society-though-many-value-practical-experience-over-expertise.

9 Exploring the Recently Plausible

1. Sam Meredith, "Brazil Braces for Renewed Covid Surge as Bolsonaro Faces

U.S.," December 14, 2020, www.washingtonpost.com/nation/2020/12/14 /first-covid-vaccines-new-york.

57. "Coronavirus (COVID-19) Vaccinations," Our World In Data, https://ourworldindata.org/covid-vaccinations?country=USA.
58. "Provisional COVID-19 Death Counts by Week Ending Date and State," Centers for Disease Control and Prevention, https://data.cdc.gov/NCHS /Provisional-COVID-19-Death-Counts-by-Week-Ending-D/r8kw-7aab.
59. Jack Healy, "These Are the 5 People Who Died in the Capitol Riot," *New York Times*, January 11, 2021, https://www.nytimes.com/2021/01/11/us/who-died -in-capitol-building-attack.html.
60. "Public Trust in Government: 1958–2021," Pew Research Center, https:// www.pewresearch.org/politics/2021/05/17/public-trust-in-government-1958-2021.

8 The Story of Golden Rice

1. Ian McNulty, "Next Generation to Reopen Li'l Dizzy's, Reviving New Orleans Restaurant Legacy," January 2, 2021, NOLA.com, www.nola.com /entertainment_life/eat-drink/article_a346001a-4d49-11eb-b927-a73cacd63596 .html.
2. Confucius, *The Analects of Confucius*, trans. Arthur Waley (New York: Random House, 1989), Bk. 10.
3. Sarah Zhang, "Archaeologists Find Evidence of the First Rice Ever Grown," *The Atlantic*, May 29, 2017, www.theatlantic.com/science/archive/2017/05/rice -domestication/528288.
4. John Christensen, "Scientist at Work. Ingo Potrykus: Golden Rice in a Grenade-Proof Greenhouse," *New York Times*, November 21, 2000, www.nytimes . com/2000/11/21/science/scientist-at-work-ingo-potrykus-golden-rice-in-a -grenade-proof-greenhouse.html.
5. Interview with Dr. Brian Woolf by Amy Webb, August 15, 2020.
6. J. Madeleine Nash, "This Rice Could Save a Million Kids a Year," *Time*, July 31, 2000, http://content.time.com/time/magazine/article/0,9171,997586,00 .html.
7. "The Rockefeller Foundation: A Long-Term Bet on Scientific Breakthrough," Rockefeller Foundation, https://engage.rockefellerfoundation.org/story-sketch / rice-biotechnology-research-network.
8. Christensen, "Scientist at Work."
9. Mary Lou Guerinot, "The Green Revolution Strikes Gold," *Science* 287, no. 5451 (January 14, 2000): 241–43, https://doi.org/10.1126/science.287.5451.241.
10. Nash, "This Rice Could Save a Million Kids."

Giant," Reuters, August 5, 2020, www.reuters.com/article/us-health -coronavirus-bgi-specialreport-idUSKCN2511CE.
45. The Seasteading Institute hopes to create ocean-based communities outside the governing frameworks of established countries. Nobel Prize–winning economist Milton Friedman's grandson, Patri Friedman, and PayPal cofounder and venture capitalist Peter Thiel are cofounders. https://www.seasteading .org/.
46. "Todai-Led Team Creates Mouse Pancreas in Rat in Treatment Breakthrough," *Japan Times*, January 26, 2017, www.japantimes.co.jp/news/2017/01/26 /national/science-health/treatment-breakthrough-todai-led-team-creates-mouse -pancreas-rat-transplants-diabetic-mouse.
47. Nidhi Subbaraman, "First Monkey–Human Embryos Reignite Debate over Hybrid Animals," *Nature* 592, no. 7855 (April 15, 2021): 497, https://doi .org/10.1038/d41586-021-01001-2.
48. Julian Savulescu and César Palacios-González, "First Human–Monkey Embryos Created—A Small Step Towards a Huge Ethical Problem," The Conversation, April 22, 2021, https://theconversation.com/first-human-monkey-embryos -created-a-small-step-towards-a-huge-ethical-problem-159355.
49. Alex Fox, "Compared with Hummingbirds, People Are Rather Colorblind," *Smithsonian Magazine*, June 18, 2020, www.smithsonianmag.com/smart -news/compared-hummingbirds-were-all-colorblind-180975111.
50. Guy Rosen, "How We're Tackling Misinformation Across Our Apps," Facebook, March 22, 2021, https://about.fb.com/news/2021/03/how-were-tackling -misinformation-across-our-apps.
51. Rosen, "How We're Tackling Misinformation."
52. Fortune 500, https://fortune.com/fortune500.
53. Healthy and Natural World Facebook Page, "Scientists Warn People to Stop Eating Instant Noodles Due to Cancer and Stroke Risks," Facebook .com, March 20, 2019, www.facebook.com/HealthyAndNaturalWorld/posts /scientists-warn-people-to-stop-eating-instant-noodles-due-to-cancer-and-stroker/2262994090426410.
54. Michelle R. Smith and Johnathan Reiss, "Inside One Network Cashing In on Vaccine Disinformation," Associated Press, May 13, 2021, https://apnews.com / article/anti-vaccine-bollinger-coronavirus-disinformation-a7b8e1f339906 70563b4c469b462c9bf.
55. Smith and Reiss, "Inside One Network."
56. Ben Guarino, Ariana Eunjung Cha, Josh Wood, and Griff Witte, " 'The Weapon That Will End the War' : First Coronavirus Vaccine Shots Given Outside Trials in

Slate, May 4, 2017, https://slate.com/technology/2017/05/the-fuzzy -regulations-surrounding-diy-synthetic-biology.html.

35. Doudna and Zheng each founded four, including Scribe Therapeutics, Intellia Therapeutics, Mammoth Biosciences, and Caribou Biosciences (Doudna) and Sherlock Biosciences, Arbor Biotechnologies, Beam Therapeutics, and Editas Medicine (Zheng). Charpentier founded two: CRISPR Therapeutics and ERS Genomics. Doudna was an original cofounder of Editas, but broke ties with Zheng over the patent dispute.
36. "Statement from Ambassador Katherine Tai on the Covid-19 Trips Waiver," Office of the United States Trade Representative, May 5, 2021, https:// ustr.gov/about-us/policy-offices/press-office/press-releases/2021/may/statement -ambassador-katherine-tai-covid-19-trips-waiver.
37. Kate Taylor, "More Parents Plead Guilty in College Admissions Scandal," *New York Times*, October 21, 2019, www.nytimes.com/2019/10/21/us/college -admissions-scandal.html.
38. Andrew Martinez, "Lawyer Who Paid $75G to Fix Daughter's Test Answers Gets One-Month Prison Term," *Boston Herald*, October 3, 2019, www.boston herald.com/2019/10/03/lawyer-who-paid-75g-to-fix-daughters-test-answers -gets-one-month-prison-term.
39. Matthew Campbell and Doug Lyu, "China's Genetics Giant Wants to Tailor Medicine to Your DNA," Bloomberg, November 13, 2019, www.bloomberg .com/news/features/2019-11-13/chinese-genetics-giant-bgi-wants-to-tailor-medicine -to-your-dna.
40. "China: Minority Region Collects DNA from Millions," Human Rights Watch, December 13, 2017, www.hrw.org/news/2017/12/13/china-minority-region -collects-dna-millions.
41. Sui-Lee Wee, "China Uses DNA to Track Its People, with the Help of American Expertise," *New York Times*, February 21, 2019, www.nytimes.com/2019/02/21 / business/china-xinjiang-uighur-dna-thermo-fisher.html.
42. "China's Ethnic Tinderbox," BBC, July 9, 2009, http://news.bbc.co.uk/2/hi /asia-pacific/8141867.stm.
43. Simon Denyer, "Researchers May Have 'Found' Many of China's 30 Million Missing Girls," *Washington Post*, November 30, 2016, www.washingtonpost.com / news/worldviews/wp/2016/11/30/researchers-may-have-found-many-of-chinas -30-million-missing-girls.
44. Kirsty Needham, "Special Report: COVID Opens New Doors for China's Gene

the-future-threat-of-synthetic-biology.

23. Ian Sample, "Craig Venter Creates Synthetic Life Form," *The Guardian*, May 20, 2010, www.theguardian.com/science/2010/may/20/craig-venter-synthetic -life-form.
24. Margaret Munro, "Life, From Four Chemicals," *Ottawa Citizen*, May 21, 2010, www.pressreader.com/canada/ottawa-citizen/20100521/285121404908322.
25. Sample, "Craig Venter Creates Synthetic Life Form."
26. Ian Sample, "Synthetic Life Breakthrough Could Be Worth over a Trillion Dollars," *The Guardian*, May 20, 2010, www.theguardian.com/science/2010/may /20/craig-venter-synthetic-life-genome.
27. Clyde A. Hutchison, Ray-Yuan Chuang, Vladimir N. Noskov, Nacyra Assad-Garcia, Thomas J. Deerinck, Mark H. Ellisman, John Gill, et al., "Design and Synthesis of a Minimal Bacterial Genome," *Science* 351, no. 6280 (March 25, 2016), https://doi.org/10.1126/science.aad6253.
28. "Scientists Create Simple Synthetic Cell That Grows and Divides Normally," National Institute of Standards and Technology, March 29, 2021, www .nist.gov/news-events/news/2021/03/scientists-create-simple-synthetic-cell-grows -and-divides-normally.
29. Ken Kingery, "Engineered Swarmbots Rely on Peers for Survival," Duke Pratt School of Engineering, February 29, 2016, https://pratt.duke.edu/about /news/engineered-swarmbots-rely-peers-survival.
30. Rob Stein, "Blind Patients Hope Landmark Gene-Editing Experiment Will Restore Their Vision," National Public Radio, May 10, 2021, www.npr.org /sections/health-shots/2021/05/10/993656603/blind-patients-hope-landmark -gene-editing-experiment-will-restore-their-vision.
31. Sigal Samuel, "A Celebrity Biohacker Who Sells DIY Gene-Editing Kits Is Under Investigation," Vox, May 19, 2019, www.vox.com/future-perfect/2019/5 /19/18629771/biohacking-josiah-zayner-genetic-engineering-crispr.
32. Arielle Duhaime-Ross, "In Search of a Healthy Gut, One Man Turned to an Extreme DIY Fecal Transplant," The Verge, May 4, 2016, www.theverge . com/2016/5/4/11581994/fmt-fecal-matter-transplant-josiah-zayner-microbiome -ibs-c-diff.
33. Stephanie M. Lee, "This Biohacker Is Trying to Edit His Own DNA and Wants You to Join Him," BuzzFeed, October 14, 2017, www.buzzfeednews.com /article/stephaniemlee/this-biohacker-wants-to-edit-his-own-dna.
34. Molly Olmstead, "The Fuzzy Regulations Surrounding DIY Synthetic Biology,"

11. "He Jiankui's Gene Editing Experiment Ignored Other HIV Strains," Stat News, April 15, 2019, www.statnews.com/2019/04/15/jiankui-embryo-editing -ccr5.
12. Antonio Regalado, "China's CRISPR Twins Might Have Had Their Brains Inadvertently Enhanced," *MIT Technology Review*, February 21, 2019, www . technologyreview.com/2019/02/21/137309/the-crispr-twins-had-their-brains-altered.
13. For the original agenda, see "Second International Summit on Human Gene Editing," National Academies of Sciences, Engineering, and Medicine, November 27, 2018, www.nationalacademies.org/event/11-27-2018/second -international-summit-on-human-gene-editing.
14. David Cyranoski, "What CRISPR-Baby Prison Sentences Mean for Research," *Nature* 577, no. 7789 (January 3, 2020): 154–55, https://doi.org/10.1038 /d41586-020-00001-y.
15. Anders Lundgren, "Carl Wilhelm Scheele: Swedish Chemist," Encyclopedia Britannica, www.britannica.com/biography/Carl-Wilhelm-Scheele.
16. Gilbert King, "Fritz Haber's Experiments in Life and Death," *Smithsonian Magazine*, June 6, 2012, www.smithsonianmag.com/history/fritz-habers -experiments-in-life-and-death-114161301.
17. Jennifer Couzin-Frankel, "Poliovirus Baked from Scratch," *Science*, July 11, 2002, www.sciencemag.org/news/2002/07/poliovirus-baked-scratch.
18. "Traces of Terror. The Science: Scientists Create a Live Polio Virus," *New York Times*, July 12, 2002, www.nytimes.com/2002/07/12/us/traces-of-terror-the -science-scientists-create-a-live-polio-virus.html.
19. Kai Kupferschmidt, "How Canadian Researchers Reconstituted an Extinct Poxvirus for $100,000 Using Mail-Order DNA," *Science*, July 6, 2017, www .sciencemag.org/news/2017/07/how-canadian-researchers-reconstituted-extinct -poxvirus-100000-using-mail-order-dna.
20. Denise Grady and Donald G. McNeil Jr., "Debate Persists on Deadly Flu Made Airborne," *New York Times*, December 27, 2011, www.nytimes.com /2011/12/27/science/debate-persists-on-deadly-flu-made-airborne.html.
21. Monica Rimmer, "How Smallpox Claimed Its Final Victim," BBC News, August 10, 2018, www.bbc.com/news/uk-england-birmingham-45101091.
22. J. Kenneth Wickiser, Kevin J. O'Donovan, Michael Washington, Stephen Hummel, and F. John Burpo, "Engineered Pathogens and Unnatural Biological Weapons: The Future Threat of Synthetic Biology," *CTC Sentinel* 13, no. 8 (August 31, 2020): 1–7, https://ctc.usma.edu/engineered-pathogens-and-unnatural -biological-weapons-

November 19, 2020, www.genomatica.com/bio-nylon-scaling-50x -to-support-global-brands.

55. L. Lebreton, B. Slat, F. Ferrari, B. Sainte-Rose, J. Aitken, R. Marthouse, S. Hajbane, et al., "Evidence That the Great Pacific Garbage Patch Is Rapidly Accumulating Plastic," *Scientific Reports* 8, no. 1 (March 22, 2018): 4666, https:// doi.org/10.1038/s41598-018-22939-w.
56. "Ocean Trash: 5.25 Trillion Pieces and Counting, but Big Questions Remain," National Geographic Resource Library, n.d., www.nationalgeographic.org/article / ocean-trash-525-trillion-pieces-and-counting-big-questions-remain/6th-grade.

7 Nine Risks

1. Emily Waltz, "Gene-Edited CRISPR Mushroom Escapes U.S. Regulation: Nature News and Comment," *Nature* 532, no. 293 (2016), www.nature.com/news /gene-edited-crispr-mushroom-escapes-us-regulation-1.19754.
2. Waltz, "Gene-Edited CRISPR Mushroom."
3. Antonio Regalado, "Here Come the Unregulated GMOs," *MIT Technology Review*, April 15, 2016, www.technologyreview.com/2016/04/15/8583/here-come -the-unregulated-gmos.
4. Waltz, "Gene-Edited CRISPR Mushroom."
5. Doug Bolton, "Mushrooms that don't turn brown could soon be on sale thanks to loophole in GM food regulations," *The Independent*, April 18, 2016, https://www.independent.co.uk/news/science/gene-editing-mushrooms-usda -regulations-approved-edited-brown-a6989531.html.
6. "如果你不能接受转基因，基因编辑食品你敢吃吗？| 转基因 | 基因编辑 | 食物_新浪科技_新浪网," Sina Technology, June 30, 2016, http://tech.sina.com .cn/d/i/2016-06-30/doc-ifxtsatn7803705.shtml.
7. Andrew MacFarlane, "Genetically Modified Mushrooms May Lead the Charge to Ending World Hunger," Weather Channel, April 20, 2016, https://weather .com/science/news/genetically-modified-mushrooms-usda.
8. "Secretary Perdue Issues USDA Statement on Plant Breeding Innovation," US Department of Agriculture, Animal and Plant Health Inspection Service, March 28, 2018, https://content.govdelivery.com/accounts/USDAAPHIS/bulletins/1e599ff.
9. Pam Belluck, "Chinese Scientist Who Says He Edited Babies' Genes Defends His Work," *New York Times*, November 28, 2018, www.nytimes.com/2018/11/28 / world/asia/gene-editing-babies-he-jiankui.html.
10. Belluck, "Chinese Scientist."

-drops-from-325-000-to-12.

44. Karen Gilchrist, "This Multibillion-Dollar Company Is Selling Lab-Grown Chicken in a World-First," CNBC, March 1, 2021, www.cnbc.com/2021/03/01 /eat-just-good-meat-sells-lab-grown-cultured-chicken-in-world-first.html.
45. Kai Kupferschmidt, "Here It Comes... The $375,000 Lab-Grown Beef Burger," *Science*, August 2, 2013, www.sciencemag.org/news/2013/08/here-it -comes-375000-lab-grown-beef-burger.
46. "WHO's First Ever Global Estimates of Foodborne Diseases Find Children Under 5 Account for Almost One Third of Deaths," World Health Organization, December 3, 2015, www.who.int/news/item/03-12-2015-who-s-first-ever-global -estimates-of-foodborne-diseases-find-children-under-5-account-for-almost -one-third-of-deaths.
47. "Outbreak of *E. coli* Infections Linked to Romaine Lettuce," Centers for Disease Control and Prevention, January 15, 2020, www.cdc.gov/ecoli/2019 / o157h7-11-19/index.html.
48. Kevin Jiang, "Synthetic Microbial System Developed to Find Objects' Origin," *Harvard Gazette*, June 4, 2020, https://news.harvard.edu/gazette/story/2020 /06/ synthetic-microbial-system-developed-to-find-objects-origin.
49. Jen Alic, "Is the Future of Biofuels in Algae? Exxon Mobil Says It's Possible," *Christian Science Monitor*, March 13, 2013, www.csmonitor.com /Environment/ Energy-Voices/2013/0313/Is-the-future-of-biofuels-in-algae-Exxon -Mobil-says-it-s-possible.
50. "J. Craig Venter Institute–Led Team Awarded 5-Year, $10.7 M Grant from US Department of Energy to Optimize Metabolic Networks in Diatoms, Enabling Next-Generation Biofuels and Bioproducts," J. Craig Venter Institute, October 3, 2017, www.jcvi.org/media-center/j-craig-venter-institute-led-team-awarded-5 -year-107-m-grant-us-department-energy.
51. "Advanced Algal Systems," US Department of Energy, www.energy.gov /eere/ bioenergy/advanced-algal-systems.
52. Morgan McFall-Johnsen, "These Facts Show How Unsustainable the Fashion Industry Is," World Economic Forum, January 31, 2020, www.weforum.org / agenda/2020/01/fashion-industry-carbon-unsustainable-environment-pollution.
53. Rachel Cormack, "Why Hermès, Famed for Its Leather, Is Rolling Out a Travel Bag Made from Mushrooms," *Robb Report*, March 15, 2021, https://robb report.com/ style/accessories/hermes-vegan-mushroom-leather-1234601607.
54. "Genomatica to Scale Bio-Nylon 50-Fold with Aquafil," Genomatica, press release,

resources/publications/briefs/55/executivesummary/default.asp.
31. "Recent Trends in GE Adoption," US Department of Agriculture Economic Research Service, www.ers.usda.gov/data-products/adoption-of-genetically -engineered-crops-in-the-us/recent-trends-in-ge-adoption.aspx.
32. Javier Garcia Martinez, "Artificial Leaf Turns Carbon Dioxide into Liquid Fuel," *Scientific American*, June 26, 2017, www.scientificamerican.com/article /liquid-fuels-from-sunshine.
33. Max Roser and Hannah Ritchie, "Hunger and Undernourishment," Our World in Data, October 8, 2019, https://ourworldindata.org/hunger-and -undernourishment.
34. "Growing at a Slower Pace, World Population Is Expected to Reach 9.7 Billion in 2050 and Could Peak at Nearly 11 Billion Around 2100," United Nations, Department of Economic and Social Affairs, June 17, 2019, www.un.org / development/desa/en/news/population/world-population-prospects-2019 .html.
35. Julia Moskin, Brad Plumer, Rebecca Lieberman, Eden Weingart, and Nadja Popovich, "Your Questions About Food and Climate Change, Answered," *New York Times*, April 30, 2019, www.nytimes.com/interactive/2019/04/30/dining /climate-change-food-eating-habits.html.
36. "China's Breeding Giant Pigs That Are as Heavy as Polar Bears," Bloomberg, October 6, 2019, www.bloomberg.com/news/articles/2019-10-06/china-is -breeding-giant-pigs-the-size-of-polar-bears.
37. Kristine Servando, "China's Mutant Pigs Could Help Save Nation from Pork Apocalypse," Bloomberg, December 3, 2019, www.bloomberg.com/news / features/2019-12-03/china-and-the-u-s-are-racing-to-create-a-super-pig.
38. "Belgian Blue," The Cattle Site, www.thecattlesite.com/breeds/beef/8/belgian -blue.
39. Antonio Regalado, "First Gene-Edited Dogs Reported in China," *MIT Technology Review*, October 19, 2015, www.technologyreview.com/2015/10/19 /165740/first-gene-edited-dogs-reported-in-china.
40. Robin Harding, "Vertical Farming Finally Grows Up in Japan," *Financial Times*, January 22, 2020, www.ft.com/content/f80ea9d0-21a8-11ea-b8a1-584213 ee7b2b.
41. Winston Churchill, "Fifty Years Hence," *Maclean's*, November 15, 1931, https:// archive.macleans.ca/article/1931/11/15/fifty-years-hence.
42. Alok Jha, "World's First Synthetic Hamburger Gets Full Marks for 'Mouth Feel,'" *The Guardian*, August 6, 2013, www.theguardian.com/science/2013/aug/05 /world-first-synthetic-hamburger-mouth-feel.
43. Bec Crew, "Cost of Lab-Grown Burger Patty Drops from $325,000 to $11.36," Science Alert, April 2, 2015, www.sciencealert.com/lab-grown-burger-patty-cost

18. Leslie A. Pray, "Embryo Screening and the Ethics of Human Genetic Engineering," *Nature Education* 1, no. 1 (2008): 207, www.nature.com/scitable/topicpage /embryo-screening-and-the-ethics-of-human-60561.
19. Antonio Regalado, "Engineering the Perfect Baby," *MIT Technology Review*, March 5, 2015, www.technologyreview.com/2015/03/05/249167/engineering -the-perfect-baby.
20. Rachel Lehmann-Haupt, "Get Ready for Same-Sex Reproduction," NEO.LIFE, February 28, 2018, https://neo.life/2018/02/get-ready-for-same-sex-reproduction.
21. Daisy A. Robinton and George Q Daley, "The Promise of Induced Pluripotent Stem Cells in Research and Therapy," *Nature* 481, no. 7381 (January 18, 2012): 295-305, doi:10.1038/nature10761.
22. " 'Artificial Womb' Invented at the Children's Hospital of Philadelphia," WHYY PBS, April 25, 2017, https://whyy.org/articles/artificial-womb-invented -at-the-childrens-hospital-of-philadelphia.
23. Antonio Regalado, "A Mouse Embryo Has Been Grown in an Artificial Womb—Humans Could Be Next," *MIT Technology Review*, March 17, 2021, www . technologyreview.com/2021/03/17/1020969/mouse-embryo-grown-in-a-jar -humans-next.
24. "Our Current Water Supply," Southern Nevada Water Authority, https:// www.snwa.com/water-resources/current-water-supply/index.html.
25. "Food Loss and Waste Database," United Nations, Food and Agriculture Organization, www.fao.org/food-loss-and-food-waste/flw-data.
26. "Sustainable Management of Food Basics," US Environmental Protection Agency, August 11, 2015, www.epa.gov/sustainable-management-food /sustainable-management-food-basics.
27. "Worldwide Food Waste," Think Eat Save, United Nations Environment Programme, www.unep.org/thinkeatsave/get-informed/worldwide-food-waste.
28. Kenneth A. Barton, Andrew N. Binns, Antonius J.M. Matzke, and Mary- Dell Chilton, "Regeneration of Intact Tobacco Plants Containing Full Length Copies of Genetically Engineered T-DNA, and Transmission of T-DNA to R1 Progeny," *Cell* 32, no. 4 (April 1, 1983): 1033–43, https://doi.org/10.1016/0092-8674(83) 90288-X.
29. "Tremors in the Hothouse," *New Yorker*, July 19, 1993, www.newyorker .com/magazine/1993/07/19/tremors-in-the-hothouse.
30. "ISAAA Brief 55-2019: Executive Summary: Biotech Crops Drive Socio-Economic Development and Sustainable Environment in the New Frontier," International Service for the Acquisition of Agri-biotech Applications, 2019, www .isaaa.org/

301280593.html.
6. Lindsay Brownell, "Human Organ Chips Enable Rapid Drug Repurposing for COVID-19," Wyss Institute, May 3, 2021, https://wyss.harvard.edu/news/human-organ-chips-enable-rapid-drug-repurposing-for-covid-19.
7. "Body on a Chip," Wake Forest School of Medicine, https://school.wakehealth . e du / R e s e arch / Inst itute s - and - C e nte rs / Wa ke - Fore st - Inst itute - for -Regenerative-Medicine/Research/Military-Applications/Body-on-A-Chip.
8. Cleber A. Trujillo and Alysson R. Muotri, "Brain Organoids and the Study of Neurodevelopment," *Trends in Molecular Medicine* 24, no. 12 (December 2018): 982–90, https://doi.org/10.1016/j.molmed.2018.09.005.
9. "Stanford Scientists Assemble Human Nerve Circuit Driving Voluntary Movement," Stanford Medicine News Center, December 16, 2020, http://med .stanford.edu/news/all-news/2020/12/scientists-assemble-human-nerve-circuit -driving-muscle-movement.html.
10. "DeCODE Launches DeCODEme™," DeCODE Genetics, www.decode .com/decode-launches-decodeme.
11. Thomas Goetz, "23AndMe Will Decode Your DNA for $1,000. Welcome to the Age of Genomics," *Wired*, November 17, 2007, www.wired.com/2007/11/ff -genomics.
12. "23andMe Genetic Service Now Fully Accessible to Customers in New York and Maryland," 23andMe, December 4, 2015, https://mediacenter.23andme .com/press-releases/23andme-genetic-service-now-fully-accessible-to-customers -in-new-york-and-maryland.
13. " 'Smart Toilet' Monitors for Signs of Disease," Stanford Medicine News Center, April 6, 2020, http://med.stanford.edu/news/all-news/2020/04/smart-toilet -monitors-for-signs-of-disease.html.
14. Mark Mimee, Phillip Nadeau, Alison Hayward, Sean Carim, Sarah Flanagan, Logan Jerger, Joy Collins, et al., "An Ingestible Bacterial-Electronic System to Monitor Gastrointestinal Health," *Science* 360, no. 6391 (May 25, 2018): 915–18, https://doi.org/10.1126/science.aas9315.
15. Tori Marsh, "Live Updates: January 2021 Drug Price Hikes," GoodRx, January 19, 2021, www.goodrx.com/blog/january-drug-price-hikes-2021.
16. "2019 Employer Health Benefits Survey. Section 1: Cost of Health Insurance," Kaiser Family Foundation, September 25, 2019, www.kff.org/report-section /ehbs-2019-section-1-cost-of-health-insurance.
17. Bruce Budowle and Angela van Daal, "Forensically Relevant SNP Classes," *BioTechniques* 44, no. 5 (April 1, 2008): 603–10, https://doi.org/10.2144 /000112806.

Vaccines," Axios, March 31, 2021, www.axios.com/emergent-biosolutions -johnson-and-johnson-vaccine-dfd781a8-d007-4354-910a-e30d5007839b.html.

39. Jinshan Hong, Chloe Lo, and Michelle Fay Cortez, "Hong Kong Suspends BioNTech Shot over Loose Vial Caps, Stains," Bloomberg, March 24, 2021, www . bloomberg.com/news/articles/2021-03-24/macau-halts-biontech-shots-on-vials -hong-kong-rollout-disrupted.
40. Beatriz Horta, "Yale Lab Develops Revolutionary RNA Vaccine for Malaria," *Yale Daily News*, March 12, 2021, https://yaledailynews.com/blog/2021/03/12/yale -lab-develops-revolutionary-rna-vaccine-for-malaria.
41. Gordon E. Moore, "Cramming More Components onto Integrated Circuits, Reprinted from Electronics," *IEEE Solid-State Circuits Society Newsletter* 11, no. 3 (September 2006): 33–35, https://doi.org/10.1109/N-SSC.2006.4785860.
42. "The Cost of Sequencing a Human Genome," National Human Genome Research Institute, www.genome.gov/about-genomics/fact-sheets/Sequencing-Human -Genome-cost.
43. Antonio Regalado, "China's BGI Says It Can Sequence a Genome for Just $100," *MIT Technology Review*, February 26, 2020, www.technologyreview . com/2020/02/26/905658/china-bgi-100-dollar-genome.
44. Brian Alexander, "Biological Teleporter Could Seed Life Through Galaxy," *MIT Technology Review*, August 2, 2017, www.technologyreview.com /2017/08/02/150190/biological-teleporter-could-seed-life-through-galaxy.

6 The Biological Age

1. As told to Amy Webb in a video interview on September 24, 2020.
2. Philippa Roxby, "Malaria Vaccine Hailed as Potential Breakthrough," BBC News, April 23, 2021, www.bbc.com/news/health-56858158.
3. Hayley Dunning, "Malaria Mosquitoes Eliminated in Lab by Creating All- Male Populations," Imperial College London, News, May 11, 2020, www.imperial.ac .uk/ news/197394/malaria-mosquitoes-eliminated-creating-all-male-populations.
4. "Scientists Release Controversial Genetically Modified Mosquitoes in High-Security Lab," National Public Radio, www.npr.org/sections/goatsandsoda /2019/02/20/693735499/scientists-release-controversial-genetically-modified -mosquitoes-in-high-securit.
5. "Landmark Project to Control Disease Carrying Mosquitoes Kicks Off in the Florida Keys," Cision, April 29, 2021, www.prnewswire.com/news-releases /landmark-project-to-control-disease-carrying-mosquitoes-kicks-off-in-the-florida -keys-

record-in-2020-what-does-this-mean-for-2021.

25. Zhou Xin and Coco Feng, "ByteDance Value Approaches US$400 Billion as It Explores Douyin IPO," *South China Morning Post*, April 1, 2021, www .scmp.com/ tech/big-tech/article/3128002/value-tiktok-maker-bytedance -approaches-us400-billion-new-investors.
26. Wisner, "Synthetic Biology Investment Reached a New Record."
27. "DNA Sequencing in Microgravity on the International Space Station (ISS) Using the MinION," Nanopore, August 29, 2016, https://nanoporetech.com /resource-centre/dna-sequencing-microgravity-international-space-station -iss-using-minion.
28. "Polynucleotide Synthesizer Model 280, Solid Phase Microprocessor Controller Model 100B," National Museum of American History, https://american history. si.edu/collections/search/object/nmah_1451158.
29. US Security and Exchange Commission Form S-1/A filing by Twist Bioscience on October 17, 2018, SEC Archives, www.sec.gov/Archives/edgar/ data/1581280/000119312518300580/d460243ds1a.htm.
30. "Building a Platform for Programming Technology," Microsoft Station B, https:// www.microsoft.com/en-us/research/project/stationb.
31. Microsoft DNA Storage, https://www.microsoft.com/en-us/research /project/dna-storage.
32. "With a 'Hello,' Microsoft and UW Demonstrate First Fully Automated DNA Data Storage," Microsoft Innovation Stories, March 21, 2019, https://news .microsoft. com/innovation-stories/hello-data-dna-storage.
33. Robert F. Service, "DNA Could Store All of the World's Data in One Room," *Science*, March 2, 2017, www.sciencemag.org/news/2017/03/dna-could-store-all -worlds-data-one-room.
34. Nathan Hillson, Mark Caddick, Yizhi Cai, Jose A. Carrasco, Matthew Wook Chang, Natalie C. Curach, David J. Bell, et al., "Building a Global Alliance of Biofoundries," *Nature Communications* 10, no. 1 (May 9, 2019): 2040, https://doi . org/10.1038/s41467-019-10079-2.
35. "Moderna's Work on Our COVID-19 Vaccine," Moderna, www.modernatx .com/ modernas-work-potential-vaccine-against-covid-19.
36. "Moderna's Work on Our COVID-19 Vaccine."
37. " 'The Never Again Plan': Moderna CEO Stéphane Bancel Wants to Stop the Next Covid-19—Before It Happens," Advisory Board Company, December 22, 2020, www.advisory.com/Blog/2020/12/moderna-ceo-covid-vaccine-bancel.
38. Jacob Knutson, "Baltimore Plant Ruins 15 Million Johnson & Johnson Coronavirus

https://doi.org/10.1016/B978-1-4832-2716-0.50006-2.

13. Donald Martin, Paul Anderson, and Lucy Bartamian, "The History of Satellites," *Sat Magazine*, reprinted from *Communication Satellites*, 5th ed. (Reston, VA: American Institute of Aeronautics and Astronautics, 2007), www.satmagazine .com/story.php?number=768488682.
14. Mark Erickson, *Into the Unknown Together: The DOD, NASA, and Early Spaceflight* (Maxwell Air Force Base, AL: Air University Press, 2005).
15. As of this book's writing in 2021.
16. J. C. R. Licklider, "Memorandum for Members and Affiliates of the Intergalactic Computer Network," April 23, 1963, Advanced Research Projects Agency, archived at Metro Olografix, www.olografix.org/gubi/ estate/libri/wizards/memo.html.
17. Leonard Kleinrock, "The First Message Transmission," Internet Corporation for Assigned Names and Numbers (ICANN), October 29, 2019, www.icann .org/en/blogs/details/the-first-message-transmission-29-10-2019-en.
18. Ryan Singel, "Vint Cerf: We Knew What We Were Unleashing on the World," *Wired*, April 23, 2012, www.wired.com/2012/04/epicenter-isoc-famers-qa-cerf.
19. "History of the Web," World Wide Web Foundation, https://web foundation.org/about/vision/history-of-the-web.
20. Sharita Forrest, "NCSA Web Browser 'Mosaic' Was Catalyst for Internet Growth," Illinois News Bureau, April 17, 2003, https://news.illinois.edu/view /6367/212344.
21. "Net Benefits," *The Economist*, March 9, 2013, www.economist.com/finance -and-economics/2013/03/09/net-benefits.
22. "U.S. Bioeconomy Is Strong, But Faces Challenges—Expanded Efforts in Coordination, Talent, Security, and Fundamental Research Are Needed," National Academies of Sciences, Engineering, and Medicine, press release, January 14, 2020, www.nationalacademies.org/news/2020/01/us-bioeconomy-is-strong-but-faces -challenges-expanded-efforts-in-coordination-talent-security-and-fundamental -research-are-needed.
23. Michael Chui, Matthias Evers, James Manyika, Alice Zheng, and Travers Nisbet, "The Bio Revolution: Innovations Transforming Economies, Societies, and Our Lives," McKinsey and Company, May 13, 2020, www.mckinsey.com /industries/pharmaceuticals-and-medical-products/our-insights/the-bio -revolution-innovations-transforming-economies-societies-and-our-lives.
24. Stephanie Wisner, "Synthetic Biology Investment Reached a New Record of Nearly $8 Billion in 2020—What Does This Mean for 2021?," SynBioBeta, January 28, 2021, https://synbiobeta.com/synthetic-biology-investment-set-a-nearly -8-billion-

1. Zhuang Pinghui, "Chinese Laboratory That First Shared Coronavirus Genome with World Ordered to Close for 'Rectification,' Hindering Its Covid-19 Research," *South China Morning Post*, February 28, 2020, www.scmp.com/news /china/society/ article/3052966/chinese-laboratory-first-shared-coronavirus -genome-world-ordered.
2. Grady McGregor, "How an Overlooked Scientific Feat Led to the Rapid Development of COVID-19 Vaccines," *Fortune*, December 23, 2020, https://fortune .com/2020/12/23/how-an-overlooked-scientific-feat-led-to-the-rapid-development -of-covid-19-vaccines.
3. Yong-Zhen Zhang and Edward C. Holmes, "A Genomic Perspective on the Origin and Emergence of SARS-CoV-2," *Cell* 181, no. 2 (April 16, 2020): 223–27, https:// doi.org/10.1016/j.cell.2020.03.035.
4. "Novel 2019 Coronavirus Genome," Virological, January 11, 2020, https:// virological.org/t/novel-2019-coronavirus-genome/319.
5. "GenBank Overview," National Center for Biotechnology Information, www.ncbi. nlm.nih.gov/genbank.
6. "Novel 2019 Coronavirus Genome."
7. Walter Isaacson, "How mRNA Technology Could Upend the Drug Industry," *Time*, January 11, 2021, https://time.com/5927342/mrna-covid-vaccine.
8. Susie Neilson, Andrew Dunn, and Aria Bendix, "Moderna Groundbreaking Coronavirus Vaccine Was Designed in Just 2 Days," *Business Insider*, December 19, 2020, www.businessinsider.com/moderna-designed-coronavirus-vaccine-in-2 -days-2020-11.
9. "The Speaking Telephone: Prof. Bell's Second Lecture Sending Multiple Dispatches in Different Directions over the Same Instrument at the Same Time Doing Away with Transmitters and Batteries a Substitute for a Musical Ear Autographs and Pictures By Telegraph," *New York Times*, May 19, 1877, www.nytimes . com/1877/05/19/archives/the-speaking-telephone-prof-bells-second-lecture -sending-multiple.html.
10. "The Speaking Telephone."
11. "AT&T's History of Invention and Breakups," *New York Times*, February 13, 2016, www.nytimes.com/interactive/2016/02/12/technology/att-history.html.
12. Arthur C. Clarke, "Extra-Terrestrial Relays: Can Rocket Stations Give World-Wide Radio Coverage?," In *Progress in Astronautics and Rocketry*, ed. Richard B. Marsten, 19: 3–6, Communication Satellite Systems Technology (Amsterdam: Elsevier, 1966),

September 1, 2013, www.scientificamerican.com/article/george-church -de-extinction-is-a-good-idea, https://doi.org/10.1038/scientificamerican0913-12.

36. TEDx DeExtinction, https://reviverestore.org/projects/woolly-mammoth/.
37. Ross Andersen, "Welcome to Pleistocene Park," *The Atlantic*, April 2017, www.theatlantic.com/magazine/archive/2017/04/pleistocene-park/517779.
38. Nathan Nunn and Nancy Qian, "The Columbian Exchange: A History of Disease, Food, and Ideas," *Journal of Economic Perspectives* 24, no. 2 (May 1, 2010):163–88, https://doi.org/10.1257/jep.24.2.163.
39. Nunn and Qian, "The Columbian Exchange."
40. "The Human Cost of Disasters," UNDRR, October 12, 2020, https:// reliefweb.int/report/world/human-cost-disasters-overview-last-20-years-2000 -2019.
41. "The Human Cost of Disasters—An Overview of the Last 20 Years, 2000– 2019," Relief Web, October 12, 2020, https://reliefweb.int/report/world/human -cost-disasters-overview-last-20-years-2000-2019.
42. Camilo Mora, Chelsie W. W. Counsell, Coral R. Bielecki, and Leo V Louis, "Twenty-Seven Ways a Heat Wave Can Kill You in the Era of Climate Change," *Circulation: Cardiovascular Quality and Outcomes* 10, no. 11 (November 1, 2017): e004233, https://doi.org/10.1161/CIRCOUTCOMES.117.004233.
43. "UN Report: Nature's Dangerous Decline 'Unprecedented'; Species Extinction Rates 'Accelerating,'" United Nations, Sustainable Development Goals, May 6, 2019, www.un.org/sustainabledevelopment/blog/2019/05/nature-decline -unprecedented-report.
44. Sinéad M. Crotty, Collin Ortals, Thomas M. Pettengill, Luming Shi, Maitane Olabarrieta, Matthew A. Joyce, and Andrew H. Altieri, "Sea-Level Rise and the Emergence of a Keystone Grazer Alter the Geomorphic Evolution and Ecology of Southeast US Salt Marshes," *Proceedings of the National Academy of Sciences* 117, no. 30 (July 28, 2020): 17891–902, www.pnas.org/content/117/30/17891.
45. "The Almond and Peach Trees Genomes Shed Light on the Differences Between These Close Species: Transposons Could Lie at the Origin of the Differences Between the Fruit of Both Species or the Flavor of the Almond," Science Daily, September 25, 2019, www.sciencedaily.com/releases/2019/09/190925123420 .htm.
46. "President Obama Announces Intent to Nominate Francis Collins as NIH Director," White House Press Release, July 8, 2009, https://obamawhitehouse .archives.gov/the-press-office/president-obama-announces-intent-nominate -francis-collins-nih-director.

22. Charles Q. Choi, "First Extinct-Animal Clone Created," *National Geographic*, February 10, 2009, www.nationalgeographic.com/science/article/news-bucardo-pyrenean-ibex-deextinction-cloning.
23. Nicholas Wade, "The Woolly Mammoth's Last Stand," *New York Times*, March 2, 2017, www.nytimes.com/2017/03/02/science/woolly-mammoth-extinct -genetics.html.
24. David Biello, "3 Billion to Zero: What Happened to the Passenger Pigeon?," *Scientific American*, June 27, 2014, www.scientificamerican.com/article /3-billion-to-zero-what-happened-to-the-passenger-pigeon.
25. TEDx DeExtinction, https://reviverestore.org/events/tedxdeextinction.
26. "Hybridizing with Extinct Species: George Church at TEDx DeExtinction," www.youtube.com/watch?v=oTH_fmQo3Ok.
27. Christina Agapakis, "Alpha Males and Adventurous Human Females: Gender and Synthetic Genomics," *Scientific American*, January 22, 2013, https://blogs . scientificamerican.com/oscillator/alpha-males-and-adventurous-human-females -gender-and-synthetic-genomics.
28. George Church and coauthor Ed Regis described this scenario in the introduction of *Regenesis: How Synthetic Biology Will Reinvent Nature and Ourselves* (New York: Basic Books, 2014).
29. Gina Kolata, "Scientist Reports First Cloning Ever of Adult Mammal," *New York Times*, February 23, 1997, https://archive.nytimes.com/www.nytimes.com / books/97/12/28/home/022397clone-sci.html.
30. "Experts Detail Obstacles to Human Cloning," *MIT News*, May 14, 1997, https://news.mit.edu/1997/cloning-0514.
31. "Human Cloning: Ethical Issues," Church of Scotland, Church and Society Council, pamphlet, n.d., www.churchofscotland.org.uk/__data/assets/pdf _file/0006/3795/Human_Cloning_Ethical_Issues_leaflet.pdf.
32. "President Bill Clinton, March 4, 1997," transcript at CNN, www.cnn.com / ALLPOLITICS/1997/03/04/clinton.money/transcript.html.
33. "Poll: Most Americans Say Cloning Is Wrong," CNN.com, March 1, 1997, www.cnn.com/TECH/9703/01/clone.poll.
34. Editors, "Why Efforts to Bring Extinct Species Back from the Dead Miss the Point," *Scientific American*, June 1, 2013, www.scientificamerican.com/article /why-efforts-bring-extinct-species-back-from-dead-miss-point, https://doi.org/10 .1038/scientificamerican0613-12.
35. George Church, "George Church: De-Extinction Is a Good Idea," *Scientific American*,

church-narcolepsy.
7. Begley, "A Feature, Not a Bug."
8. Patricia Thomas, "DNA as Data," *Harvard Magazine*, January 1, 2004, www .harvardmagazine.com/2004/01/dna-as-data.html.
9. J. Tian, H. Gong, N. Sheng, X. Zhou, E. Gulari, X. Gao, G. Church, "Accurate Multiplex Gene Synthesis from Programmable DNA Microchips," *Nature*, December 23, 2004, 432(7020): 1050–54, doi: 10.1038/nature03151, PMID: 15616567.
10. Jin Billy Li, Yuan Gao, John Aach, Kun Zhang, Gregory V. Kryukov, Bin Xie, Annika Ahlford, et al., "Multiplex Padlock Targeted Sequencing Reveals Human Hypermutable CpG Variations," *Genome Research* 19, no. 9 (September 1, 2009): 1606–15, doi.org/10.1101/gr.092213.109.
11. Jon Cohen, "How the Battle Lines over CRISPR Were Drawn," *Science*, February 15, 2017, www.sciencemag.org/news/2017/02/how-battle-lines-over -crispr-were-drawn.
12. "The Nobel Prize in Chemistry 2020," Nobel Prize, www.nobelprize.org /prizes/chemistry/2020/summary.
13. Elizabeth Cooney, "George Church Salutes Fellow CRISPR Pioneers' Historic Nobel Win," Stat News, October 7, 2020, www.statnews.com/2020/10/07 /a-terrific-choice-george-church-salutes-fellow-crispr-pioneers-historic-nobel -win.
14. "George M. Church, Ph.D., Co-Founder and Advisor," eGenesis, www .egenesisbio.com/portfolio-item/george-m-church.
15. Peter Miller, "George Church: The Future Without Limit," *National Geographic*, June 1, 2014, www.nationalgeographic.com/science/article/140602-george -church-innovation-biology-science-genetics-de-extinction.
16. Personal Genome Project website: https://www.personalgenomes.org/.
17. Blaine Bettinger, "Esther Dyson and the 'First 10,'" The Genetic Genealogist, July 27, 2007, https://thegeneticgenealogist.com/2007/07/27/esther-dyson-and-the -first-10/.
18. Amy Harmon, "6 Billion Bits of Data About Me, Me, Me!" *New York Times*, June 3, 2007, sec. Week in Review. https://www.nytimes.com/2007/06/03 / weekinreview/03harm.html.
19. Bettinger, "Esther Dyson."
20. Stephen Pinker, "My Genome, My Self," *New York Times*, January 7, 2009, www.nytimes.com/2009/01/11/magazine/11Genome-t.html.
21. "The Life of Dolly," University of Edinburgh, https://dolly.roslin.ed.ac.uk /facts/the-life-of-dolly/index.html.

Terpenoids," *Nature Biotechnology* 21 (2003): 796–802, doi:10.1038/ nbt833.
26. Specter, "A Life of Its Own."
27. Ron Weiss, Joseph Jacobson, Paul Modrich, Jim Collins, George Church, Christina Smolke, Drew Endy, David Baker, and Jay Keasling, "Engineering Life: Building a FAB for Biology," *Scientific American*, June 2006, www.scientific american.com/ article/engineering-life-building.
28. Richard Van Noorden, "Demand for Malaria Drug Soars," *Nature* 466, no. 7307 (August 2010): 672–73, https://doi.org/10.1038/466672a.
29. Daniel Grushkin, "The Rise and Fall of the Company That Was Going to Have Us All Using Biofuels," *Fast Company*, August 8, 2012, www.fastcompany . com/3000040/rise-and-fall-company-was-going-have-us-all-using-biofuels.
30. Grushkin, "The Rise and Fall of the Company."
31. Kevin Bullis, "Amyris Gives Up Making Biofuels: Update," *MIT Technology Review*, February 10, 2012, www.technologyreview.com/2012/02/10/20483 /amyris-gives-up-making-biofuels-update.
32. "Not Quite the Next Big Thing," Prism, February 2018, www.asee-prism .org/not-quite-the-next-big-thing.
33. James Hendler, "Avoiding Another AI Winter," *IEEE Intelligent Systems* 23, no. 2 (March 1, 2008): 2–4, https://doi.org/10.1109/MIS.2008.20.

4 God, a Church, and a (Mostly) Woolly Mammoth

1. Jill Lepore, "The Strange and Twisted Life of 'Frankenstein,' " *New Yorker*, February 5, 2018, www.newyorker.com/magazine/2018/02/12/the-strange-and -twisted-life-of-frankenstein.
2. Paul Russell and Anders Kraal, "Hume on Religion," in *The Stanford Encyclopedia of Philosophy*, ed. Edward N. Zalta, Stanford University, Spring 2020, https://plato. stanford.edu/archives/spr2020/entries/hume-religion.
3. "George Church," *Colbert Report*, season 9, episode 4, October 4, 2012 (video clip), Comedy Central, www.cc.com/video-clips/fkt99i/the-colbert-report -george-church.
4. "George Church," Oral History Collection, National Human Genome Research Institute, www.genome.gov/player/h5f7sh3K7L0/PL1ay9ko4A8sk0o9O -YhseFHzbU2I2HQQp.
5. "George Church," Oral History Collection.
6. Sharon Begley, "A Feature, Not a Bug: George Church Ascribes His Visionary Ideas to Narcolepsy," Stat News, June 8, 2017, www.statnews.com/2017/06/08 /george-

Something New," *Fast Company*, August 28, 2012, www.fastcompany.com /3000760/ tom-knight-godfather-synthetic-biology-how-learn-something-new.

10. 1993, www.nytimes.com/1993/12/10/style/IHT-the-growing-threat-of-malaria.html.

11. Bluestein, "Tom Knight, Godfather."

12. "Synthetic Biology, IGEM and Ginkgo Bioworks."

13. Roger Collis, "The Growing Threat of Malaria," *New York Times*, December

14. Institute of Medicine, Committee on the Economics of Antimalarial Drugs, *Saving Lives, Buying Time: Economics of Malaria Drugs in an Age of Resistance*, eds. Kenneth J. Arrow, Claire Panosian, and Hellen Gelband (Washington, DC: National Academies Press, 2004).

15. Nicholas J. White, Tran T. Hien, and François H. Nosten, "A Brief History of Qinghaosu," *Trends in Parasitology* 31, no. 12 (December 2015): 607–10, https:// doi.org/10.1016/j.pt.2015.10.010.

16. Eran Pichersky and Robert A. Raguso, "Why Do Plants Produce So Many Terpenoid Compounds?," *New Phytologist* 220, no. 3 (2018): 692–702, https://doi . org/10.1111/nph.14178.

17. Michael Specter, "A Life of Its Own," *New Yorker*, September 21, 2009, www. newyorker.com/magazine/2009/09/28/a-life-of-its-own.

18. Institute of Medicine, *Saving Lives, Buying Time*.

19. Ben Hammersley, "At Home with the DNA Hackers," *Wired UK*, October 8, 2009, www.wired.co.uk/article/at-home-with-the-dna-hackers.

20. Lynn Conway, "The M.I.T. 1978 MIT VLSI System Design Course," University of Michigan, accessed May 31, 2021, https://ai.eecs.umich.edu/people /conway/ VLSI/MIT78/MIT78.html.

21. Oliver Morton, "Life, Reinvented," *Wired*, January 1, 2005, www.wired .com/2005/01/mit-3.

22. If you have kids who watch *Phineas & Ferb*, a "repressilator" is exactly the kind of fantastical machine Dr. Doofenshmirtz would have invented.

23. Drew Endy, Tom Knight, Gerald Sussman, and Randy Rettberg, "IAP 2003 Activity," IAP website hosted by MIT, last updated December 5, 2002, http://web .mit.edu/iap/www/iap03/searchiap/iap-4968.html.

24. "Synthetic Biology 1.0 SB 1.0," collaborative notes hosted at www.course hero.com/ file/78510074/Sb10doc.

25. Vincent J J Martin, Douglas J. Pitera, Sydnor T. Withers, Jack D. Newman, and Jay D. Keasling, "Engineering a Mevalonate Pathway in *Escherichia coli* for Production of

Institute; Dr. Craig Venter, President and Chief Scientific Officer, Celera Genomics Corporation; and Dr. Ari Patrinos, Associate Director for Biological and Environmental Research, Department of Energy, on the Completion of the First Survey of the Entire Human Genome," White House Press Release, June 26, 2000, Human Genome Project Information Archive, 1990–2003, https://web.ornl.gov/sci/techresources/Human_Genome/project/clinton3 .shtml.

56. "June 2000 White House Event," White House Press Release, June 26, 2000, National Human Genome Research Institute, www.genome.gov/10001356 /june-2000-white-house-event.
57. "June 2000 White House Event."
58. "June 2000 White House Event."
59. Andrew Brown, "Has Venter Made Us Gods?," *The Guardian*, May 20, 2010, www.theguardian.com/commentisfree/andrewbrown/2010/may/20/craig-venter -life-god.

3 The Bricks of Life

1. "Marvin Minsky, Ph.D," Academy of Achievement, https://achievement.org / achiever/marvin-minsky-ph-d.
2. Martin Campbell-Kelly, "Marvin Minsky Obituary," *The Guardian*, February 3, 2016, www.theguardian.com/technology/2016/feb/03/marvin-minsky -obituary.
3. Jeremy Bernstein, "Marvin Minsky's Vision of the Future," *New Yorker*, December 6, 1981, www.newyorker.com/magazine/1981/12/14/a-i.
4. Amy Webb, *The Big Nine: How the Tech Titans and Their Thinking Machines Could Warp Humanity* (New York: PublicAffairs, 2019).
5. "HMS Beagle: Darwin's Trip Around the World," National Geographic Resource Library, n.d., www.nationalgeographic.org/maps/hms-beagle-darwins-trip -around-world.
6. Webb, *The Big Nine*.
7. "Tom Knight," Internet Archive Wayback Machine, http://web.archive.org / web/20040202103232/http://www.ai.mit.edu/people/tk/tk.html.
8. "Synthetic Biology, IGEM and Ginkgo Bioworks: Tom Knight's Journey," iGem Digest, 2018, https://blog.igem.org/blog/2018/12/4/tom-knight.
9. Sam Roberts, "Harold Morowitz, 88, Biophysicist, Dies; Tackled Enigmas Big and Small," *New York Times*, April 1, 2016, www.nytimes.com/2016/04/02/science / harold-morowitz-biophysicist-who-tackled-enigmas-big-and-small-dies-at-88.html.
10. Adam Bluestein, "Tom Knight, Godfather of Synthetic Biology, on How to Learn

397–404, https://doi.org/10.1126/science.270.5235.397.

42. "3700 DNA Analyzer," National Museum of American History, https://americanhistory.si.edu/collections/search/object/nmah_1297334.
43. Unknown to Dovichi, Hideki Kambara at Hitachi Corporation had developed similar technology at the same time. Applied Biosystems eventually licensed both technologies and worked with Hitachi to develop the device. In 2001, *Science* would call both researchers "unsung heroes" of the genome project.
44. Jim Kling, "Where the Future Went," *EMBO Reports* 6, no. 11 (November 2005): 1012–14, https://doi.org/10.1038/sj.embor.7400553.
45. Douglas Birch, "Race for the Genome," *Baltimore Sun*, May 18, 1999.
46. Nicholas Wade, "In Genome Race, Government Vows to Move Up Finish," *New York Times*, September 15, 1998, www.nytimes.com/1998/09/15/science /in-genome-race-government-vows-to-move-up-finish.html.
47. Lisa Belkin, "Splice Einstein and Sammy Glick. Add a Little Magellan," *New York Times*, August 23, 1998, www.nytimes.com/1998/08/23/magazine/splice -einstein-and-sammy-glick-add-a-little-magellan.html.
48. Schmidt, "Genome Warrior."
49. Douglas Birch, "Daring Sprint to the Summit. The Quest: A Determined Hamilton Smith Attempts to Scale a Scientific Pinnacle—and Reconcile with Family," *Baltimore Sun*, April 13, 1999, www.baltimoresun.com/news/bs-xpm-1999-04 -13-9904130335-story.html.
50. "Gene Firm Labelled a 'Con Job,'" BBC News, March 6, 2000, http://news .bbc.co.uk/2/hi/science/nature/667606.stm.
51. Mark D. Adams, Susan E. Celniker, Robert A. Holt, Cheryl A. Evans, Jeannine D. Gocayne, Peter G. Amanatides, Steven E. Scherer, et al., "The Genome Sequence of *Drosophila melanogaster*," *Science* 287, no. 5461 (March 24, 2000): 2185–95, https://doi.org/10.1126/science.287.5461.2185.
52. Nicholas Wade, "Rivals on Offensive as They Near Wire in Genome Race," *New York Times*, May 7, 2000, www.nytimes.com/2000/05/07/us/rivals-on -offensive-as-they-near-wire-in-genome-race.html.
53. Nicholas Wade, "Analysis of Human Genome Is Said to Be Completed," *New York Times*, April 7, 2000, https://archive.nytimes.com/www.nytimes.com /library/national/science/040700sci-human-genome.html.
54. Wade, "Analysis of Human Genome."
55. "Press Briefing by Dr. Neal Lane, Assistant to the President for Science and Technology; Dr. Frances Collins, Director of the National Human Genome Research

1992): 301–2, https://doi.org/10.1126/science.256.5055.301.

30. "Norman Schwarzkopf, U.S. Commander in Gulf War, Dies at 78," Reuters, December 28, 2012, www.reuters.com/news/picture/norman-schwarzkopf-us -commander-in-gulf-idUSBRE8BR01920121228.
31. Anjuli Sastry and Karen Grigsby Bates, "When LA Erupted in Anger: A Look Back at the Rodney King Riots," National Public Radio, April 26, 2017, www.npr.org/2017/04/26/524744989/when-la-erupted-in-anger-a-look-back -at-the-rodney-king-riots.
32. Schmidt, "Genome Warrior."
33. Leslie Roberts, "Scientists Voice Their Opposition," *Science* 256, no. 5061 (May 29, 1992): 1273ff, https://link.gale.com/apps/doc/A12358701/HRCA?sid =googleScholar&xid=72ac1090.
34. Schmidt, "The Genome Warrior."
35. Robert Sanders, "Decoding the Lowly Fruit Fly," *Berkeleyan*, February 3, 1999, www.berkeley.edu/news/berkeleyan/1999/0203/fly.html.
36. Nicholas J. Loman and Mark J. Pallen, "Twenty Years of Bacterial Genome Sequencing," *Nature Reviews Microbiology* 13, no. 12 (December 2015): 787–94, https://doi.org/10.1038/nrmicro3565.
37. "Genetics and Genomics Timeline: 1995," Genome News Network, www .genomenewsnetwork.org/resources/timeline/1995_Haemophilus.php.
38. Kate Reddington, Stefan Schwenk, Nina Tuite, Gareth Platt, Danesh Davar, Helena Coughlan, Yoann Personne, et al., "Comparison of Established Diagnostic Methodologies and a Novel Bacterial SmpB Real-Time PCR Assay for Specific Detection of *Haemophilus influenzae* Isolates Associated with Respiratory Tract Infections," *Journal of Clinical Microbiology* 53, no. 9 (September 2015): 2854–60, https://doi.org/10.1128/JCM.00777-15.
39. "Two Bacterial Genomes Sequenced," *Human Genome News* 7, no. 1 (May- June 1995), Human Genome Project Information Archive, 1990–2003, https://web .ornl.gov/sci/techresources/Human_Genome/publicat/hgn/v7n1/05microb .shtml.
40. H. O. Smith, J. F. Tomb, B. A. Dougherty, R. D. Fleischmann, and J. C. Venter, "Frequency and Distribution of DNA Uptake Signal Sequences in the Haemophilus Influenzae Rd Genome," *Science* 269, no. 5223 (July 28, 1995): 538–40, https://doi.org/10.1126/science.7542802.
41. Claire M. Fraser, Jeannine D. Gocayne, Owen White, Mark D. Adams, Rebecca A. Clayton, Robert D. Fleischmann, Carol J. Bult, et al., "The Minimal Gene Complement of Mycoplasma Genitalium," *Science* 270, no. 5235 (October 20, 1995):

.genomenewsnetwork.org/resources/timeline/1991_Venter.php.

13. Schmidt, "Genome Warrior."
14. At the time, there was no consensus on how many genes were in the human genome. Even as late as 2000, scientists were betting on the number, with the average estimate being around 62,500.
15. Douglas Birch, "Race for the Genome," *Baltimore Sun*, May 18, 1999.
16. John Crace, "Double Helix Trouble," *The Guardian*, October 16, 2007, www.theguardian.com/education/2007/oct/16/highereducation.research.
17. "Human Genome Project Budget," Human Genome Project Information Archive, 1990–2003, https://web.ornl.gov/sci/techresources/Human_Genome /project/budget.shtml.
18. "CPI Calculator by Country," Inflation Tool, www.inflationtool.com.
19. "Rosalind Franklin: A Crucial Contribution," reprinted from Ilona Miko and Lorrie LeJeune, eds., *Essentials of Genetics* (Cambridge, MA: NPG Education, 2009), Unit 1.3, *Nature Education*, www.nature.com/scitable/topicpage /rosalind-franklin-a-crucial-contribution-6538012.
20. James D. Watson, *The Double Helix: A Personal Account of the Discovery of the Structure of DNA* (London: Weidenfeld and Nicolson, 1981).
21. Julia Belluz, "DNA Scientist James Watson Has a Remarkably Long History of Sexist, Racist Public Comments," Vox, January 15, 2019, www.vox .com/2019/1/15/18182530/james-watson-racist.
22. Tom Abate, "Nobel Winner's Theories Raise Uproar in Berkeley: Geneticist's Views Strike Many as Racist, Sexist," SF Gate, November 13, 2000, www .sfgate.com/science/article/Nobel-Winner-s-Theories-Raise-Uproar-in-Berkeley -3236584.php.
23. Brandon Keim, "James Watson Suspended from Lab, but Not for Being a Sexist Hater of Fat People," *Wired*, October 2007, www.wired.com/2007/10/james -watson-su.
24. "James Watson: Scientist Loses Titles After Claims over Race," BBC News, January 13, 2019, www.bbc.com/news/world-us-canada-46856779.
25. John H. Richardson, "James Watson: What I've Learned," *Esquire*, October 19, 2007, www.esquire.com/features/what-ive-learned/ESQ0107jameswatson.
26. Belluz, "James Watson Has a Remarkably Long History."
27. Clive Cookson, "Gene Genies," *Financial Times*, October 19, 2007, www .ft.com/content/3cd61dbc-7b7d-11dc-8c53-0000779fd2ac.
28. J. Craig Venter, *A Life Decoded: My Genome, My Life* (New York: Viking, 2007).
29. L. Roberts, "Why Watson Quit as Project Head," *Science* 256, no. 5055 (April 17,

2010): 52–56, https://doi.org/10.1126/science.1190719.
37. "No More Needles! Using Microbiome and Synthetic Biology Advances to Better Treat Type 1 Diabetes," J. Craig Venter Institute, March 25, 2019, www.jcvi .org/blog/no-more-needles-using-microbiome-and-synthetic-biology-advances -better-treat-type-1-diabetes.
38. Carl Zimmer, "Copyright Law Meets Synthetic Life Meets James Joyce," *National Geographic*, March 15, 2011, www.nationalgeographic.com/science/article / copyright-law-meets-synthetic-life-meets-james-joyce.

2 A Race to the Starting Line

1. "A Brief History of the Department of Energy," US Department of Energy, www.energy.gov/lm/doe-history/brief-history-department-energy.
2. Robert Cook-Deegan, "The Alta Summit, December 1984," *Genomics* 5 (October 1989): 661–63, archived at Human Genome Project Information Archive, 1990–2003, https://web.ornl.gov/sci/techresources/Human_Genome/project/alta.shtml.
3. Deegan, "The Alta Summit."
4. "Oral History Collection," National Human Genome Research Institute, www.genome.gov/leadership-initiatives/History-of-Genomics-Program/oral -history-collection.
5. "About the Human Genome Project," Human Genome Project Information Archive, 1990–2003, https://web.ornl.gov/sci/techresources/Human_Genome/project / index.shtml.
6. Institute of Medicine, Committee to Study Decision, Division of Health and Sciences Policy, *Biomedical Politics*, ed. Kathi Hanna (Washington, DC: National Academies Press, 1991).
7. "Human Genome Project Timeline of Events," National Human Genome Research Institute, www.genome.gov/human-genome-project/Timeline-of-Events.
8. "Human Genome Project Timeline of Events."
9. "Mills HS Presents Craig Venter, Ph.D.," Millbrae Community Television, 2017, https://mctv.tv/events/mills-hs-presents-craig-venter-ph-d.
10. Stephen Armstrong, "How Superstar Geneticist Craig Venter Stays Ahead in Science," *Wired UK*, June 9, 2017, www.wired.co.uk/article/craig-venter -synthetic-biology-success-tips.
11. Jason Schmidt, "The Genome Warrior," *New Yorker*, June 4, 2000, www .newyorker.com/magazine/2000/06/12/the-genome-warrior-2.
12. "Genetics and Genomics Timeline: 1991," Genome News Network, www

org/10.1002/anie.201208344.

25. Kavya Balaraman, "Fish Turn on Genes to Adapt to Climate Change," *Scientific American*, October 27, 2016, www.scientificamerican.com/article/fish-turn -on-genes-to-adapt-to-climate-change.

26. Ewen Callaway, "DeepMind's AI Predicts Structures for a Vast Trove of Proteins," *Nature News*, July 22, 2021, www.nature.com/articles/d41586-021 -02025-4.

27. AlphaFold team, "A Solution to a 50-Year-Old Grand Challenge in Biology," DeepMind, November 30, 2020, https://deepmind.com/blog/article/alphafold-a -solution-to-a-50-year-old-grand-challenge-in-biology.

28. "Why Diabetes Patients Are Getting Insulin from Facebook," Science Friday, December 13, 2019, www.sciencefriday.com/segments/diabetes-insulin-facebook.

29. "Diabetic Buy Sell Trade Community," Facebook, www.facebook.com / groups/483202212435921.

30. Michael Fralick and Aaron S. Kesselheim, "The U.S. Insulin Crisis—Rationing a Lifesaving Medication Discovered in the 1920s," *New England Journal of Medicine* 381, no. 19 (November 7, 2019): 1793–95, https://doi.org/10.1056 / NEJMp1909402.

31. " 'The Absurdly High Cost of Insulin'—as High as $350 a Bottle, Often 2 Bottles per Month Needed by Diabetics," National AIDS Treatment Advocacy Project, www. natap.org/2019/HIV/052819_02.htm.

32. "Insulin Access and Affordability Working Group: Conclusions and Recommendations | Diabetes Care," accessed May 31, 2021, https://care.diabetes journals.org/content/41/6/1299.

33. William T. Cefalu, Daniel E. Dawes, Gina Gavlak, Dana Goldman, William H. Herman, Karen Van Nuys, Alvin C. Powers, Simeon I. Taylor, and Alan L. Yatvin, on behalf of the Insulin Access and Affordability Working Group, "Insulin Access and Affordability Working Group: Conclusions and Recommendations," *Diabetes Care* 41, no. 6 (2018): 1299–1311, https://care.diabetesjournals .org/ content/41/6/1299.

34. Briana Bierschbach, "What You Need to Know About the Insulin Debate at the Capitol," MPR News, August 16, 2019, www.mprnews.org/story/2019/08/16 / what-you-need-to-know-about-the-insulin-debate-at-the-capitol.

35. Fralick and Kesselheim, "The U.S. Insulin Crisis."

36. Daniel G. Gibson, John I. Glass, Carole Lartigue, Vladimir N. Noskov, Ray- Yuan Chuang, Mikkel A. Algire, Gwynedd A. Benders, et al., "Creation of a Bacterial Cell Controlled by a Chemically Synthesized Genome," *Science* 329, no. 5987 (July 2,

9. "Two Tons of Pig Parts: Making Insulin in the 1920s," National Museum of American History, November 1, 2013, https://americanhistory.si.edu/blog/2013/11/two-tons-of-pig-parts-making-insulin-in-the-1920s.html.
10. "Statistics About Diabetes," American Diabetes Association, www.diabetes .org/resources/statistics/statistics-about-diabetes.
11. "Eli Lilly Dies at 91," *New York Times*, January 25, 1977, www.nytimes.com/1977/01/25/archives/eli-lilly-dies-at-91-philanthropist-and-exhead-of-drug-company.html.
12. "Cloning Insulin," Genentech, April 7, 2016, www.gene.com/stories/cloning-insulin.
13. "Our Founders," Genentech, www.gene.com/about-us/leadership/our -founders.
14. Victor K. McElheny, "Technology: Making Human Hormones with Bacteria," *New York Times*, December 7, 1977, http://timesmachine.nytimes.com /timesmachine/1977/12/07/96407192.html.
15. Victor K. McElheny, "Coast Concern Plans Bacteria Use for Brain Hormone and Insulin," *New York Times*, December 2, 1977, www.nytimes.com/1977/12/02 / archives/coast-concern-plans-bacteria-use-for-brain-hormone-and-insulin.html.
16. "Kleiner-Perkins and Genentech: When Venture Capital Met Science," https://store.hbr.org/product/kleiner-perkins-and-genentech-when-venture-capital -met-science/813102.
17. "Value of 1976 US Dollars Today—Inflation Calculator," https://www.inflationtool.com/us-dollar/1976-to-present-value?amount=1000000.
18. K. Itakura, T. Hirose, R. Crea, A. D. Riggs, H. L. Heyneker, F. Bolivar, and H. W. Boyer, "Expression in *Escherichia coli* of a Chemically Synthesized Gene for the Hormone Somatostatin," *Science* 198, no. 4321 (December 9, 1977): 1056–63, https://doi.org/10.1126/science.412251.
19. "Genentech," Kleiner Perkins, www.kleinerperkins.com/case-study/genentech.
20. "Cloning Insulin."
21. "Cloning Insulin."
22. Suzanne White Junod, "Celebrating a Milestone: FDA's Approval of First Genetically-Engineered Product," https://www.fda.gov/media/110447/download.
23. "An Estimation of the Number of Cells in the Human Body," *Annals of Human Biology*, https://informahealthcare.com/doi/abs/10.3109/03014460.2013 .807878.
24. Christopher T. Walsh, Robert V. O'Brien, and Chaitan Khosla, "Nonproteinogenic Amino Acid Building Blocks for Nonribosomal Peptide and Hybrid Polyketide Scaffolds," *Angewandte Chemie* 52, no. 28 (July 8, 2013): 7098–124, https://doi.

脚注

Introduction: Should Life Be a Game of Chance?

1. Amy Webb, "All the Pregnancies I Couldn't Talk About," as first published in *The Atlantic*, October 21, 2019.
2. Heidi Ledford, "Five Big Mysteries About CRISPR's Origins," *Nature News* 541, no. 7637 (January 19, 2017): 280, https://doi.org/10.1038/541280a.
3. "Daily Updates of Totals by Week and State," Centers for Disease Control and Prevention, www.cdc.gov/nchs/nvss/vsrr/covid19/index.htm.
4. Julius Fredens, Kaihang Wang, Daniel de la Torre, Louise F. H. Funke, Wesley E. Robertson, Yonka Christova, Tiongsun Chia, et al., "Total Synthesis of *Escherichia coli* with a Recoded Genome," *Nature* 569, no. 7757 (May 1, 2019): 514–18, https://doi.org/10.1038/s41586-019-1192-5.
5. Embriette Hyde, "Why China Is Primed to Be the Ultimate SynBio Market," SynBioBeta, February 12, 2019, https://synbiobeta.com/why-china-is-primed-to-be-the-ultimate-synbio-market.
6. Thomas Hout and Pankaj Ghemawat, "China vs the World: Whose Technology Is It?," *Harvard Business Review*, December 1, 2010, https://hbr.org/2010/12 /china-vs-the-world-whose-technology-is-it.

1 Saying No to Bad Genes: The Birth of the Genes is Machine

1. Video interview conducted by Amy Webb with Bill McBain on October 9, 2020.
2. Awad M. Ahmed, "History of Diabetes Mellitus," *Saudi Medical Journal* 23, no. 4 (April 2002): 373–78.
3. Jacob Roberts, "Sickening Sweet," Science History Institute, December 8, 2015, www.sciencehistory.org/distillations/sickening-sweet.
4. L. J. Dominguez and G. Licata. "The discovery of insulin: what really happened 80 years ago," *Annali Italiani di Medicina Interna* 16, no. 3 (September 2001): 155–62.
5. Robert D. Simoni, Robert L. Hill, and Martha Vaughan, "The Discovery of Insulin: The Work of Frederick Banting and Charles Best," *Journal of Biological Chemistry* 277, no. 26 (June 28, 2002): e1–2, https://doi.org/10.1016/S0021 -9258(19)66673-1.
6. Simoni et al., "Discovery of Insulin."
7. "The Nobel Prize in Physiology or Medicine 1923," Nobel Prize, www .nobelprize.org/prizes/medicine/1923/summary.
8. "100 Years of Insulin," Eli Lilly and Company, www.lilly.com/discovery /100-years-of-insulin.

York Times, October 30, 2020, sec. Science. https://www.nytimes.com/2020/10/30/science/diversity-science-journals.html.

- Wurtzel, Eleanore T., Claudia E. Vickers, Andrew D. Hanson, A. Harvey Millar, Mark Cooper, Kai P. Voss-Fels, Pablo I. Nikel, and Tobias J. Erb. "Revolutionizing Agriculture with Synthetic Biology." *Nature Plants* 5, no. 12 (December 2019): 1207–10. https://doi.org/10.1038/s41477-019-0539-0.
- Yamey, Gavin. "Scientists Unveil First Draft of Human Genome." *BMJ : British Medical Journal* 321, no. 7252 (July 1, 2000): 7. https://www.ncbi.nlm.nih.gov/pmc/articles/PMC1127709/.
- Yang, Annie, Zhou Zhu, Philipp Kapranov, Frank McKeon, George M. Church, Thomas R. Gingeras, and Kevin Struhl. "Relationships between P63 Binding, DNA Sequence, Transcription Activity, and Biological Function in Human Cells." *Molecular Cell* 24, no. 4 (November 17, 2006): 593–602. https://doi.org/10.1016/j.molcel.2006.10.018.
- Yetisen, Ali K., Joe Davis, Ahmet F. Coskun, George M. Church, and Seok Hyun Yun. "Bioart." *Trends in Biotechnology* 33, no. 12 (December 1, 2015): 724–34. https://doi.org/10.1016/j.tibtech.2015.09.011.

ntrs.nasa.gov/19940022855_1994022855.pdf.

- Webb, Amy. "Crispr Makes It Clear: The US Needs a Biology Strategy, and Fast." *Wired*. https://www.wired.com/2017/05/crispr-makes-clear-us-needs-biology-strategy-fast/.
- Wee, Sui-Lee. "China Uses DNA to Track Its People, With the Help of American Expertise." *The New York Times*, February 21, 2019, sec. Business. https://www.nytimes.com/2019/02/21/business/china-xinjiang-uighur-dna-thermo-fisher.html.
- Weiss, Robin A. "Robert Koch: The Grandfather of Cloning?" *Cell* 123, no. 4 (November 18, 2005): 539–42. https://doi.org/10.1016/j.cell.2005.11.001.
- Weiss, Sheila Faith. "Human Genetics and Politics as Mutually Beneficial Resources: The Case of the Kaiser Wilhelm Institute for Anthropology, Human Heredity and Eugenics During the Third Reich." *Journal of the History of Biology* 39, no. 1 (March 1, 2006): 41–88. https://doi.org/10.1007/s10739-005-6532-7.
- "What Makes People Distrust Science? Surprisingly, Not Politics – Bastiaan T Rutjens | Aeon Ideas." https://aeon.co/ideas/what-makes-people-distrust-science-surprisingly-not-politics.
- The White House. "White House Precision Medicine Initiative." https://obamawhitehouse.archives.gov/node/333101.
- "White House Press Release." https://web.ornl.gov/sci/techresources/Human_Genome/project/clinton1.shtml.
- "White House Press Release." https://web.ornl.gov/sci/techresources/Human_Genome/project/clinton3.shtml.
- William Carter, Statement Before the House Armed Services Committee Subcommittee on Emerging Threats and Capabilities, "Chinese Advances in Emerging Technologies and their Implications for U.S. National Security," 9 January 2018, https:// docs.house.gov/.
- Wong, Pak Chung, Kwong-kwok Wong, and Harlan Foote. "Organic Data Memory Using the DNA Approach." *Communications of the ACM* 46, no. 1 (January 2003): 95–98. https://doi.org/10.1145/602421.602426.
- Wood, Sara, Jeremiah A. Henning, Luoying Chen, Taylor McKibben, Michael L. Smith, Marjorie Weber, Ash Zemenick, and Cissy J. Ballen. "A Scientist like Me: Demographic Analysis of Biology Textbooks Reveals Both Progress and Long-Term Lags." *Proceedings of the Royal Society B: Biological Sciences* 287, no. 1929 (June 24, 2020): 20200877. https://doi.org/10.1098/rspb.2020.0877.
- Woolfson, Adrian. "Life Without Genes" January 17, 2000.
- Wu, Katherine J. "Scientific Journals Commit to Diversity but Lack the Data." *The New*

※ SUN, Douglas Birch THE BALTIMORE. "RACE FOR THE GENOME / Gentleman Scinetist, Daring Partner / A Master DNA Craftsman Joins the Commercial Tray to Unlock the Human Code Series: RACE FOR THE GENOME.: [ALL EDITIONS]." *Newsday, Combined Editions*. May 18, 1999, sec. HEALTH & DISCOVERY. https://search.proquest.com/usnews/docview/279203953/abstract/BFC2479B32FE4139PQ/14.

※ Telenti, Amalio, Brad A. Perkins, and J. Craig Venter. "Dynamics of an Aging Genome." *Cell Metabolism* 23, no. 6 (June 14, 2016): 949–50. https://doi.org/10.1016/j.cmet.2016.06.002.

※ The White House, National Biodefense Strategy (Washington, DC: The White House), 2018, https://www.whitehouse.gov/; and Department of Health and Human Services, National Health Security Strategy 2019–2022 (Washington, DC: Department of Health and Human Services, 2019), https://www.phe.gov/.

※ Topol, Eric. "A Deep and Intimate Inquiry of Genes." *Cell* 165, no. 6 (June 2, 2016): 1299–1300. https://doi.org/10.1016/j.cell.2016.05.065.

※ "Twenty-Seven Ways a Heat Wave Can Kill You:" https://doi.org/10.1161/CIRCOUTCOMES.117.004233.

※ "Understanding Our Genetic Inheritance: The First Five Years." https://web.ornl.gov/sci/techresources/Human_Genome/project/5yrplan/.

※ Unit, Biosafety. "About the Protocol." The Biosafety Clearing-House (BCH). Secretariat of the Convention on Biological Diversity, May 29, 2012. https://bch.cbd.int/protocol/background/.

※ ———. "Parties to the Cartagena Protocol and Its Supplementary Protocol on Liability and Redress." The Biosafety Clearing-House (BCH). Secretariat of the Convention on Biological Diversity, March 5, 2018. https://bch.cbd.int/protocol/parties/.

※ Venter, J. Craig, Mark D. Adams, Antonia Martin-Gallardo, W. Richard McCombie, and Chris Fields. "Genome Sequence Analysis: Scientific Objectives and Practical Strategies." *Trends in Biotechnology* 10 (January 1, 1992): 8–11. https://doi.org/10.1016/0167-7799(92)90158-R.

※ Venter, J. Craig. "Life at the Speed of Light". Sept. 30, 2014

※ Venter, J. Craig, and Claire M. Fraser. "The Structure of α - and β -Adrenergic Receptors." *Trends in Pharmacological Sciences* 4 (January 1, 1983): 256–58. https://doi.org/10.1016/0165-6147(83)90390-5.

※ Vinge, V. "The Coming Technological Singularity: How to Survive in the Post-Human Era." In *Vision-21: Interdisciplinary Science and Engineering in the Era of Cyberspace*, NASA Conference Publication 10129 (1993): 11–22. http://ntrs.nasa.gov/archive/nasa/casi.

- Rich, Nathaniel. "The Mammoth Cometh (Published 2014)." *The New York Times*, February 27, 2014, sec. Magazine. https://www.nytimes.com/2014/03/02/magazine/the-mammoth-cometh.html.
- Ro, DK., Paradise, E., Ouellet, M. *et al.* Production of the antimalarial drug precursor artemisinic acid in engineered yeast. *Nature* 440, 940–943 (2006). https://doi.org/10.1038/nature04640
- Roosth, Sophia. "Synthetic – How Life Got Made". March 1, 2017.
- Salem, Iman, Amy Ramser, Nancy Isham, and Mahmoud A. Ghannoum. "The Gut Microbiome as a Major Regulator of the Gut-Skin Axis." *Frontiers in Microbiology* 9 (July 10, 2018). https://doi.org/10.3389/fmicb.2018.01459.
- Gord P. "California Could Be First to Mandate Biosecurity for Mail-Order DNA." *STAT* (blog), May 20, 2021. https://www.statnews.com/2021/05/20/california-could-become-first-state-to-mandate-biosecurity-screening-by-mail-order-dna-companies/.
- Laura Henze Russell. "Craig Venter Wants $1,400 to Sequence a Genome. Is It Worth It?" *STAT* (blog), March 21, 2017. https://www.statnews.com/2017/03/21/craig-venter-sequence-genome/.
- "Do You Trust Science? These Five Factors Play a Big Role." Science | AAAS, February 16, 2020. https://www.sciencemag.org/news/2020/02/do-you-trust-science-these-five-factors-play-big-role.
- Schmidt, Markus, Malcolm Dando, and Anna Deplazes. "Dealing with the Outer Reaches of Synthetic Biology Biosafety, Biosecurity, IPR, and Ethical Challenges of Chemical Synthetic Biology." In *Chemical Synthetic Biology*, 321–42. John Wiley & Sons, Ltd. https://doi.org/10.1002/9780470977873.ch13.
- "Scientists Build A Living Cell With Minimum Viable Number Of Genes." https://www.popsci.com/scientists-create-living-cell-with-minimum-number-genes/.
- Scudellari, Megan. "Self-Destructing Mosquitoes and Sterilized Rodents: The Promise of Gene Drives." *Nature* 571, no. 7764 (July 9, 2019): 160–62. https://doi.org/10.1038/d41586-019-02087-5.
- Selberg, John, Marcella Gomez, and Marco Rolandi. "The Potential for Convergence between Synthetic Biology and Bioelectronics." *Cell Systems* 7, no. 3 (September 26, 2018): 231–44. https://doi.org/10.1016/j.cels.2018.08.007.
- Skerker, Jeffrey M., Julius B. Lucks, and Adam P. Arkin. "Evolution, Ecology and the Engineered Organism: Lessons for Synthetic Biology." *Genome Biology* 10, no. 11 (November 30, 2009): 114. https://doi.org/10.1186/gb-2009-10-11-114.
- Sprinzak, David, and Michael B. Elowitz. "Reconstruction of Genetic Circuits." *Nature* 438, no. 7067 (November 2005): 443–48. https://doi.org/10.1038/nature04335.

BioMedicine Online 38, no. 2 (February 1, 2019): 131–32. https://doi.org/10.1016/j.rbmo.2018.12.003.

Patterson, Andrea. "Germs and Jim Crow: The Impact of Microbiology on Public Health Policies in Progressive Era American South." *Journal of the History of Biology* 42, no. 3 (October 29, 2008): 529. https://doi.org/10.1007/s10739-008-9164-x.

Pinker, Steven. "My Genome, My Self." *The New York Times*, January 7, 2009, sec. Magazine. https://www.nytimes.com/2009/01/11/magazine/11Genome-t.html.

National Museum of American History. "Polynucleotide Synthesizer Model 280, Solid Phase MicroprocessorController Model 100B." https://americanhistory.si.edu/collections/search/object/nmah_1451158.

Puzis, Rami, Dor Farbiash, Oleg Brodt, Yuval Elovici, and Dov Greenbaum. "Increased Cyber-Biosecurity for DNA Synthesis." *Nature Biotechnology* 38, no. 12 (December 2020): 1379–81. https://doi.org/10.1038/s41587-020-00761-y.

———. "Increased Cyber-Biosecurity for DNA Synthesis." *Nature Biotechnology* 38, no. 12 (December 2020): 1379–81. https://doi.org/10.1038/s41587-020-00761-y.

Race, Tim. "NEW ECONOMY; There's Gold in Human DNA, and He Who Maps It First Stands to Win on the Scientific, Software and Business Fronts. (Published 2000)." *The New York Times*, June 19, 2000, sec. Business. https://www.nytimes.com/2000/06/19/business/new-economy-there-s-gold-human-dna-he-who-maps-it-first-stands-win-scientific.html.

"READING THE BOOK OF LIFE; White House Remarks On Decoding of Genome (Published 2000)." *The New York Times*, June 27, 2000, sec. Science. https://www.nytimes.com/2000/06/27/science/reading-the-book-of-life-white-house-remarks-on-decoding-of-genome.html.

Reardon, Sara. "US Government Lifts Ban on Risky Pathogen Research." *Nature* 553, no. 7686 (December 19, 2017): 11–11. https://doi.org/10.1038/d41586-017-08837-7.

Regis, Ed. "Opinion | Golden Rice Could Save Children. Until Now, Governments Have Barred It." *Washington Post*. https://www.washingtonpost.com/opinions/2019/11/11/golden-rice-long-an-anti-gmo-target-may-finally-get-chance-help-children/.

———. "The True Story of the Genetically Modified Superfood That Almost Saved Millions." *Foreign Policy* (blog). https://foreignpolicy.com/2019/10/17/golden-rice-genetically-modified-superfood-almost-saved-millions/.

Remington, Karin A., Karla Heidelberg, and J. Craig Venter. "Taking Metagenomic Studies in Context." *Trends in Microbiology* 13, no. 9 (September 1, 2005): 404. https://doi.org/10.1016/j.tim.2005.07.001.

documents/2019/06/14/2019-12802/modernizing-the-regulatory-framework-for-agricultural-biotechnology-products.

- Moore, James. "Deconstructing Darwinism: The Politics of Evolution in the 1860s." *Journal of the History of Biology* 24, no. 3 (September 1, 1991): 353–408. https://doi.org/10.1007/BF00156318.
- Morowitz, Harold J. "Thermodynamics of Pizza." *Hospital Practice* 19, no. 6 (June 1, 1984): 255–58. https://doi.org/10.1080/21548331.1984.11702854.
- Mukherjee, Siddhartha. "The Gene: An Intimate History". May 1, 2016
- Müller, K. M. & K. M. Arndt. " 'Standardization in Synthetic Biology.' " *Methods in Molecular Biology* 813 (2012): 23–43.
- Musk, Elon. "Making Humans a Multi-Planetary Species." *New Space* 5, no. 2 (June 1, 2017): 46–61. https://doi.org/10.1089/space.2017.29009.emu.
- National Academies of Sciences, Engineering. *Safeguarding the Bioeconomy*, 2020. https://doi.org/10.17226/25525.
- National Academies of Sciences, Engineering, and Medicine (NASEM), Biodefense in the Age of Synthetic Biology (Washington, DC: The National Academies Press, 2018), 1, https://doi.org/10.17226/24890.
- National Academies of Sciences, Engineering, Division on Earth and Life Studies, Board on Chemical Sciences and Technology, Board on Agriculture and Natural Resources, Board on Life Sciences, and Committee on Future Biotechnology Products and Opportunities to Enhance Capabilities of the Biotechnology Regulatory System. *The Current Biotechnology Regulatory System. Preparing for Future Products of Biotechnology.* National Academies Press (US), 2017. https://www.ncbi.nlm.nih.gov/books/NBK442204/.\
- National Research Council (US) Committee on a New Government-University Partnership for Science and Security, "Biosecurity and Dual-Use Research in the Life Sciences," in Science and Security in a Post 9/11 World: A Report Based on Regional Discussions between the Science and Security Communities (Washington, DC: National Academies Press, 2007), 57–68, https://www.ncbi.nlm.nih.gov/.
- Nielsen, Jens, and Jay D. Keasling. "Engineering Cellular Metabolism." *Cell* 164, no. 6 (March 10, 2016): 1185–97. https://doi.org/10.1016/j.cell.2016.02.004.
- J. Craig Venter Institute. "No More Needles! Using Microbiome and Synthetic Biology Advances to Better Treat Type 1 Diabetes." /blog/no-more-needles-using-microbiome-and-synthetic-biology-advances-better-treat-type-1-diabetes.
- O'Neill, Helen C., and Jacques Cohen. "Live Births Following Genome Editing in Human Embryos: A Call for Clarity, Self-Control and Regulation." *Reproductive*

※ Nov;82(22):7580-4. doi: 10.1073/pnas.82.22.7580. PMID: 3865178; PMCID: PMC391376.

※ Liu, Wusheng, and C. Neal Stewart. "Plant Synthetic Biology." *Trends in Plant Science* 20, no. 5 (May 1, 2015): 309–17. https://doi.org/10.1016/j.tplants.2015.02.004.

※ Lynas, Mark. "Anti-GMO Activists Lie About Attack on Rice Crop (and About So Many Other Things)." Slate Magazine, August 26, 2013. https://slate.com/technology/2013/08/golden-rice-attack-in-philippines-anti-gmo-activists-lie-about-protest-and-safety.html.

※ Macilwain, Colin. "World Leaders Heap Praise on Human Genome Landmark." *Nature* 405, no. 6790 (June 1, 2000): 983–983. https://doi.org/10.1038/35016696.

※ Making, Institute of Medicine (US) Committee to Study Decision, and Kathi E. Hanna. *Asilomar and Recombinant DNA: The End of the Beginning. Biomedical Politics*. National Academies Press (US), 1991. https://www.ncbi.nlm.nih.gov/books/NBK234217/.

※ Malech, Harry L. "Treatment by CRISPR-Cas9 Gene Editing — A Proof of Principle." *New England Journal of Medicine* 384, no. 3 (January 21, 2021): 286–87. https://doi.org/10.1056/NEJMe2034624.

※ Mali, Prashant, Luhan Yang, Kevin M. Esvelt, John Aach, Marc Guell, James E. DiCarlo, Julie E. Norville, and George M. Church. "RNA-Guided Human Genome Engineering via Cas9." *Science* 339, no. 6121 (February 15, 2013): 823–26. https://doi.org/10.1126/science.1232033.

※ Marner, Wesley D. "Practical Application of Synthetic Biology Principles." *Biotechnology Journal* 4, no. 10 (2009): 1406–19. https://doi.org/10.1002/biot.200900167.

※ Maxson Jones, Kathryn, Rachel A. Ankeny, and Robert Cook-Deegan. "The Bermuda Triangle: The Pragmatics, Policies, and Principles for Data Sharing in the History of the Human Genome Project." *Journal of the History of Biology* 51, no. 4 (December 1, 2018): 693–805. https://doi.org/10.1007/s10739-018-9538-7.

※ Menz, J., Modrzejewski, D., Hartung, F., Wilhelm, R. & Sprink, T. Genome

※ edited crops touch the market: a view on the global development and

※ regulatory environment. *Front. Plant Sci.* 11, 586027 (2020).

※ Metzl, Jamie. "Hacking Darwin: Genetic Engineering and the Future of Humanity". April 23, 2019

※ Mitka, Mike. "Synthetic Cells." *JAMA* 304, no. 2 (July 14, 2010): 148–148. https://doi.org/10.1001/jama.2010.879.

※ Federal Register. "Modernizing the Regulatory Framework for Agricultural Biotechnology Products," June 14, 2019. https://www.federalregister.gov/

"Judge Dismisses Lawsuit Accusing Craig Venter of Stealing Trade Secrets," December 19, 2018. https://www.statnews.com/2018/12/19/judge-dismisses-lawsuit-accusing-craig-venter-of-stealing-trade-secrets/.

Juhas, Mario, Leo Eberl, and George M. Church. "Essential Genes as Antimicrobial Targets and Cornerstones of Synthetic Biology." *Trends in Biotechnology* 30, no. 11 (November 1, 2012): 601–7. https://doi.org/10.1016/j.tibtech.2012.08.002.

Karp, David. "Most of America's Fruit Is Now Imported. Is That a Bad Thing?" *The New York Times*, March 13, 2018, sec. Food. https://www.nytimes.com/2018/03/13/dining/fruit-vegetables-imports.html.

Keasling, Ron Weiss, Joseph Jacobson,Paul Modrich,Jim Collins,George Church,Christina Smolke,Drew Endy,David Baker,Jay. "Engineering Life: Building a FAB for Biology." Scientific American. https://doi.org/10.1038/scientificamerican0606-44.

Keating, K. W. & Young, E. M. Synthetic biology for bio-derived structural

materials. *Curr. Opin. Chem. Eng.* 24, 107 (2019).

Kerlavage, Anthony R., Claire M. Fraser, and J. Craig Venter. "Muscarinic Cholinergic Receptor Structure: Molecular Biological Support for Subtypes." *Trends in Pharmacological Sciences* 8, no. 11 (November 1, 1987): 426–31. https://doi.org/10.1016/0165-6147(87)90230-6.

Kettenburg, Annika J., Jan Hanspach, David J. Abson, and Joern Fischer. "From Disagreements to Dialogue: Unpacking the Golden Rice Debate." *Sustainability Science* 13, no. 5 (2018): 1469–82. https://doi.org/10.1007/s11625-018-0577-y.

Kovelakuntla, Vamsi, and Anne S. Meyer. "Rethinking Sustainability through Synthetic Biology." *Nature Chemical Biology*, May 10, 2021, 1–2. https://doi.org/10.1038/s41589-021-00804-8.

Lander, Eric S. "Brave New Genome." *New England Journal of Medicine* 373, no. 1 (July 2, 2015): 5–8. https://doi.org/10.1056/NEJMp1506446.

Lane, Nick. "The Vital Question: Energy, Evolution, and the Origins of Complex Life". July 20, 2015.

Lavickova, Barbora, Nadanai Laohakunakorn, and Sebastian J. Maerkl. "A Partially Self-Regenerating Synthetic Cell." *Nature Communications* 11, no. 1 (December 11, 2020): 6340. https://doi.org/10.1038/s41467-020-20180-6.

Lin FK, Suggs S, Lin CH, Browne JK, Smalling R, Egrie JC, Chen KK, Fox GM, Martin F, Stabinsky Z,

et al. Cloning and expression of the human erythropoietin gene. Proc Natl Acad Sci U S A. 1985

- Herrera, Stephan. "Synthetic Biology Offers Alternative Pathways to Natural Products." *Nature Biotechnology* 23, no. 3 (March 1, 2005): 270–71. https://doi.org/10.1038/nbt0305-270.
- Asilomar. "History of Asilomar State Park CA | Monterey Peninsula | VisitAsilomar.Com." https://www.visitasilomar.com/discover/park-history/.
- YC Startup Library. "How Biotech Startup Funding Will Change in the Next 10 Years." https://www.ycombinator.com/library/4L-how-biotech-startup-funding-will-change-in-the-next-10-years.
- State of the Planet. "How Climate Change Will Alter Our Food," July 25, 2018. https://blogs.ei.columbia.edu/2018/07/25/climate-change-food-agriculture/.
- "How Diplomacy Helped to End the Race to Sequence the Human Genome." *Nature* 582, no. 7813 (June 24, 2020): 460–460. https://doi.org/10.1038/d41586-020-01849-w.
- Scientific American. "How Do Scientists Turn Genes on and off in Living Animals?" https://www.scientificamerican.com/article/how-do-scientists-turn-ge/.
- "How to Genetically Engineer a Human in Your Garage - Part III - The First Round of Experiments." http://www.josiahzayner.com/2017/02/how-to-genetically-engineer-human-part.html.
- Bulletin of the Atomic Scientists. "How to Protect the World from Ultra-Targeted Biological Weapons." https://thebulletin.org/premium/2020-12/how-to-protect-the-world-from-ultra-targeted-biological-weapons/.
- Isaacs, Farren J., Daniel J. Dwyer, and James J. Collins. "RNA Synthetic Biology." *Nature Biotechnology* 24, no. 5 (May 2006): 545–54. https://doi.org/10.1038/nbt1208.
- Discover Magazine. "James Joyce's Words Come To Life, And Are Promptly Desecrated." https://www.discovermagazine.com/planet-earth/james-joyces-words-come-to-life-and-are-promptly-desecrated.
- "James Watson Suspended From Lab, but Not For Being a Sexist Hater of Fat People." *Wired*. https://www.wired.com/2007/10/james-watson-su/.
- NPR.org. "Japan's Population Is In Rapid Decline." https://www.npr.org/2018/12/21/679103541/japans-population-is-in-rapid-decline.
- Jenkins, McKay. *Food Fight: GMOs and the Future of the American Diet*. Penguin, 2018.
- Jia, Jing, Yi-Liang Wei, Cui-Jiao Qin, Lan Hu, Li-Hua Wan, and Cai-Xia Li. "Developing a Novel Panel of Genome-Wide Ancestry Informative Markers for Bio-Geographical Ancestry Estimates." *Forensic Science International. Genetics* 8, no. 1 (January 2014): 187–94. https://doi.org/10.1016/j.fsigen.2013.09.004.
- Jones, Richard. "The Question of Complexity." *Nature Nanotechnology* 3, no. 5 (May 2008): 245–46. https://doi.org/10.1038/nnano.2008.117.

jama.2013.286312.

- Gronvall, Gigi Kwik. "US Competitiveness in Synthetic Biology." *Health Security* 13, no. 6 (December 1, 2015): 378–89. https://doi.org/10.1089/hs.2015.0046.
- Gross, Michael. "What Exactly Is Synthetic Biology?" *Current Biology* 21, no. 16 (August 23, 2011): R611–14. https://doi.org/10.1016/j.cub.2011.08.002.
- Grushkin, Daniel, and Daniel Grushkin. "The Rise And Fall Of The Company That Was Going To Have Us All Using Biofuels." Fast Company, August 8, 2012. https://www.fastcompany.com/3000040/rise-and-fall-company-was-going-have-us-all-using-biofuels.
- American Council on Science and Health. "Hacking DNA Sequences: Biosecurity Meets Cybersecurity," January 14, 2021. https://www.acsh.org/news/2021/01/14/hacking-dna-sequences-biosecurity-meets-cybersecurity-15273.
- Hale, Piers J. "Monkeys into Men and Men into Monkeys: Chance and Contingency in the Evolution of Man, Mind and Morals in Charles Kingsley's Water Babies." *Journal of the History of Biology* 46, no. 4 (November 1, 2013): 551–97. https://doi.org/10.1007/s10739-012-9345-5.
- Hall, Stephen S. "New Gene-Editing Techniques Could Transform Food Crops--or Die on the Vine." Scientific American. https://doi.org/10.1038/scientificamerican0316-56.
- Harmon, Amy. "6 Billion Bits of Data About Me, Me, Me!" *The New York Times*, June 3, 2007, sec. Week in Review. https://www.nytimes.com/2007/06/03/weekinreview/03harm.html.
- ———. "Golden Rice: Lifesaver?" *The New York Times*, August 24, 2013, sec. Sunday Review. https://www.nytimes.com/2013/08/25/sunday-review/golden-rice-lifesaver.html.
- ———. "My Genome, Myself: Seeking Clues in DNA." *The New York Times*, November 17, 2007, sec. U.S. https://www.nytimes.com/2007/11/17/us/17dna.html.
- Harmon, Katherine. "Endangered Species Get Iced in Museum DNA Repository." Scientific American. https://www.scientificamerican.com/article/endangered-species-dna/.
- ———. "Gene Sequencing Reveals the Dynamics of Ancient Epidemics." Scientific American. https://doi.org/10.1038/scientificamerican0913-24b.
- STAT. "He Jiankui's Gene Editing Experiment Ignored Other HIV Strains," April 15, 2019. https://www.statnews.com/2019/04/15/jiankui-embryo-editing-ccr5/.
- Heinemann, Matthias, and Sven Panke. "Synthetic Biology: Putting Engineering into Bioengineering." In *Systems Biology and Synthetic Biology*, 387–409. John Wiley & Sons, Ltd, 2009. https://doi.org/10.1002/9780470437988.ch11.

project/5yrplan/firstfiveyears.pdf
※ Fisher, R. A. "The Use of Multiple Measurements in Taxonomic Problems." *Annals of Eugenics* 7, no. 2 (1936): 179–88. https://doi.org/10.1111/j.1469-1809.1936.tb02137.x.
※ ———. "The Wave of Advance of Advantageous Genes." *Annals of Eugenics* 7, no. 4 (1937): 355–69. https://doi.org/10.1111/j.1469-1809.1937.tb02153.x.
※ Fralick, Michael, and Aaron S. Kesselheim. "The U.S. Insulin Crisis — Rationing a Lifesaving Medication Discovered in the 1920s." *New England Journal of Medicine* 381, no. 19 (November 7, 2019): 1793–95. https://doi.org/10.1056/NEJMp1909402.
※ French, H. *Midnight in Peking: How the Murder of a Young Englishwoman Haunted the Last Days of Old China*. Rev. ed. Penguin Books, 2012.
※ Funk, Cary. "How Much the Public Knows about Science, and Why It Matters." Scientific American Blog Network. https://blogs.scientificamerican.com/observations/how-much-the-public-knows-about-science-and-why-it-matters/.
※ Gao, H. et al. Superior field performance of waxy corn engineered using
※ CRISPR-Cas9. *Nat. Biotechnol.* 38, 579 (2020).
※ "Gene-Edited CRISPR Mushroom Escapes US Regulation : Nature News & Comment."
※ https://www.nature.com/news/gene-edited-crispr-mushroom-escapes-us-regulation-1.19754.
※ Genentech. "Cloning Insulin." Genentech: Breakthrough science. One moment, one day, one person at a time. https://www.gene.com/stories/cloning-insulin.
※ Comedy Central. "George Church - The Colbert Report (Video Clip)." http://www.cc.com/video-clips/fkt99i/the-colbert-report-george-church.
※ George Church Oral History. https://www.genome.gov/Multimedia/Transcripts/OralHistory/GeorgeChurch.pdf.
※ "German Research Bodies Draft Synthetic-Biology Plan." *Nature* 460, no. 7255 (July 2009): 563–563. https://doi.org/10.1038/460563a.
※ Gilbert, C. & Ellis, T. Biological engineered living materials: growing functional materials with genetically programmable properties. *ACS Synth. Biol.* 8, 1 (2019).
※ "GMO Mosquitoes in the Florida Keys: Q & A | Miami Herald." https://www.miamiherald.com/news/local/community/florida-keys/article251031419.html.
※ "GNN - Genetics and Genomics Timeline." http://www.genomenewsnetwork.org/resources/timeline/1995_Haemophilus.php.
※ Gostin, Lawrence O., Bruce M. Altevogt, and Andrew M. Pope. "Future Oversight of Recombinant DNA Research: Recommendations of an Institute of Medicine Committee." *JAMA* 311, no. 7 (February 19, 2014): 671–72. https://doi.org/10.1001/

- Endy, Drew. "Foundations for Engineering Biology." *Nature* 438, no. 7067 (November 2005): 449–53. https://doi.org/10.1038/nature04342.
- Combating Terrorism Center at West Point. "Engineered Pathogens and Unnatural Biological Weapons: The Future Threat of Synthetic Biology," August 31, 2020. https://ctc.usma.edu/engineered-pathogens-and-unnatural-biological-weapons-the-future-threat-of-synthetic-biology/.
- Duke Pratt School of Engineering. "Engineered Swarmbots Rely on Peers for Survival," February 29, 2016. https://pratt.duke.edu/about/news/engineered-swarmbots-rely-peers-survival.
- Scientific American. "Engineering Life: Building a FAB for Biology." https://doi.org/10.1038/scientificamerican0606-44.
- Virological. "Epidemiological Data from the NCoV-2019 Outbreak: Early Descriptions from Publicly Available Data - SARS-CoV-2 Coronavirus / NCoV-2019 Genomic Epidemiology," January 23, 2020. https://virological.org/t/epidemiological-data-from-the-ncov-2019-outbreak-early-descriptions-from-publicly-available-data/337.
- The Genetic Genealogist. "Esther Dyson and the 'First 10,' " July 27, 2007. https://thegeneticgenealogist.com/2007/07/27/esther-dyson-and-the-first-10/.
- European Commission and Directorate General for Research. *Synthetic Biology: A NEST Pathfinder Initiative.* Luxembourg: Publications Office, 2007.
- Evans, Sam Weiss. "Synthetic Biology: Missing the Point." *Nature* 510, no. 7504 (June 2014):
- Extance, Andy. "The First Gene on Earth May Have Been a Hybrid." Scientific American. https://www.scientificamerican.com/article/the-first-gene-on-earth-may-have-been-a-hybrid/.
- Farny, Natalie G. "A Vision for Teaching the Values of Synthetic Biology." *Trends in Biotechnology* 36, no. 11 (November 1, 2018): 1097–1100. https://doi.org/10.1016/j.tibtech.2018.07.019.
- Federal Bureau of Investigation. "FBI Laboratory Positions." Page. https://www.fbi.gov/services/laboratory/laboratory-positions.
- "First Evidence That Senolytics Are Effective at Decreasing Senescent Cells in Humans - EBioMedicine." https://www.thelancet.com/journals/ebiom/article/PIIS2352-3964(19)30641-3/fulltext.
- New Atlas. "First Truly Synthetic Organism Created Using Four Bottles of Chemicals and a Computer," May 21, 2010. https://newatlas.com/first-synthetic-organism-created/15165/.
- "First Five Years." https://web.ornl.gov/sci/techresources/Human_Genome/

Department of State and United States Agency for International Development, Joint Strategic Plan FY 2018–2022 (Washington, DC: US Government, 2018), https://www.state.gov/.

※ Diamond, Jared. "Collapse: How Societies Choose to Fail or Succeed: Revised edition, paperback. January 4, 2011.

※ Dolgin, Elie. "Synthetic Biology Speeds Vaccine Development." *Nature Research*, September 28, 2020. https://doi.org/10.1038/d42859-020-00025-4.

※ Doudna, Jennifer A, and Samuel H. Sternberg. A Crack in Creation: Gene Editing and the Unthinkable Power to Control Evolution., 2017. Print.

※ Dowdy, Steven F. "Controlling CRISPR-Cas9 Gene Editing." *New England Journal of Medicine* 381, no. 3 (July 18, 2019): 289–90. https://doi.org/10.1056/NEJMcibr1906886.

※ Drexler, Eric K, "Engines of Creation – The Coming Era of Nanotechnology", October 16, 1987.

※ Drugs, Institute of Medicine (US) Committee on the Economics of Antimalarial, Kenneth J. Arrow, Claire Panosian, and Hellen Gelband. *A Brief History of Malaria. Saving Lives, Buying Time: Economics of Malaria Drugs in an Age of Resistance*. National Academies Press (US), 2004. https://www.ncbi.nlm.nih.gov/books/NBK215638/.

※ Duhaime-Ross, Arielle. "In Search of a Healthy Gut, One Man Turned to an Extreme DIY Fecal Transplant." The Verge, May 4, 2016. https://www.theverge.com/2016/5/4/11581994/fmt-fecal-matter-transplant-josiah-zayner-microbiome-ibs-c-diff.

※ Dyson, G. *Darwin Among the Machines: The Evolution of Global Intelligence.* Basic Books, 1997.

※ Dyson, Esther. "Full Disclosure." *Wall Street Journal*, July 25, 2007, sec. Opinion.

※ https://www.wsj.com/articles/SB118532736853177075.

※ Eden, A., J. Søraker, J. H. Moor, and E. Steinhart, eds. *Singularity Hypotheses: A Scientific and Philosophical Assessment*. The Frontiers Collection. Berlin: Springer, 2012.

※ Editors, The. "Why Efforts to Bring Extinct Species Back from the Dead Miss the Point."

※ Scientific American. https://doi.org/10.1038/scientificamerican0613-12.

※ ———. "Why Efforts to Bring Extinct Species Back from the Dead Miss the Point." Scientific American. https://doi.org/10.1038/scientificamerican0613-12.

※ Elsa B. Kania and Wilson Vorndick, "Weaponizing Biotech: How China's Military Is Preparing for a 'New Domain of Warfare'" https://www.defenseone.com/ideas/2019/08/chinas-military-pursuing-biotech/159167/

org/10.1016/B978-1-4832-2716-0.50006-2.
- "Climate Change Is Turning Cities Into Ovens." *Wired*. https://www.wired.com/story/climate-change-is-turning-cities-into-ovens/.
- Coffey, Rebecca. "Bison versus Mammoths: New Culprit in the Disappearance of North America's Giants." Scientific American. https://www.scientificamerican.com/article/bison-vs-mammoths/.
- Cohen, Jacques, and Henry Malter. "The First Clinical Nuclear Transplantation in China: New Information about a Case Reported to ASRM in 2003." *Reproductive BioMedicine Online* 33, no. 4 (October 1, 2016): 433–35. https://doi.org/10.1016/j.rbmo.2016.08.002.
- Cohen SN, Chang AC, Boyer HW, Helling RB. Construction of biologically functional
- bacterial plasmids in vitro. Proc Natl Acad Sci U S A. 1973 Nov;70(11):3240-4. doi: 10.1073/pnas.70.11.3240. PMID: 4594039; PMCID: PMC427208.
- Coley, C. W. et al. A robotic platform for flow synthesis of organic
- compounds informed by AI planning. *Science* 365, 557 (2019).
- Committee on Strategies for Identifying and Addressing Potential Biodefense Vulnerabilities Posed by Synthetic Biology, Board on Chemical Sciences and Technology, Board on Life Sciences, Division on Earth and Life Studies, and National Academies of Sciences, Engineering, and Medicine. *Biodefense in the Age of Synthetic Biology*. Washington, D.C.: National Academies Press, 2018. https://doi.org/10.17226/24890.
- Cravens, A., Payne, J. & Smolke, C. D. Synthetic biology strategies for microbial biosynthesis of plant natural products. *Nat. Commun.* 10, 2142 (2019).
- Cyranoski, David. "What CRISPR-Baby Prison Sentences Mean for Research." *Nature* 577, no. 7789 (January 3, 2020): 154–55. https://doi.org/10.1038/d41586-020-00001-y.
- Dance, Amber. "Science and Culture: The Art of Designing Life." *Proceedings of the National Academy of Sciences of the United States of America* 112, no. 49 (December 8, 2015): 14999–1. https://doi.org/10.1073/pnas.1519838112.
- Davey, Melissa. "Scientists Sequence Wheat Genome in Breakthrough Once Thought 'Impossible.'" *The Guardian*, August 16, 2018, sec. Science. https://www.theguardian.com/science/2018/aug/16/scientists-sequence-wheat-genome-in-breakthrough-once-thought-impossible.
- Department of Defense, Summary of the 2018 National Defense Strategy of the United States of America: Sharpening the American Military's Competitive Edge (Washington, DC: Department of Defense, 2018), https://dod.defense.gov/; and

- Chalmers, D. J. *The Conscious Mind: In Search of a Fundamental Theory*. Philosophy of Mind Series. New York: Oxford University Press, 1996.
- Check, Erika. "Synthetic Biologists Try to Calm Fears." *Nature* 441, no. 7092 (May 1, 2006): 388–89. https://doi.org/10.1038/441388a.
- Chen, Ming, and Dan Luo. "A CRISPR Path to Cutting-Edge Materials." *New England Journal of Medicine* 382, no. 1 (January 2, 2020): 85–88. https://doi.org/10.1056/NEJMcibr1911506.
- Chen, Shi-Lin, Hua Yu, Hong-Mei Luo, Qiong Wu, Chun-Fang Li, and André Steinmetz. "Conservation and Sustainable Use of Medicinal Plants: Problems, Progress, and Prospects." *Chinese Medicine* 11 (July 30, 2016). https://doi.org/10.1186/s13020-016-0108-7.
- Chien, Wade W. "A CRISPR Way to Restore Hearing." *New England Journal of Medicine* 378, no. 13 (March 29, 2018): 1255–56. https://doi.org/10.1056/NEJMcibr1716789.
- China's State Council reports (full list of reports is available online):
- Made in China 2025 (July 2015)
- State Council Notice on the Publication of the National 13th Five-Year Plan for S&T Innovation (July 2016)
- Christensen, Jon. "SCIENTIST AT WORK: Ingo Potrykus; Golden Rice in a Grenade-Proof
- Greenhouse (Published 2000)." *The New York Times*, November 21, 2000, sec. Science. https://www.nytimes.com/2000/11/21/science/scientist-at-work-ingo-potrykus-golden-rice-in-a-grenade-proof-greenhouse.html.
- Christiansen, Jen. "Gene Regulation, Illustrated." Scientific American Blog Network. https://blogs.scientificamerican.com/sa-visual/gene-regulation-illustrated/.
- Church, George and Regis, Ed. "Regenesis – How Synthetic Biology Will Reinvent Nature and Ourselves", April 8, 2014.
- Church, George. "Compelling Reasons for Repairing Human Germlines." *New England Journal of Medicine* 377, no. 20 (November 16, 2017): 1909–11. https://doi.org/10.1056/NEJMp1710370.
- ———. "George Church: De-Extinction Is a Good Idea." Scientific American. https://doi.org/10.1038/scientificamerican0913-12.
- ———. "Genomes for All." Scientific American. https://doi.org/10.1038/scientificamerican0106-46.
- Clarke, ARTHUR C. "Extra-Terrestrial Relays: Can Rocket Stations Give World-Wide Radio Coverage?" In *Progress in Astronautics and Rocketry*, edited by Richard B. Marsten, 19:3–6. Communication Satellite Systems Technology. Elsevier, 1966. https://doi.

1033.1996.00533.x.

- Burkhardt, Peter K., Peter Beyer, Joachim Wünn, Andreas Klöti, Gregory A. Armstrong, Michael Schledz, Johannes von Lintig, and Ingo Potrykus. "Transgenic Rice (Oryza Sativa) Endosperm Expressing Daffodil (Narcissus Pseudonarcissus) Phytoene Synthase Accumulates Phytoene, a Key Intermediate of Provitamin A Biosynthesis." *The Plant Journal* 11, no. 5 (1997): 1071–78. https://doi.org/10.1046/j.1365-313X.1997.11051071.x.
- Caliendo, Angela M., and Richard L. Hodinka. "A CRISPR Way to Diagnose Infectious Diseases." *New England Journal of Medicine* 377, no. 17 (October 26, 2017): 1685–87. https://doi.org/10.1056/NEJMcibr1704902.
- Callaway, Ewen. "Small Group Scoops International Effort to Sequence Huge Wheat Genome." *Nature News*. https://doi.org/10.1038/nature.2017.22924.
- Calos, Michele P. "The CRISPR Way to Think about Duchenne's." *New England Journal of Medicine* 374, no. 17 (April 28, 2016): 1684–86. https://doi.org/10.1056/NEJMcibr1601383.
- Carlson, Robert H. "Biology is Technology: The Promise, Peril, and New Business of Engineering Life", April 15, 2011.
- Carrington, Damian. "Giraffes Facing Extinction after Devastating Decline, Experts Warn." *The Guardian*, December 8, 2016, sec. Environment. https://www.theguardian.com/environment/2016/dec/08/giraffe-red-list-vulnerable-species-extinction.
- Ceballos, Gerardo, Paul R. Ehrlich, Anthony D. Barnosky, Andrés García, Robert M. Pringle, and Todd M. Palmer. "Accelerated Modern Human–Induced Species Losses: Entering the Sixth Mass Extinction." *Science Advances* 1, no. 5 (June 2015): e1400253. https://doi.org/10.1126/sciadv.1400253.
- "Celera Wins Genome Race." *Wired*. https://www.wired.com/2000/04/celera-wins-genome-race/.
- Cha, Ariana Eunjung. "Companies Rush to Build 'Biofactories' for Medicines, Flavorings and Fuels." *Washington Post*, October 24, 2013, sec. Health & Science. https://www.washingtonpost.com/national/health-science/companies-rush-to-build-biofactories-for-medicines-flavorings-and-fuels/2013/10/24/f439dc3a-3032-11e3-8906-3daa2bcde110_story.html.
- Chadwick, B. P., L. J. Campbell, C. L. Jackson, L. Ozelius, S. A. Slaugenhaupt, D. A. Stephenson, J. H. Edwards, J. Wiest, and S. Povey. "REPORT on the Sixth International Workshop on Chromosome 9 Held at Denver, Colorado, U.S.A., 27 October 1998." *Annals of Human Genetics* 63, no. 2 (1999): 101–17. https://doi.org/10.1046/j.1469-1809.1999.6320101.x.

- Berg, Paul, David Baltimore, Herbert W. Boyer, Stanley N. Cohen, Ronald W. Davis, David S. Hogness, Daniel Nathans, et al. "Potential Biohazards of Recombinant DNA Molecules." *Science* 185, no. 4148 (July 26, 1974): 303–303. https://doi.org/10.1126/science.185.4148.303.
- Bhattacharya, Shaoni. "Stupidity Should Be Cured, Says DNA Discoverer." New Scientist. https://www.newscientist.com/article/dn3451-stupidity-should-be-cured-says-dna-discoverer/.
- Biello, David. "3 Billion to Zero: What Happened to the Passenger Pigeon?" Scientific American. https://www.scientificamerican.com/article/3-billion-to-zero-what-happened-to-the-passenger-pigeon/.
- Billiau, Alfons. "At the Centennial of the Bacteriophage: Reviving the Overlooked Contribution of a Forgotten Pioneer, Richard Bruynoghe (1881–1957)." *Journal of the History of Biology* 49, no. 3 (August 1, 2016): 559–80. https://doi.org/10.1007/s10739-015-9429-0.
- Blake, William J., and Farren J. Isaacs. "Synthetic Biology Evolves." *Trends in Biotechnology* 22, no. 7 (July 1, 2004): 321–24. https://doi.org/10.1016/j.tibtech.2004.04.008.
- Blendon, Robert J., Mary T. Gorski, and John M. Benson. "The Public and the Gene-Editing Revolution." *New England Journal of Medicine* 374, no. 15 (April 14, 2016): 1406–11. https://doi.org/10.1056/NEJMp1602010.
- Bonnet, Jérôme, and Drew Endy. "Switches, Switches, Every Where, In Any Drop We Drink." *Molecular Cell* 49, no. 2 (January 24, 2013): 232–33. https://doi.org/10.1016/j.molcel.2013.01.005.
- Borrell, James. "All Our Food Is 'genetically Modified' in Some Way – Where Do You Draw the Line?" The Conversation. http://theconversation.com/all-our-food-is-genetically-modified-in-some-way-where-do-you-draw-the-line-56256.
- Brandt, K. & Barrangou, R. Applications of CRISPR technologies across the food supply chain. *Annu. Rev. Food Sci. Technol.* 10, 133 (2019).
- Bueno de Mesquita, B., and A. Smith. *The Dictator's Handbook: Why Bad Behavior is Almost Always Good Politics.* New York: PublicAffairs, 2012.
- Bueso, Yensi Flores, and Mark Tangney. "Synthetic Biology in the Driving Seat of the Bioeconomy." *Trends in Biotechnology* 35, no. 5 (May 1, 2017): 373–78. https://doi.org/10.1016/j.tibtech.2017.02.002.
- Büllesbach, Erika E., and Christian Schwabe. "The Chemical Synthesis of Rat Relaxin and the Unexpectedly High Potency of the Synthetic Hormone in the Mouse." *European Journal of Biochemistry* 241, no. 2 (1996): 533–37. https://doi.org/10.1111/j.1432-

Endeavour 27:63-68.

- Allen, Garland, 2011. "Eugenics and Modern Biology: Critiques of Eugenics, 1910-1945." Annals of Human Genetics 75:314-25.
- Andersen, Story by Ross. "Welcome to Pleistocene Park." *The Atlantic*. https://www.theatlantic.com/magazine/archive/2017/04/pleistocene-park/517779/.
- Anderson, Sam. "The Last Two Northern White Rhinos On Earth." *The New York Times*, January 6, 2021, sec. Magazine. https://www.nytimes.com/2021/01/06/magazine/the-last-two-northern-white-rhinos-on-earth.html.
- Andrianantoandro, Ernesto. "Manifesting Synthetic Biology." *Trends in Biotechnology* 33, no. 2 (February 1, 2015): 55–56. https://doi.org/10.1016/j.tibtech.2014.12.002.
- Arkin, Adam. "Setting the Standard in Synthetic Biology." *Nature Biotechnology* 26, no. 7 (July 2008): 771–74. https://doi.org/10.1038/nbt0708-771.
- Asseng, Senthold, Jose R. Guarin, Mahadev Raman, Oscar Monje, Gregory Kiss, Dickson D. Despommier, Forrest M. Meggers, and Paul P. G. Gauthier. "Wheat Yield Potential in Controlled-Environment Vertical Farms." *Proceedings of the National Academy of Sciences*, July 23, 2020. https://doi.org/10.1073/pnas.2002655117.
- Ball, Philip. "The Patent Threat to Designer Biology." *Nature*, June 22, 2007, news070618-17. https://doi.org/10.1038/news070618-17.
- Baltes, Nicholas J., and Daniel F. Voytas. "Enabling Plant Synthetic Biology through Genome Engineering." *Trends in Biotechnology* 33, no. 2 (February 1, 2015): 120–31. https://doi.org/10.1016/j.tibtech.2014.11.008.
- Bartley, Bryan A., Jacob Beal, Jonathan R. Karr, and Elizabeth A. Strychalski. "Organizing Genome Engineering for the Gigabase Scale." *Nature Communications* 11, no. 1 (February 4, 2020): 689. https://doi.org/10.1038/s41467-020-14314-z.
- Bartley, Bryan, Jacob Beal, Kevin Clancy, Goksel Misirli, Nicholas Roehner, Ernst Oberortner, Matthew Pocock, et al. "Synthetic Biology Open Language (SBOL) Version 2.0.0." *Journal of Integrative Bioinformatics* 12, no. 2 (June 1, 2015): 902–91. https://doi.org/10.1515/jib-2015-272.
- Beal, Jacob, Traci Haddock-Angelli, Natalie Farny, and Randy Rettberg. "Time to Get Serious about Measurement in Synthetic Biology." *Trends in Biotechnology* 36, no. 9 (September 1, 2018): 869–71. https://doi.org/10.1016/j.tibtech.2018.05.003.
- Belluck, Pam. "Chinese Scientist Who Says He Edited Babies' Genes Defends His Work." *The New York Times*, November 28, 2018, sec. World. https://www.nytimes.com/2018/11/28/world/asia/gene-editing-babies-he-jiankui.html.
- Benner, Steven A. "Synthetic Biology: Act Natural." *Nature* 421, no. 6919 (January 2003): 118–118. https://doi.org/10.1038/421118a.

参考文献

This is an abridged bibliography. To view the complete list of sources used during our research and writing, visit http://bit.ly/GenesisMachine or scan the QR code below.

- Abbott, Timothy R., Girija Dhamdhere, Yanxia Liu, Xueqiu Lin, Laine Goudy, Leiping Zeng, Augustine Chemparathy, et al. "Development of CRISPR as an Antiviral Strategy to Combat SARS-CoV-2 and Influenza." *Cell* 181, no. 4 (May 14, 2020): 865-876.e12. https://doi.org/10.1016/j.cell.2020.04.020.
- Agius, E. 1990. "Germ-line Cells-Our Responsibilities for Future Generations." In Our Responsibilities towards Future Generations. Edited by S. Busuttill and others. Valletta, Malta: Foundation for International Studies.
- Ahammad, Ishtiaque, and Samia Sultana Lira. "Designing a Novel MRNA Vaccine against SARS-CoV-2: An Immunoinformatics Approach." *International Journal of Biological Macromolecules* 162 (November 1, 2020): 820–37. https://doi.org/10.1016/j.ijbiomac.2020.06.213.
- Akbari, Omar S., Hugo J. Bellen, Ethan Bier, Simon L. Bullock, Austin Burt, George M. Church, Kevin R. Cook, and others. 2015. "Safeguarding Gene Drive Experiments in the Laboratory." Science 349:972-79.
- Alem, Sylvain, Clint J. Perry, Xingfu Zhu, Olli J. Loukola, Thomas Ingraham, Eirik Sovik, and Lars Chittka. 2016. "Associative Mechanisms Allow for Social Learning and Cultural Transmission of String Pulling in an Insect." PLOS Biology 14:el00256.
- Alivisatos, A. Paul, Miyoung Chun, George M. Church, Ralph J. Greenspan, Michael L. Roukes, and Rafael Yuste. "A National Network of Neurotechnology Centers for the BRAIN Initiative." *Neuron* 88, no. 3 (November 4, 2015): 445–48. https://doi.org/10.1016/j.neuron.2015.10.015.
- ———. "The Brain Activity Map Project and the Challenge of Functional Connectomics." *Neuron* 74, no. 6 (June 21, 2012): 970–74. https://doi.org/10.1016/j.neuron.2012.06.006.
- Allen, Garland E. 2003. "Mendel and Modern Genetics: The Legacy for Today."

訳者紹介

関谷 冬華

翻訳家。広島大学大学院先端物質科学研究科量子物質科学専攻博士課程前期修了。研究支援ソフトウェア開発会社、翻訳会社に勤務後、独立。訳書に『世界をまどわせた地図』、『科学の誤解大全』、『ビジュアル パンデミック・マップ』、『禍いの科学 正義が愚行に変わるとき』、『不老不死ビジネス 神への挑戦』、『科学で解き明かす 禁断の世界』など多数。

ジェネシス・マシン
合成生物学が開く人類第2の創世記

2022年11月21日　第1版1刷

著者　エイミー・ウェブ、アンドリュー・ヘッセル
訳者　関谷冬華
編集　尾崎憲和　田島進
ブックデザイン　山之口正和＋齋藤友貴（OKIKATA）
発行者　滝山晋
発行　（株）日経ナショナル ジオグラフィック
〒105-8308 東京都港区虎ノ門4-3-12
発売　（株）日経BPマーケティング
印刷・製本　中央精版印刷

ISBN 978-4-86313-532-1
Printed in Japan

乱丁・落丁本のお取替えは、こちらまでご連絡ください。
https://nkbp.jp/ngbook

本書は米 Perseus Books の書籍『THE GENESIS MACHINE』を翻訳したものです。
内容については原著者の見解に基づいています。